QITI BAOHUHAN
JISHU WENDA

气体保护焊技术问答

第 2 版

陈茂爱　陈崇龙　贾传宝　等 编著

化学工业出版社
·北京·

内 容 简 介

本书保留了第 1 版的框架结构，以各种具体的气体保护焊方法为主线，对实际焊接生产中遇到的焊接工艺、设备及材料等方面的问题进行归类，以问答的形式呈现出来，便于读者查阅。内容涵盖：气体保护焊基础知识、钨极氩弧焊、等离子弧焊、熔化极气体保护焊、药芯焊丝电弧焊及气体保护焊安全技术等内容。本版删除了一些与生产相关性不大的理论性问题以及工业生产中不常见的技术问题；增加或丰富了新工艺、新方法方面的技术问题，部分技术问题根据最新标准进行了更新。另外还增加了大量插图，力求用图解的方法阐明问题的实质。

本书适合焊接技工和焊接技术人员使用，也可供高等院校和高职院校焊接专业学生、焊接技术管理人员参考。

图书在版编目（CIP）数据

气体保护焊技术问答 / 陈茂爱等编著. -- 2 版. -- 北京：化学工业出版社，2025.4. -- ISBN 978-7-122-47808-5

Ⅰ. TG444-44

中国国家版本馆 CIP 数据核字第 2025DL6695 号

责任编辑：王清颢　　　　　　　装帧设计：王晓宇
责任校对：杜杏然

出版发行：化学工业出版社
　　　　　（北京市东城区青年湖南街 13 号　邮政编码 100011）
印　　装：中煤（北京）印务有限公司
710mm×1000mm　1/16　印张 17¼　字数 313 千字
2025 年 7 月北京第 2 版第 1 次印刷

购书咨询：010-64518888　　　　　售后服务：010-64518899
网　　址：http://www.cip.com.cn
凡购买本书，如有缺损质量问题，本社销售中心负责调换。

定　　价：88.00 元　　　　　　　　　　版权所有　违者必究

前言 PREFACE

  气体保护焊是一种高效易用的焊接方法,在石油化工、建筑业、航空航天以及汽车工业等领域,尤其是压力容器中有着非常广泛的应用,并起着非常重要的作用。近年来,随着科学技术的发展和全球工业对焊接质量、效率和成本要求的不断提高,气体保护焊技术又有了巨大的发展。自 2015 年本书第 1 版出版问世以来,我们收到了来自读者的大量意见、建议和鼓励,这些宝贵的意见和建议使我们认识到了本书的价值,读者的鼓励更促成了本次修订工作。

  根据读者的反馈,本书仍保留第 1 版的总体框架结构,以各种具体的气体保护焊方法为主线,对实际焊接生产中遇到的焊接工艺、设备及材料等方面的问题进行归类,以问答的形式呈现出来,便于读者查阅。本版重点对内容进行了删减和更新:删除了一些与生产相关性不大的理论性问题以及工业生产中不常见的技术问题;增加或丰富了新工艺、新方法方面的技术问题,部分技术问题根据最新标准进行了更新。另外还增加了大量插图,力求用图解的方法阐明问题的实质。

  本书主要由陈茂爱、陈崇龙、贾传宝编写,参加编写的人员还有彭新强、马腾飞、陈东升、陈劭卿、闫建新等。

  本书的再版离不开广大读者的支持与鼓励,也得益于行业内专家学者的指导与帮助。在此,我们向所有为本书提供支持和建议的同仁致以诚挚的感谢!同时,我们也深知,气体保护焊技术仍在不断发展,书中难免存在不足之处,恳请读者继续提出宝贵意见,以便我们在未来不断完善。

  希望本书能够成为广大焊接从业者以及相关专业学生的得力助手,为推动气体保护焊技术的发展贡献一份力量。

编著者谨识

2025 年 3 月

目录

第1章　气体保护焊基础知识 ………………………………………… 001

1.1　焊接电弧基础理论知识 ……………………………………… 001

1-1　什么是焊接? ………………………………………………… 001
1-2　焊接方法是如何分类的? …………………………………… 001
1-3　什么是熔化焊?熔化焊是如何分类的? …………………… 002
1-4　什么是电弧焊?电弧焊分类方法的依据是什么? ………… 002
1-5　什么是气体保护焊?气体保护焊包括哪些具体的焊接方法? … 003
1-6　什么是电弧? ………………………………………………… 003
1-7　电弧的区域组成是怎样的? ………………………………… 004
1-8　电弧导电所需的带电粒子是如何产生的? ………………… 004
1-9　什么是电离?电离有哪几种形式? ………………………… 005
1-10　什么是电离能?什么是电离电压?为什么碱金属碳酸盐会起到
　　　稳弧作用? ………………………………………………… 005
1-11　什么是电子发射?电子发射有哪几种形式? ……………… 006
1-12　什么是逸出功?阴极材料的逸出功对电弧稳定性及引弧性能有何
　　　影响? ……………………………………………………… 006
1-13　电弧中负离子是如何产生的?负离子产生对电弧的稳定性有何
　　　影响? ……………………………………………………… 007
1-14　电弧的阴极区、弧柱区和阳极区在电弧燃烧过程中各起什么
　　　作用? ……………………………………………………… 007
1-15　阳极压降大小主要取决于哪些因素?气体保护焊电弧的阳极压降
　　　大小如何? ………………………………………………… 008
1-16　阴极压降大小主要取决于哪些因素?气体保护焊电弧的阴极压降
　　　大小如何? ………………………………………………… 008
1-17　为什么说电弧电压与弧长被认为是同一个参数? ………… 008

1-18	什么是阴极斑点和阳极斑点?有何特点?	008
1-19	什么叫阴极雾化作用?阴极雾化作用有何用途?	009
1-20	焊接电弧有哪几种?各用于什么焊接方法?	009
1-21	什么是电弧的静特性曲线?电弧静特性有哪些影响因素?	011
1-22	什么是电弧的动特性?	012
1-23	什么是电弧热功率?电弧热在工件和焊丝（或钨极）之间如何分配?	012
1-24	什么是电弧热效率系数?	013
1-25	什么是电弧功率密度?电弧功率密度对焊接工艺性能有何影响?	013
1-26	电弧中的温度分布如何?	014
1-27	什么是电弧的刚直性?电弧刚直性是由什么决定的?	015
1-28	电弧为什么有时会偏离焊丝轴线?	015
1-29	引起电弧磁偏吹的工艺因素有哪些?	015
1-30	引起气流偏吹的原因主要有哪些?	017
1-31	为什么说交流电弧磁偏吹总是小于直流电弧?	017
1-32	减小电弧偏吹的常用方法有哪些?	017
1-33	气体保护焊的引弧方法有哪些?	018
1-34	什么是接触引弧?	018
1-35	接触引弧有哪几种?分别适合于什么情况?	019
1-36	什么是非接触引弧?	019
1-37	何谓焊接电弧的稳定性?	019
1-38	焊接电弧的稳定性影响因素有哪些?	020
1-39	什么是干伸长度?	020
1-40	什么是熔化速度?什么是熔化系数?	021
1-41	什么是熔敷速度?什么是熔敷系数?	021
1-42	什么是熔滴过渡?熔滴过渡有哪几种形式?	021
1-43	什么是自由过渡?自由过渡有哪几种形式?	021
1-44	什么是接触过渡?	023
1-45	什么是飞溅?什么是飞溅率?	024
1-46	什么是喷射过渡临界电流,影响临界电流的因素有哪些?	024
1-47	什么是熔池,熔池形状尺寸有哪些?	025
1-48	熔池中的温度分布情况如何?	026
1-49	影响熔池形状尺寸的因素有哪些?	027
1-50	什么是电弧热效率系数?	027
1-51	电弧热效率系数的影响因素有哪些?	027
1-52	什么是热输入?	028

1-53　什么热源功率密度，对焊缝形状尺寸有何影响？ …………… 028
1.2　焊接工艺及技术 …………………………………………………… 029
　　1-54　什么是焊接接头？ ……………………………………………… 029
　　1-55　焊接接头有哪几种形式？ ……………………………………… 029
　　1-56　什么是坡口?开坡口的目的是什么？ ………………………… 030
　　1-57　表征坡口几何形状及尺寸的参数有哪些？ ………………… 030
　　1-58　对接接头的常用坡口形式有哪些？ ………………………… 031
　　1-59　角接接头的常用坡口形式有哪些？ ………………………… 031
　　1-60　T形接头的常用坡口形式有哪些？ ………………………… 032
　　1-61　端接接头的常用坡口形式有哪些？ ………………………… 032
　　1-62　搭接接头的常用坡口形式有哪些？ ………………………… 033
　　1-63　什么是焊缝、焊缝金属、熔敷金属？ ……………………… 033
　　1-64　什么是填充金属？ …………………………………………… 033
　　1-65　什么是焊缝表面、焊缝背面？ ……………………………… 033
　　1-66　什么是焊缝轴线、焊趾、焊根？ …………………………… 033
　　1-67　什么是熔宽、熔深和余高？ ………………………………… 034
　　1-68　什么是焊缝厚度h、焊缝实际厚度h_s和焊缝计算厚度h_j？ …… 035
　　1-69　什么是焊脚和凹度？ ………………………………………… 035
　　1-70　什么是焊缝成形系数φ?焊缝成形系数对焊缝质量有何影响？ … 036
　　1-71　什么是熔合比?调整熔合比有何意义?如何调整熔合比？ … 036
　　1-72　什么是焊道?焊层？ ………………………………………… 037
　　1-73　什么是单道焊?多道焊？ …………………………………… 037
　　1-74　什么是单层焊?多层焊？ …………………………………… 037
　　1-75　什么是单面焊?双面焊？ …………………………………… 038
　　1-76　什么是封底焊道?打底焊道?打底焊？ …………………… 038
　　1-77　什么是前倾焊?前倾角？ …………………………………… 038
　　1-78　什么是后倾焊?后倾角？ …………………………………… 039
　　1-79　什么是焊缝倾角?焊缝转角？ ……………………………… 039
　　1-80　什么是平焊位置?平焊？ …………………………………… 039
　　1-81　什么是横焊位置?横焊？ …………………………………… 040
　　1-82　什么是立焊位置?立焊？ …………………………………… 040
　　1-83　什么是仰焊位置?仰焊？ …………………………………… 040
　　1-84　什么是全位置焊？ …………………………………………… 040
　　1-85　什么是焊接符号？ …………………………………………… 041
　　1-86　如何在图纸上标注焊接符号？ ……………………………… 041
　　1-87　什么是焊缝基本符号?焊缝基本符号有哪些？ …………… 042

1-88	焊接符号中的辅助符号有哪些?用于指示什么信息?	043
1-89	焊接符号中的补充符号有哪些?用于指示什么信息?	044
1-90	常用的焊缝尺寸符号有哪些?	044
1-91	如何标注焊缝尺寸符号及数据?	045
1-92	什么是弧焊电源的外特性?	046
1-93	在焊接领域中电极通常指什么?	046
1-94	什么是直流正接、直流反接?	046

1.3 气体保护焊常见焊接缺陷 ········ 047

1-95	什么是焊接缺欠、焊接缺陷?两者有何区别?	047
1-96	焊接缺陷是如何分类的?	047
1-97	什么是焊接裂纹?	048
1-98	常见的焊接裂纹有哪些?	048
1-99	什么是结晶裂纹?有何特征?	049
1-100	什么是液化裂纹?有何特征?	049
1-101	什么是多边化裂纹?有何特征?	050
1-102	什么是延迟裂纹?有何特征?	050
1-103	什么是淬硬脆化裂纹?有何特征?	050
1-104	什么是低塑性脆化裂纹?有何特征?	050
1-105	什么是再热裂纹?有何特征?	051
1-106	什么是层状撕裂?有何特征?	051
1-107	什么是应力腐蚀裂纹?有何特征?	051
1-108	什么是夹渣?	052
1-109	什么是气孔?	052
1-110	什么是未焊透?	052
1-111	什么是未熔合?	053
1-112	什么是咬边?	053
1-113	什么是焊瘤?	053
1-114	什么是烧穿?	053
1-115	什么是凹坑?	054
1-116	什么是塌陷?	054
1-117	什么是蛇形焊道?	054
1-118	什么是驼峰焊道?	055

1.4 焊接工艺评定 ········ 055

1-119	什么是焊接工艺?	055
1-120	什么是焊接工艺参数?	055
1-121	什么是焊接工艺规程?焊接工艺规程包括哪些内容?	055

1-122　什么是预焊接工艺规程？·· 057
1-123　什么是焊接工艺评定报告（PQR）？·· 057
1-124　什么是焊接作业指导书？·· 060
1-125　什么是焊接工艺评定?焊接工艺评定的目的是什么？····················· 060
1-126　焊接工艺评定采用怎样的程序进行？··· 060

第2章　钨极氩弧焊 ··· 061

2.1　钨极氩弧焊的原理及特点 ··· 061

2-1　什么是钨极氩弧焊？··· 061
2-2　钨极氩弧焊有何优点？·· 062
2-3　钨极氩弧焊有何缺点？·· 062
2-4　直流钨极氩弧焊一般采用什么极性接法？·································· 062
2-5　为什么TIG焊一般不采用直流反接（DCRP）？······················· 063
2-6　交流钨极氩弧焊有何工艺特点？·· 063
2-7　用钨极氩弧焊焊接铝、铝合金、镁及镁合金时为什么必须采用交流？·· 064
2-8　什么是直流分量?如何消除？·· 064
2-9　正弦波交流钨极氩弧焊需要采取什么措施来稳定电弧？··············· 065
2-10　为什么方波交流钨极氩弧焊不用采取稳弧措施？······················· 066
2-11　脉冲钨极氩弧焊有哪几种？··· 067
2-12　低频脉冲钨极氩弧焊有何工艺特点？······································ 068
2-13　高频脉冲钨极氩弧焊有何工艺特点？······································ 069
2-14　中频脉冲钨极氩弧焊有何工艺特点？······································ 069

2.2　钨极氩弧焊的焊接材料 ·· 069

2-15　钨极氩弧焊可采用哪些气体作保护气体？································ 069
2-16　为什么钨极氩弧焊通常采用氩气做保护气体？·························· 070
2-17　钨极氩弧焊对氩气的纯度有何要求？······································ 070
2-18　作为TIG焊保护气体，氦气与氩气相比有何特点？·················· 070
2-19　钨极氩弧焊对氦气的纯度有何要求？······································ 071
2-20　氩氦混合气体保护的钨极氩弧焊有何工艺特点？······················· 071
2-21　氩氢混合气体保护的钨极氩弧焊有何工艺特点？······················· 072
2-22　钨极氩弧焊的钨极作用是什么?对钨极有何要求？···················· 072
2-23　电极材料有哪些?各有何特点？··· 072
2-24　为什么不同钨电极对空载电压有不同要求？···························· 072
2-25　钨极氩弧焊常用钨极的规格有哪几种？··································· 073
2-26　什么是钨极许用电流?钨极许用电流影响因素有哪些？·············· 073

2-27 钨极氩弧焊通常采用什么填充金属? ………………………………… 074
2-28 什么是可熔夹条?规格有哪几种? ………………………………… 075
2.3 钨极氩弧焊设备 ……………………………………………………… 076
2-29 钨极氩弧焊设备由哪几部分组成? ………………………………… 076
2-30 钨极氩弧焊机对弧焊电源有何要求? ……………………………… 076
2-31 钨极氩弧焊机的控制系统主要起什么作用? ……………………… 077
2-32 钨极氩弧焊为什么一般采用非接触引弧? ………………………… 077
2-33 什么是高频振荡器引弧?有何特点? ……………………………… 077
2-34 什么是高压脉冲引弧?有何特点? ………………………………… 078
2-35 钨极氩弧焊能否进行接触引弧? …………………………………… 079
2-36 手工钨极氩弧焊枪的主要作用是什么? …………………………… 079
2-37 手工钨极氩弧焊枪由哪几部分组成? ……………………………… 080
2-38 钨极氩弧焊枪有哪几种? …………………………………………… 080
2-39 钨极氩弧焊气路系统由哪些部件组成?各起什么作用? ………… 081
2-40 钨极氩弧焊对送丝机有何要求? …………………………………… 082
2-41 钨极氩弧焊设备的安装和使用过程中应注意哪些事项? ………… 082
2-42 如何维护与保养钨极氩弧焊设备? ………………………………… 083
2-43 钨极氩弧焊设备常见故障有哪些?如何排除? …………………… 083
2.4 钨极氩弧焊焊接工艺 ………………………………………………… 084
2-44 为什么钨极氩弧焊的焊前清理要求极其严格?清理方法有哪些? …… 084
2-45 钨极氩弧焊时工件的机械清理方法有哪些?分别用于什么
 情况下? ……………………………………………………………… 084
2-46 钨极氩弧焊焊接平板时常用接头及坡口类型有哪些? …………… 084
2-47 钨极氩弧焊工艺参数有哪些? ……………………………………… 086
2-48 如何选择电流的种类及极性? ……………………………………… 086
2-49 如何确定焊接电流大小? …………………………………………… 087
2-50 如何确定脉冲钨极氩弧焊的脉冲电流参数? ……………………… 087
2-51 如何确定焊接速度? ………………………………………………… 088
2-52 低频脉冲钨极氩弧焊时焊接速度与脉冲频率要如何匹配? ……… 088
2-53 如何确定钨极的直径及端部形状? ………………………………… 089
2-54 如何制备钨极端部形状? …………………………………………… 089
2-55 如何确定喷嘴孔径及氩气流量? …………………………………… 090
2-56 钨极氩弧焊焊接过程中如何根据熔池表面情况来判断气体保护
 效果? ………………………………………………………………… 091
2-57 如何根据焊点的颜色来判断保护效果? …………………………… 091
2-58 影响钨极氩弧焊气体保护效果的因素有哪些? …………………… 091

2-59 大电流 TIG 焊时为什么要保护焊缝背部、高温焊缝和热影响区? 如何保护? ……………………………………………………………… 092
2-60 如何确定钨极伸出长度? ……………………………………… 093
2-61 如何确定喷嘴离工件的距离? ………………………………… 094
2-62 如何确定电弧电压? …………………………………………… 094
2-63 钨极氩弧焊中常见的问题有哪些?如何解决? ……………… 094
2-64 钨极氩弧焊的常见焊接缺陷有哪些?如何防止? …………… 095

2.5 钨极氩弧焊的手工操作技术 …………………………………………… 096
2-65 手工钨极氩弧焊如何正确引弧? ……………………………… 096
2-66 手工钨极氩弧焊焊枪的握持方式有哪些? …………………… 096
2-67 手工钨极氩弧焊运枪方式有哪些?各有何特点? …………… 097
2-68 手工钨极氩弧焊焊枪的横向摆动方式有哪些?各有何特点? … 097
2-69 手工钨极氩弧焊的填丝方法有哪些?各有何特点? ………… 098
2-70 手工钨极氩弧焊填丝时应注意什么? ………………………… 099
2-71 用钨极氩弧焊焊接平焊位置的对接焊缝时如何操作? ……… 100
2-72 用钨极氩弧焊焊接平角焊缝时如何操作? …………………… 100
2-73 用钨极氩弧焊焊接平焊位置的搭接接头时如何操作? ……… 100
2-74 用钨极氩弧焊焊接平焊位置的角接接头时如何操作? ……… 101
2-75 用钨极氩弧焊焊接立焊缝时如何操作? ……………………… 101
2-76 用钨极氩弧焊焊接横焊缝时如何操作? ……………………… 102
2-77 用钨极氩弧焊焊接仰焊缝时如何操作? ……………………… 103
2-78 钨极氩弧焊时如何接头? ……………………………………… 104
2-79 钨极氩弧焊时如何熄弧? ……………………………………… 104
2-80 什么是左焊法和右焊法?各有何特点? ……………………… 105

2.6 管子及管板焊接技术 …………………………………………………… 105
2-81 利用钨极氩弧焊进行管子对接时通常采用什么坡口形式? … 105
2-82 利用钨极氩弧焊对管子进行打底焊时如何保护焊缝背部? … 107
2-83 管子对接钨极氩弧焊有哪几种方式? ………………………… 108
2-84 管子全位置钨极氩弧焊的焊接顺序有哪几种?各有何特点? … 108
2-85 用手工钨极氩弧焊进行管子对接打底焊时如何选择焊接工艺参数? ……………………………………………………………… 109
2-86 用手工钨极氩弧焊进行管子对接打底焊时如何操作? ……… 110
2-87 用手工钨极氩弧焊进行管子对接打底焊时如何填丝? ……… 110
2-88 用钨极氩弧焊进行管板焊接时常用什么接头及坡口形式? … 111
2-89 骑坐式管板焊接有几种焊接方式? …………………………… 113
2-90 骑坐式管板的垂直固定平角焊时如何操作? ………………… 113

	2-91	骑坐式管板垂直固定仰角焊时如何操作?	114
	2-92	骑坐式管板水平固定全位置焊时如何操作?	115
	2-93	插入式管板焊接时如何操作?	116
	2-94	管子全位置自动焊机由哪几部分组成?有何特点?	116
	2-95	管子全位置自动焊机机头结构有哪几种?各有何特点?	117
	2-96	管板自动 TIG 焊机机头由哪几部分组成?有何特点?	118
2.7	高效钨极氩弧焊工艺		119
	2-97	什么是热丝钨极氩弧焊?	119
	2-98	热丝钨极氩弧焊有何工艺特点?	119
	2-99	热丝 TIG 焊适用于哪些应用场合的焊接?	120
	2-100	什么是活性 TIG 焊,它有何工艺特点?	120
	2-101	活性剂的成分是什么?	121
	2-102	活性剂是如何提高 TIG 焊熔深能力的?	122
	2-103	活性 TIG 焊为什么不适合铝合金的焊接?	123
	2-104	什么是 TOP-TIG 焊?有何工艺特点?	123
	2-105	TOP-TIG 焊熔滴过渡有哪些?主要影响因素是什么?	123
	2-106	TOP-TIG 焊有何工艺特点?	124
	2-107	什么是 K-TIG 焊?	125
	2-108	匙孔 TIG 焊有何工艺特点?	126
	2-109	什么是双钨极氩弧焊的工艺原理?	126
	2-110	双钨极氩弧焊有何特点?	127

第 3 章　等离子弧焊 128

3.1	等离子弧焊的特点及应用		128
	3-1	什么是等离子体?什么是焊接等离子弧?	128
	3-2	等离子弧是依靠什么压缩作用形成的?	128
	3-3	等离子弧有哪几类?各有何特点?	129
	3-4	等离子弧焊有何优点?	130
	3-5	等离子弧焊有何缺点?	132
	3-6	等离子弧焊可焊接哪些材料?	132
	3-7	什么是等离子气?	132
3.2	等离子弧焊机		132
	3-8	等离子弧焊机由哪几部分组成?	132
	3-9	等离子弧焊机对弧焊电源外特性有何要求?	133
	3-10	等离子弧焊对电流种类和极性有何要求?	133
	3-11	等离子弧焊对电源空载电压有何要求?	133

3-12	等离子弧焊如何引弧?	133
3-13	等离子弧焊机的控制系统起何作用?	134
3-14	等离子弧焊机的供气系统由哪几部分组成?	134
3-15	等离子弧焊枪由哪几部分组成?其关键部件是什么?	135
3-16	等离子弧焊枪的压缩喷嘴有哪几种结构形式?各有何特点?	136
3-17	压缩喷嘴的形状尺寸有哪些?对压缩效果有何影响?	136
3-18	等离子弧焊对电极有何要求?	137
3-19	如何判断钨极与压缩喷嘴之间的同轴度?	138
3-20	什么是双弧?有何危害?	138
3-21	产生双弧的原因有哪些?如何防止双弧发生?	139

3.3 离子弧焊工艺 ……………………………………… 139

3-22	等离子弧焊的焊缝成形方法有哪几种?	139
3-23	什么是穿孔型等离子弧焊?有何特点?	140
3-24	什么是熔入型等离子弧焊?有何特点?	140
3-25	什么是微束等离子弧焊?有何特点?	140
3-26	什么是脉冲等离子弧焊?有何特点?	141
3-27	为什么穿孔型等离子弧焊的焊接厚度有限?各种材料的厚度限值是多大?	141
3-28	薄板等离子焊常用的接头和坡口形式有哪些?	141
3-29	厚板等离子弧焊的接头及坡口形式有哪些?	142
3-30	薄板的装配应注意哪些问题?	142
3-31	等离子弧焊的焊接工艺参数有哪些?	143
3-32	如何确定喷嘴直径和焊接电流?	143
3-33	如何确定等离子气的种类及流量?	144
3-34	如何确定焊接速度?	144
3-35	如何确定喷嘴离工件的距离?	145
3-36	如何确定保护气体流量?	145
3-37	等离子弧焊时如何填丝?	145
3-38	什么是变极性等离子弧焊?	145
3-39	变极性等离子弧焊通常采用向上立焊来焊接铝及铝合金?	146
3-40	为什么向上立焊位置的变极性等离子弧焊被称为零缺陷焊接工艺?	146

第4章　熔化极气体保护焊 …………………………… 147

4.1 熔化极气体保护焊的基本原理及分类 ……………… 147

| 4-1 | 什么是熔化极气体保护焊? | 147 |

4-2	熔化极气体保护焊有哪几类?	148
4-3	二氧化碳气体保护焊有何优点?	148
4-4	二氧化碳气体保护焊有何缺点?	148
4-5	MIG/MAG 焊有何优点?	148
4-6	MIG/MAG 焊有何缺点?	149
4-7	二氧化碳气体保护焊焊接过程中有何冶金反应?这些反应有何不利影响?	149
4-8	二氧化碳气体保护焊采用何种措施进行脱氧?	149
4-9	二氧化碳气体保护焊的熔滴过渡形式有哪些?	150
4-10	什么是短路过渡?有何特点?	150
4-11	什么是细颗粒过渡?有何特点?	151
4-12	MAG 焊的熔滴过渡形式有哪些?常用的熔滴过渡方式是什么?	151
4-13	什么是射流过渡,有何特点?	152
4-14	MIG 焊的熔滴过渡形式有哪些?常用的熔滴过渡方式是什么?	152
4-15	什么是亚射流过渡,有何工艺特点?	153
4-16	什么是射滴过渡,有何特点?	154
4-17	为什么普通 MIG/MAG 焊不适合于空间位置焊接和薄板焊接?	154
4-18	什么是脉冲喷射过渡?有哪几种形式?	154
4-19	脉冲 MIG/MAG 焊有何特点?	155
4-20	熔化极气体保护焊各种熔滴过渡方式在焊接生产中的适用性如何?	155
4.2	熔化极气体保护焊焊接材料	156
4-21	熔化极气体保护焊常用的保护气体有哪些?各有何特点?	156
4-22	为什么 MIG/MAG 焊通常采用混合气体而不是纯氩气进行焊接?	157
4-23	二氧化碳焊对二氧化碳气体纯度有何要求?使用时应注意哪些问题?	158
4-24	碳钢和低合金钢焊丝型号是如何编制的?各个符号指示什么内容?	158
4-25	碳钢和低合金钢焊丝牌号是如何编制的?	159
4-26	不锈钢焊丝焊丝牌号是如何编制的?	159
4-27	铝焊丝型号是如何编制的?各个符号指示什么内容?	159
4-28	铜焊丝型号是如何编制的?各个符号指示什么内容?	160
4-29	熔化极气体保护焊常用焊丝规格有哪几种?	160
4-30	什么是喷嘴防堵剂?如何使用?	160
4-31	什么是飞溅去除剂?如何使用?	160

4-32 什么是陶质衬垫?有何特点? ………………………………… 161
4-33 半自动 CO_2 焊常用的陶质衬垫有哪些?如何使用? ………… 161
4.3 熔化极气体保护焊设备 ………………………………………… 162
4-34 熔化极气体保护焊设备由哪几部分组成? …………………… 162
4-35 熔化极气体保护焊机有哪几种? ……………………………… 163
4-36 熔化极气体保护焊机对弧焊电源和送丝机有何要求? ……… 163
4-37 短路过渡对电源动特性有何要求? …………………………… 164
4-38 熔化极气体保护焊所用的等速送丝机由哪几部分组成?其作用是什么? …………………………………………………… 164
4-39 熔化极气体保护焊所用的等速送丝机有哪几种?各有何特点? … 165
4-40 熔化极气体保护焊焊枪由哪几部分组成?各起什么作用? … 166
4-41 熔化极气体保护焊焊枪有哪几种?各有什么特点? ………… 166
4-42 CO_2 焊气路系统由哪几部分组成? …………………………… 168
4-43 为什么 CO_2 焊气路系统中需要安装干燥气和预热器? ……… 168
4-44 MIG/MAG 焊气路系统与 CO_2 焊有何区别? ………………… 169
4-45 熔化极气体保护焊机使用时应注意哪些问题? ……………… 169
4-46 如何维护熔化极气体保护焊机? ……………………………… 169
4-47 熔化极气体保护焊机有哪些常见故障?如何排除? ………… 170
4.4 CO_2 焊焊接工艺 ………………………………………………… 171
4-48 CO_2 焊时如何确定焊丝直径? ………………………………… 171
4-49 CO_2 焊通常采用何种电流及极性? …………………………… 171
4-50 如何确定短路过渡 CO_2 焊的焊接电流和电弧电压? ………… 172
4-51 如何确定细颗粒过渡 CO_2 焊的焊接电流和电弧电压? ……… 172
4-52 如何确定 CO_2 焊的焊接速度? ………………………………… 173
4-53 如何确定焊接回路电感大小? ………………………………… 173
4-54 如何确定喷嘴至工件的距离? ………………………………… 173
4-55 如何确定焊丝干伸长度? ……………………………………… 174
4-56 如何确定保护气体流量? ……………………………………… 174
4-57 CO_2 焊的常见焊接缺陷有哪些?如何预防? ………………… 174
4.5 MIG/MAG 焊焊接工艺 ………………………………………… 176
4-58 MIG/MAG 焊焊前清理要求与 CO_2 焊有何不同? …………… 176
4-59 MIG/MAG 焊如何选择保护气体? …………………………… 176
4-60 如何选择焊丝直径? …………………………………………… 177
4-61 MIG/MAG 焊通常采用何种熔滴过渡方式进行焊接? ……… 177
4-62 MIG/MAG 焊通常采用何种电流和极性接法? ……………… 177
4-63 如何确定 MIG/MAG 焊焊接电流? …………………………… 177

4-64 如何确定 MIG/MAG 焊电弧电压? …… 179
4-65 如何确定 MIG/MAG 焊焊接速度? …… 180
4-66 如何确定 MIG/MAG 焊喷嘴至工件的距离? …… 180
4-67 如何确定 MIG/MAG 焊焊丝干伸长度? …… 180
4-68 如何确定保护气体流量? …… 181

4.6 熔化极气体保护焊的操作技术 …… 181
4-69 熔化极气体保护焊采用什么操作姿势及焊枪把持方式? …… 181
4-70 熔化极气体保护焊如何引弧? …… 181
4-71 熔化极气体保护焊引弧时需要注意哪些问题? …… 181
4-72 熔化极气体保护焊时运枪方式有哪些?各有何特点? …… 182
4-73 直线移动法运枪时有哪些问题需要注意? …… 182
4-74 CO_2 焊的横向摆动法有几种?需要注意哪些问题? …… 183
4-75 什么是左焊法?什么是右焊法? …… 184
4-76 左焊法和右焊法各有何特点? …… 184
4-77 熔化极气体保护焊熄弧时如何正确熄弧? …… 185
4-78 熔化极气体保护焊时如何进行焊道接头? …… 186
4-79 利用熔化极气体保护焊进行平焊时如何操作? …… 186
4-80 利用熔化极气体保护焊进行横焊时如何操作? …… 187
4-81 仰焊时如何操作? …… 188
4-82 立焊时如何操作? …… 189
4-83 T 形接头船形焊和平角焊如何操作? …… 191
4-84 管子对接环焊缝时如何操作? …… 193
4-85 单面焊双面成形焊接时如何操作? …… 194

4.7 先进熔化极气体保护焊 …… 195
4-86 什么是 CMT 焊? …… 195
4-87 什么是交流 CMT(CMT-A)电弧焊? …… 196
4-88 什么是脉冲 CMT(CMT-P)电弧焊? …… 197
4-89 什么是交流脉冲 CMT(CMT-P+A)电弧焊? …… 197
4-90 CMT 电弧焊设备由哪几部分组成? …… 198
4-91 CMT 电弧焊有何特点? …… 198
4-92 CMT 焊适合于焊接什么材料? …… 199
4-93 CMT 焊适用哪些接头形式? …… 200
4-94 CMT 焊适用哪些焊接位置? …… 200
4-95 什么是 T.I.M.E 高速焊? …… 201
4-96 T.I.M.E 高速焊使用的多元保护气体有哪些? …… 201
4-97 T.I.M.E 焊机由哪几部分组成?有何特点? …… 201

4-98 T. I. M. E 焊有何特点? …… 201
4-99 什么是 T. I. M. E Twin 双丝 MIG/MAG 焊（相位控制的双丝脉冲 MIG/MAG 焊）? …… 202
4-100 T. I. M. E Twin 双丝 MIG/MAG 焊机由哪几部分组成? …… 203
4-101 T. I. M. E Twin 双丝 MIG/MAG 焊有何特点? …… 203
4-102 T. I. M. E Twin 双丝 MIG/MAG 焊时两个电弧之间应保持多大的相位差? …… 204
4-103 什么是 MIG-PA 复合焊? …… 204
4-104 MIG-PA 复合焊有何特点? …… 205
4-105 什么是激光-电弧复合焊? …… 205
4-106 激光-电弧复合焊有哪些复合方式? …… 206
4-107 激光-电弧复合焊有何特点? …… 206
4-108 激光-电弧复合焊工艺参数有哪些? …… 207
4-109 什么是 STT（表面张力过渡）熔化极气体保护焊? …… 208
4-110 STT（表面张力过渡）熔化极气体保护焊有何工艺特点? …… 208
4-111 什么是双脉冲 MIG 焊?有何工艺特点? …… 209
4-112 双脉冲 MIG 焊的二次脉冲是如何调制出的? …… 209

第5章 药芯焊丝电弧焊 …… 210

5.1 药芯焊丝电弧焊的工艺特点及应用 …… 210

5-1 什么是药芯焊丝电弧焊? …… 210
5-2 什么是药芯焊丝?药芯有何特点? …… 211
5-3 药芯焊丝中的焊药起何作用? …… 211
5-4 气体保护药芯焊丝电弧焊通常采用什么保护气体? …… 211
5-5 气体保护药芯焊丝电弧焊有何优点? …… 211
5-6 气体保护药芯焊丝电弧焊有何缺点? …… 212
5-7 气体保护药芯焊丝电弧焊常用于哪些材料的焊接? …… 212
5-8 自保护药芯焊丝电弧焊有何优点? …… 212
5-9 自保护药芯焊丝电弧焊有何缺点? …… 212
5-10 自保护药芯焊丝电弧焊常用于哪些材料的焊接? …… 213
5-11 什么是滞熔?有何不利影响? …… 213

5.2 药芯焊丝电弧焊设备及材料 …… 213

5-12 药芯焊丝电弧焊设备由哪几部分组成? …… 213
5-13 药芯焊丝电弧焊对弧焊电源动特性及静特性有何要求? …… 214
5-14 药芯焊丝电弧焊对送丝机构有何要求? …… 214
5-15 药芯焊丝电弧焊焊枪的结构有何特点? …… 214

    5-16 药芯焊丝结构有哪几种?各有何特点? ……………………………… 215
    5-17 气体保护焊药芯焊丝和自保护药芯焊丝有何区别? …………… 216
    5-18 有渣型药芯焊丝有哪几类?各有何特点? ……………………… 216
    5-19 什么是无渣型药芯焊丝?有何特点? …………………………… 216
    5-20 非合金钢及细晶粒结构钢药芯焊丝的型号 …………………… 216
    5-21 热强钢药芯焊丝的型号是如何编制的? ……………………… 222
    5-22 高强钢药芯焊丝的型号是如何编制的? ……………………… 224
    5-23 不锈钢药芯焊丝的型号是如何编制的? ……………………… 226
    5-24 药芯焊丝的牌号是如何编制的? ……………………………… 232
  5.3 药芯焊丝气体保护焊工艺 …………………………………………… 233
    5-25 药芯焊丝电弧焊采用哪些接头及坡口形式? ………………… 233
    5-26 药芯焊丝电弧焊焊丝直径有哪几种?如何选择? …………… 233
    5-27 如何确定焊接电流及电弧电压? …………………………… 233
    5-28 如何确定焊接速度? ………………………………………… 233
    5-29 如何确定焊丝干伸长度? …………………………………… 233
    5-30 如何确定外加气体流量? …………………………………… 234
    5-31 药芯焊丝电弧焊的前倾焊有何特点? ……………………… 234
    5-32 药芯焊丝电弧焊的后倾焊有何特点? ……………………… 235
    5-33 对接接头平焊时如何操作? ………………………………… 235
    5-34 平角焊时如何操作? ………………………………………… 236
    5-35 向上立焊时如何操作? ……………………………………… 238
    5-36 向下立焊时如何操作? ……………………………………… 238
    5-37 仰焊时如何操作? …………………………………………… 238
    5-38 横焊时如何操作? …………………………………………… 239

第6章 气体保护焊安全技术 ……………………………………………… 241

  6.1 用电安全 ……………………………………………………………… 241
    6-1 什么是安全电压? ……………………………………………… 241
    6-2 什么是电击?电击对人体的危害程度取决于哪些因素? …… 241
    6-3 电击事故的常见原因有哪些? ………………………………… 242
    6-4 电击触电类型有哪几种? ……………………………………… 242
    6-5 焊接触电事故的预防措施有哪些? …………………………… 243
    6-6 为什么焊机需要接地?焊机如何正确接地? ………………… 243
    6-7 焊机接地线须满足什么要求? ………………………………… 244
    6-8 什么是保护接零? ……………………………………………… 244
    6-9 保护接零应注意哪些事项? …………………………………… 245

6-10	接零线需满足哪些要求?	246
6-11	什么是接地故障断路器?	246
6-12	气体保护焊电气安全要点有哪些?	247
6-13	触电抢救措施有哪些?	247

6.2 用气安全 …… 248

6-14	不同气体的气瓶用什么方法标识?	248
6-15	焊接常用气体的使用注意事项有哪些?	248
6-16	焊接过程中如何防火防爆?	249
6-17	万一出现明火应采用什么灭火措施?	249

6.3 辐射的危害及防护措施 …… 249

6-18	弧光辐射有何危害?	249
6-19	如何防护弧光辐射?	250
6-20	高频磁场辐射有何危害?	250
6-21	如何防护高频磁场辐射?	250
6-22	放射性辐射有何危害?	250
6-23	如何防护放射性辐射?	251

6.4 焊接烟尘的危害及防护措施 …… 251

6-24	焊接烟尘的主要成分是什么?	251
6-25	焊接烟尘有何危害?	251
6-26	如何防护焊接烟尘?	252
6-27	通风措施有哪些?	252
6-28	什么是全面机械通风?有何特点?	252
6-29	什么是局部机械通风?有何特点?	253
6-30	机械式局部通风装置有哪几种?各有何特点?	253
6-31	焊接烟尘个人防护装置有哪些?	254

参考文献 …… 255

第1章 气体保护焊基础知识

1.1 焊接电弧基础理论知识

1-1 什么是焊接?

焊接是通过一定的物理化学方法(通常是加热或加压,或者两者并用),使两个分离的固体形成冶金结合的一种连接方法。焊接的本质是冶金结合,即两个工件之间通过原子间的结合力结合起来,两个工件连接部位的晶体结构与工件相同(对于相同金属材料的焊接来说),如图1.1所示。但连接部位及其附近的组织和成分与工件并不相同。

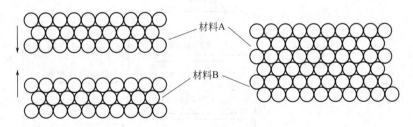

图1.1 焊接的本质

1-2 焊接方法是如何分类的?

焊接时需要采用一定的物理或化学手段来克服表面不平度,并去除氧化膜和油污等污染物,使两金属工件连接表面的原子通过一定的物理化学变化而接近到晶格间距的距离。焊接方法是根据所用的物理或化学手段以及工件在焊接过程中的物理化学变化来分类的。通常分为熔化焊、固相焊及钎焊三大类。

1-3 什么是熔化焊？熔化焊是如何分类的？

利用一定的热源，使工件的被连接部位发生局部熔化，形成熔池，热源移走后熔池结晶成焊缝的方法称为熔化焊，简称熔焊。熔化焊可根据热源进行分类，图1.2给出了熔化焊的分类。

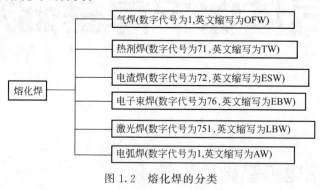

图1.2 熔化焊的分类

1-4 什么是电弧焊？电弧焊分类方法的依据是什么？

电弧焊是利用电弧作为热源来熔化工件和填充金属（如果有）的一种焊接方法。作为一种热源，电弧也可用于钎焊，用电弧作热源进行的钎焊称为电弧钎焊。通常所说的电弧焊都是指熔化焊。电弧焊首先根据是否熔化进行分类，然后再根据保护介质进行分类。电弧焊的分类见图1.3。

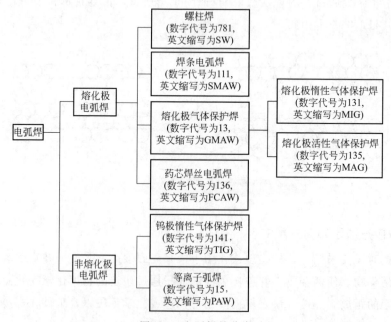

图1.3 电弧焊的分类

1-5 什么是气体保护焊？气体保护焊包括哪些具体的焊接方法？

气体保护焊是利用气体作保护介质进行焊接的一种电弧焊方法。气体保护焊包括多种焊接方法，见图1.4。

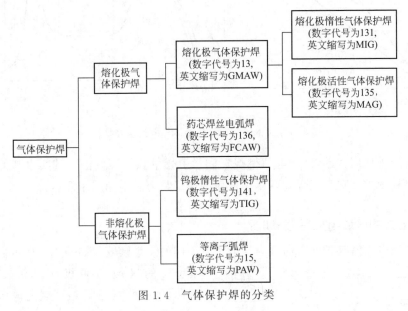

图1.4 气体保护焊的分类

1-6 什么是电弧？

电弧是位于正负电极之间的一团放电了的气体，如图1.5所示，具有温度高、亮度大、有作用力等特点。

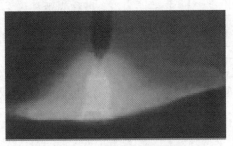

图1.5 焊接电弧示意图

气体放电是气体放出带电粒子而导电的过程，是一种特殊的导电现象。与普通的导体导电相比，其不同之处是导电之前需要首先通过一定的方式放出带电粒子（电子和正粒子）。带电粒子产生过程使得气体放电的伏安特性与导体的伏安特性显著不同，如图1.6所示。

电弧是包括气体保护焊在内的所有电弧焊方法的热源。需要注意的是，工程

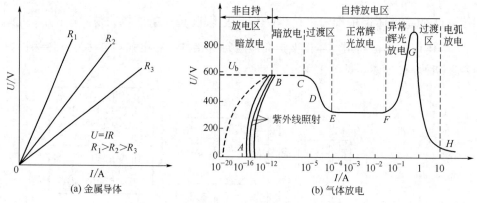

图1.6 气体放电和金属导体导电的伏安特性

实践中经常使用"燃弧""电弧燃烧"和"引燃电弧"等说法,其实电弧并不是一种燃烧现象,它与气焊和气割中使用的火焰是完全不同的东西。

1-7 电弧的区域组成是怎样的?

焊接电弧沿其长度方向分为导电特点不同的三个区域,如图1.7所示。紧靠负极的区域为阴极区,其长度为 $10^{-6} \sim 10^{-5}$ mm,该区域的电压降称为阴极压降 U_K。紧靠正电极的区域为阳极区,其长度为 $10^{-4} \sim 10^{-3}$ mm,该区域的电压降称为阳极压降 U_A。阴极区和阳极区之间的区域称为弧柱区,其长度可近似认为等于电弧长度,该区域的电压降称为弧柱压降 U_C。

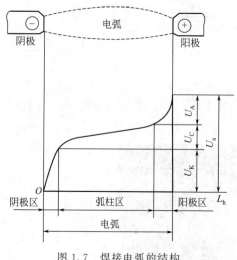

图1.7 焊接电弧的结构

电弧电流较小的情况下,阴极压降和阳极压降较大,而弧柱压降较小。电弧电压等于这三部分之和:

$$U_a = U_A + U_K + U_C$$

1-8 电弧导电所需的带电粒子是如何产生的?

通常情况下,气体中没有带电粒子(电子、正离子、负离子等),因此,要引燃电弧,首先应通过一定方式诱发出带电粒子。在实际焊接生产中,引弧过程就是电弧的诱发过程。电弧引燃后,电弧导电过程本身会通过电离和电子发射两种方式自行产生电子和正粒子,维持电弧的持续燃烧。

1-9 什么是电离？电离有哪几种形式？

在外加能量作用下，中性气体原子或分子分离成正离子和电子的现象称为电离。根据电离所用能量的来源不同，电离分为如下三种形式。

① 热电离 在高温作用下，高速运动的气体原子（或分子）与电子碰撞并交换能量后产生的电离称为热电离，如图1.8所示。电弧弧柱的温度通常为5000～20000K（ K= ℃+273.15），弧柱中的原子主要以这种方式进行电离。

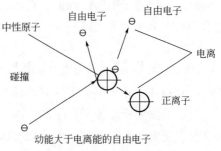

图1.8 电离示意图

② 电场作用下的电离 带电粒子（电子）在电场作用下被加速，获得额外的电场能量，碰撞到中性原子后将获得的电场能量传递给中性原子而引起的电离。焊接电流较小时，阳极附近的阳极区中的气体原子通常以这种方式电离。

③ 光电离 气体原子（或分子）吸收光量子能量而产生的电离。焊接电弧中基本不发生这种形式的电离。

1-10 什么是电离能？什么是电离电压？为什么碱金属碳酸盐会起到稳弧作用？

气体原子或分子在常态下是由数量相等的正电荷（原子核）和负电荷（电子）构成的一个稳定系统，对外呈中性，要破坏这个稳定系统就需要对其施加能量。气体原子或分子分离出一个外层电子所需要的最小能量称为电离能，单位为焦耳（J）或电子伏（ev）。电子伏为1个电子被1V的电压加速所得到的能量。

用电子伏（ev）作单位的电离能除以电子带电量得出的、单位为伏特的物理量称为电离电压。电离电压和电离能都是表示物质电离难易程度的物理量。图1.9给

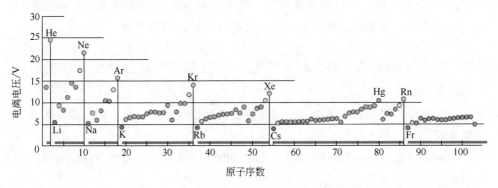

图1.9 原子的电离电压随原子序数的变化规律

出了原子的电离电压随原子序数的变化规律。

电弧空间中气体的电离能大小对电弧稳定性有很大的影响，其他条件相同的条件下，电弧中气体原子的电离能越低，电弧越稳定。在各种原子中，碱金属原子的电离能最低。碳酸盐在电弧中发生分解，产生碱金属原子，降低了电弧气氛的电离能，稳定了电弧，因此，药皮、药芯或焊剂中的碱金属碳酸盐会起到稳弧剂的作用。

1-11　什么是电子发射？电子发射有哪几种形式？

在外加能量作用下，阴极表面释放出电子的现象称为电子发射。

按电子发射所用能量的不同来源，阴极电子发射可分为热电子发射、场致电子发射、光电子发射和撞击电子发射四种形式。

① 热电子发射　阴极表面温度很高时，具有足够大动能（大于逸出功）的电子逸出阴极表面的现象称为热电子发射。

大电流钨极氩弧焊时，钨极表面可被加热到很高的温度（可达3600K），电子具有足够的动能，可进行强烈的热电子发射。这种温度很高、热发射能力很强的阴极通常称为热阴极。而熔点很高的阴极材料（例如钨、碳等）称为热阴极材料。

② 场致电子发射　阴极表面如果有强电场存在，阴极表面电子受到很大的库仑力，在该力的作用下产生的电子发射称为场致电子发射。阴极表面电场强度越大，则场致电子发射能力越强。

熔化极气体保护焊时，阴极温度较低，其表面往往会产生强电场，电子发射以场致电子发射为主，这样的阴极称为冷阴极。

在非接触式引弧过程中，电子也主要通过场致电子发射方式产生。

③ 光电子发射　阴极表面接受光射线的能量而释放出自由电子的现象称为光电子发射。光电子发射在焊接电弧中几乎不会发生。

④ 撞击电子发射　运动速度较高，能量大的重粒子（如正离子）撞击阴极表面，将能量传递给阴极而产生的电子发射称为撞击电子发射。

1-12　什么是逸出功？阴极材料的逸出功对电弧稳定性及引弧性能有何影响？

电子逸出阴极表面产生电子发射所需要的最小能量称为逸出功。单位为焦耳或电子伏。

当用电子伏（ev）做单位的逸出功除以电子的带电量，得出的单位为伏特的物理量称为逸出电压。

阴极的逸出功对电弧的稳定性具有很大的影响。其他条件相同的情况下，阴极的逸出功越小，引弧越容易，电弧越稳定。阴极逸出功的大小取决于阴极材料的种类、掺杂元素及表面状态。金属氧化物的逸出功显著小于对应的金属；金属中掺杂某些气体元素时，逸出功会大大降低，例如钨金属掺入少量的氧化铈时，逸出功由 4.5eV 左右降低为大约 1.36eV，相同温度下的电子发射能力会增加数千倍。

1-13 电弧中负离子是如何产生的？负离子产生对电弧的稳定性有何影响？

活泼性非金属原子或分子（如 F、Cl）等吸收电子的能力非常强。因此一定条件下，电弧中的这些原子能吸附电子形成负离子。负离子的形成过程是放热过程，在电弧高温区中的产生概率很低，只产生在温度较低的电弧周边处或正弦波交流电弧电流过零点时。

负离子尽管也是带电粒子，但由于其质量比电子大得多，在同样的电场作用下，其运动速度比电子慢得多，因此其导电能力就比电子小得多。如果直流电弧中有 F、Cl 等原子，负离子在电弧周边产生，电弧导电半径减小，使得电流受到了压缩（如图 1.10 所示），其电流密度增大，熔深增大，而熔宽、热影响区和变形减小，因此，负离子的产生是有利的。而在正弦波交流电弧有 F、Cl 等原子时，负离子在电流过零点时因电弧温度降低而大量产生，降低了电弧电导率，提高了电弧再引燃电压，使电弧稳定性显著下降，甚至熄灭。因此 CaF_2 含量高的焊剂或焊条不能用于正弦波交流电弧。

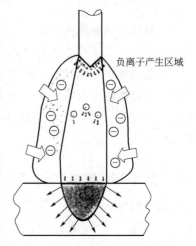

图 1.10 负离子产生对直流电弧的压缩作用

1-14 电弧的阴极区、弧柱区和阳极区在电弧燃烧过程中各起什么作用？

阴极区的主要作用是产生弧柱区导电所需要电子流，接收弧柱区来的正离子流。阳极区的主要作用是产生弧柱区所需要的正离子流，接收弧柱区来的电子流。弧柱导电所需要的带电粒子全部来自两个极区，而弧柱将两个极区联系起来，如图 1.11 所示。弧柱本身通过热电离产生少量带电粒子，用来弥补弧柱中通过扩散和复合消失的带电粒子。

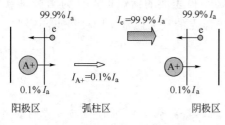

图 1.11 电弧各个区域的作用

1-15 阳极压降大小主要取决于哪些因素？气体保护焊电弧的阳极压降大小如何？

阳极压降主要取决于电弧电流和阳极材料，焊接电流越大、阳极材料蒸气压越大、阳极材料电离电压越小，阳极压降就越小。影响最大的是焊接电流，随着焊接电流的增大，阳极压降迅速降低。大电流气体保护焊的阳极压降通常很小，几乎为零。

1-16 阴极压降大小主要取决于哪些因素？气体保护焊电弧的阴极压降大小如何？

阴极压降主要取决于电流大小、阴极材料和气体介质等。阴极材料的熔点越高、电流越大、气体介质的电离电压越低，阴极压降越小。

大电流钨极氩弧焊时，如果采用直流正极性接法（钨极为阴极），阴极温度很高，阴极以热发射产生大量电子，阴极区压降较低。熔化极气体保护焊时，阴极通常为焊丝，受焊丝熔点限制，阴极温度较低，热发射能力低，阴极区压降较大。

1-17 为什么说电弧电压与弧长被认为是同一个参数？

电弧电压等于阴极压降 U_K、阳极压降 U_A 和弧柱压降 U_C 之和：

$$U_a = U_A + U_K + U_C = U_A + U_K + E_C \cdot l_a$$

焊接条件一定时（焊接电流、焊丝、周围气体介质等），阴极压降、阳极压降及弧柱电场强度 E_C 是恒定值，因此，电弧电压与弧长一一对应，随着弧长的增大而增大。对于 GMAW 来说，通常利用电弧电压作为焊接参数，因为电弧电压可以直接在电源上设定；而对于 TIG 焊和 PAW 来说，通常利用弧长作为焊接参数，因为弧长可直接设定，而电弧电压不能直接设定。

1-18 什么是阴极斑点和阳极斑点？有何特点？

在一定条件下，特别是电流较小时，电弧电流通过电极表面上一些孤立的点进入电极。这些点称为电极的活性斑点。在阴极表面的活性斑点称为阴极斑点，在阳极表面的活性斑点称为阳极斑点。阴极斑点的尺寸通常比阳极斑点小一些。

两种斑点的特点如下：

① 电流密度大、温度高、亮度大；

② 均受到指向斑点的作用力；

③ 阴极斑点和阳极斑点具有黏着性和跳跃性，高速焊接时容易导致焊道不连续或蛇形焊道，见图 1.12；

(a) 蛇形焊道　　　　　　　　　　(b) 正常焊道

图 1.12　阴极斑点黏着性引起的蛇形焊道与正常焊道比较

④ 阴极斑点自动寻找氧化膜，阳极斑点则避开氧化膜，产生在易产生金属蒸气的部位。阴极斑点是导通电流的点，它们需要发射电子，而氧化膜逸出功小于对应的金属，因此阴极斑点总是优先产生在有氧化膜的部位。阳极斑点需要通过电离产生正离子，金属气体原子的电离电压低，因此阳极斑点总是产生在易产生金属蒸气的部位。

1-19　什么叫阴极雾化作用？阴极雾化作用有何用途？

由于阴极斑点具有自动寻找氧化膜的特点，当工件接阴极时，其表面的氧化膜优先充当阴极斑点，氧化膜发射电子后变得疏松，与母材金属的结合强度变弱，受到质量较大的正离子撞击后破碎，这种作用被称为阴极雾化作用或阴极清理作用。

该作用对于铝及铝合金、镁及镁合金的焊接非常重要。因为这些活泼金属表面有一层致密的氧化膜，焊接过程中如果不能去除，则覆盖在熔池上面，阻碍电弧热量进入熔池，易导致未焊透、夹渣等缺陷。因此，铝及铝合金、镁及镁合金气体保护焊时，通常采用直流反极性接法（熔化极气体保护焊）和交流（钨极氩弧焊）进行焊接。图 1.13 示出了铝合金交流钨极氩弧焊时阴极雾化作用效果。

图 1.13　铝合金交流钨极氩弧焊时阴极雾化作用效果图

1-20　焊接电弧有哪几种？各用于什么焊接方法？

根据焊接电流种类的不同，焊接电弧可分为交流电弧、直流电弧、脉冲电弧。交流电弧一般仅用于焊条电弧焊（SMAW）、埋弧焊（SAW）、钨极氩弧（TIG）焊等焊接方法。交流电弧又分为正弦波交流电弧和方波交流电弧，电流波形见图 1.14。方波交流电弧稳定性与直流电弧几乎相同，而正弦波交流电弧稳定性较差，通常需要在焊接回路中串接一个足够大的电感。脉冲电弧又分为直流脉冲电弧和交流脉冲电弧，电流波形见图 1.15。

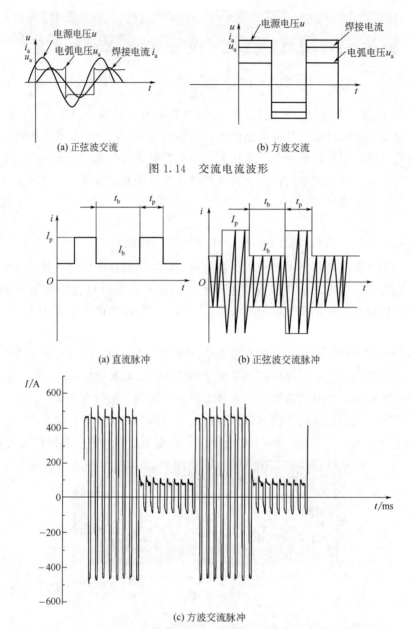

图 1.14 交流电流波形

图 1.15 脉冲电流波形

I_b—基值电流；I_p—脉冲电流；t_b—脉冲间歇时间；t_p—脉冲持续时间

根据电弧状态，焊接电弧可分为自由电弧、压缩电弧。钨极氩弧焊、熔化极气体保护焊（MIG、MAG 和 CO_2 气体保护焊）的电弧均为自由电弧，等离子弧焊（PAW）的电弧属于压缩电弧。

按电弧周围保护介质类型，焊接电弧可分为气体护电弧、焊剂层下"燃烧"

的电弧，除了埋弧焊以外，几乎所有电弧焊方法均采用气体进行保护。

按电极材料可分为非熔化极电弧和熔化极电弧。钨极氩弧焊电弧及等离子电弧焊电弧是非熔化极电弧。熔化极气体保护焊、埋弧焊及焊条电弧焊的电弧属于熔化极电弧。

1-21　什么是电弧的静特性曲线？电弧静特性有哪些影响因素？

电弧稳定燃烧时，电弧电压与电流之间的关系［即 $U_a = f(I_a)$］称为电弧的静特性，又称电弧的伏安特性。在电压-电流坐标系中对应于 $U_a = f(I_a)$ 的曲线称为电弧静特性曲线。当电弧电流在很大的范围内变化时，焊接电弧的静特性曲线近似呈 U 形，典型形状见图 1.16。不同的焊接方法使用电弧静特性的不同区段。钨极氩弧（TIG）焊、埋弧焊（SAW）、焊条电弧焊（MMAW）、粗丝 CO_2 气体保护焊（简称 CO_2 焊）工作在电弧静特性的水平段；小电流钨极氩弧焊、微束等离子弧焊以及脉冲钨极氩弧焊电弧通常处于下降段；而细丝 CO_2 气体保护焊、大电流 MIG 焊、等离子弧焊等通常工作在电弧静特性的上升段。

电弧静特性曲线影响因素如下。

① 电弧气体介质的成分　在其他条件相同的情况下，电弧气体介质的稳弧性越差，电弧电压就越大，电弧静特性曲线会上移，反之则电弧静特性曲线下移。气体保护焊气体介质中有多原子分子时或气体热导率增大时，电弧电压增大，电弧静特性曲线上移。图 1.17 示出了保护气体对 TIG 焊电弧静特性的影响。

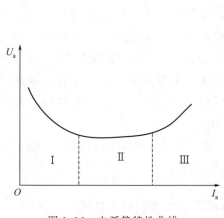

图 1.16　电弧静特性曲线

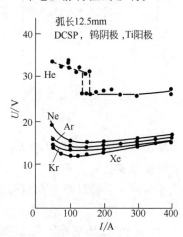

图 1.17　保护气体成分对 TIG 焊电弧静特性的影响

② 弧长　弧长增大时，电弧电压增大。在实际焊接过程中，弧长对电弧电压的影响是最主要的，为了保持电弧电压及焊接电流稳定不变，总是要求保持恒定的弧长。图 1.18 示出了弧长对 TIG 焊电弧静特性的影响。

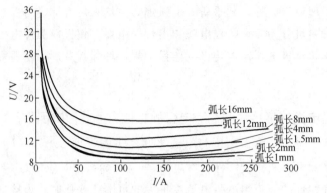

图 1.18　弧长对 TIG 焊电弧静特性的影响

1-22　什么是电弧的动特性？

在某些焊接过程中，焊接电流和电弧电压都发生高速变动，电弧达不到稳定状态。一定弧长下，当焊接电流以很快速度变化时，电弧电压瞬时值和电流瞬时

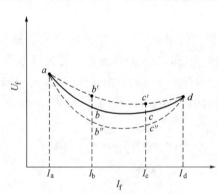

图 1.19　电弧的动特性曲线

值之间的关系称为电弧的动特性。表示这两者关系的曲线称为电弧动特性曲线。图 1.19 中的 $abcd$ 曲线为电弧静特性曲线，当焊接电流迅速从 I_a 增加到 I_d 时，由于电弧温度有热惯性，它达不到相应电流时稳定状态的温度，要维持电弧燃烧，电弧电压就必须比静特性时高，于是沿着 $ab'c'd$ 曲线变化。当电弧电流从 I_d 迅速减到 I_a 时，亦因热惯性，电弧空间温度来不及下降，对应于每一瞬间的电弧电压也将低于静特性曲线，而沿

$db''c''a$ 变化。图中 $ab'c'd$ 和 $dc''b''a$ 曲线即为电弧的动特性曲线。

若焊接电流按另一种规律迅速变化时，将得到另一种形状的动特性曲线。电流变化速度越小，静动特性曲线就越接近。

1-23　什么是电弧热功率？电弧热在工件和焊丝（或钨极）之间如何分配？

焊接时电弧将大部分电能转变为热能，因此，电弧的产热功率 Q 等于其电功率：

$$Q = I_a U_a$$

式中，I_a 为焊接电流；U_a 为电弧电压。

焊接电弧的产热功率实际上是电弧三个区域的产热功率之和。阴极区的产热

功率为 $P_K=I_a(U_k-U_w)$，这部分热量主要用于加热阴极；阳极区的产热功率为 $P_A=I_a(U_A+U_w)$，这部分热量主要用于加热阳极；弧柱区的产热功率为 $P_C=I_aU_C$，这部分热量一般不能用来加热工件和焊丝，大部分通过对流和辐射的形式散失到周围环境中。电弧热量在两个极区的分配主要取决于焊接方法，对于熔化极电弧焊，阴极区的产热大约是阳极区的 2 倍；而非熔化极电弧焊正好相反，阳极区的产热是阴极区的 2 倍。加热焊丝（或钨极）的热量主要来自焊丝所在极区的热量，加热工件的热量来自工件所在极区的热量和熔滴带来的热量。

1-24 什么是电弧热效率系数？

电弧的热量并不能全部用来加热焊丝和工件，通常将实际用来加热工件的电弧功率称为有效功率 Q_0：

$$Q_0=\eta Q$$

式中，η 为电弧的热效率系数。

η 取决于焊接方法、焊接工艺参数及周围环境条件。几种气体保护焊的热效率系数见表 1.1。

表 1.1 几种气体保护焊的热效率系数

焊接方法	熔化极氩弧焊	钨极氩弧焊	CO_2 电弧焊	等离子弧焊	
				熔入法	小孔法
热效率系数/%	65~85	60~70	75~90	60~75	45~65

熔化极氩弧焊时，熔化焊丝的热量最终通过熔滴过渡传递给母材，其热效率系数较高。而钨极氩弧焊和等离子弧焊时，加热钨极的热量不能传递给工件，因此，其热效率系数较低。CO_2 电弧焊飞溅率较大，飞溅颗粒导致的热损失大，其热效率系数也较小。

在其他条件不变的情况下，随着电弧电压升高，弧长增大，通过对流、辐射等损失的弧柱热量增加，热效率系数 η 降低。

1-25 什么是电弧功率密度？电弧功率密度对焊接工艺性能有何影响？

电弧是通过一定面积的斑点加热工件的，电弧有效热功率除以加热斑点的面积为电弧功率密度。事实上，加热斑点上各个部位的功率密度并不一致，在电弧轴线处最大，从中心到周围逐渐降低。通常给出的是焊接电弧的平均功率密度。

功率密度影响焊缝成形及焊接质量。功率密度越高，焊缝的深宽比（熔深比熔宽）越大，加热和冷却速度越快，能量的利用率越高，而焊接变形及热影响区越小。

常用热源的功率密度见表 1.2。

表 1.2 常用热源的功率密度

热源	气焊火焰	电弧	等离子弧	电子束	激光束
功率密度/$W \cdot cm^{-2}$	1~10	10^3~10^4	10^5~10^6	10^6~10^8	10^6~10^7

1-26 电弧中的温度分布如何?

电弧轴向功率密度分布情况与电流密度分布相对应,两个极区的功率密度较大,而弧柱的则较小。但温度的轴向分布与功率密度分布正好相反,弧柱的温度较高,而两个极区的温度较低,如图 1.20 所示。虽然两个极区的产热量高,但因电极材料的导热性好、熔点和沸点较低,因此,其温度受到了限制,一般不超过电极材料的沸点。而弧柱则没有这些限制,可以达到很高的温度。根据电极材料、气体介质、电流大小的不同,自由电弧弧柱的温度一般在 5000~20000K 之间,而压缩电弧弧柱温度则在 24000~50000K 之间。

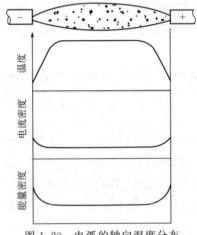

图 1.20 电弧的轴向温度分布

两个极区的温度也不相同;对于熔化极气体保护焊和埋弧焊,阳极的温度通常低于阴极的温度,见表 1.3。

表 1.3 阴极与阳极的温度

焊接方法	焊条电弧焊	钨极氩弧焊	熔化极氩弧焊	CO_2 气体保护焊	埋弧自动焊
温度比较	阳极温度>阴极温度			阴极温度>阳极温度	

实际焊接电弧的两个电极尺寸并不相同,工件大而焊丝或钨极小,弧柱的轴向温度分布并不像图 1.20 那样均匀分布,而是靠近焊丝或钨极一端温度高,而靠近工件一端的温度低,因此,焊丝端部的熔滴温度总是比熔池温度高,熔滴从焊丝过渡到熔池时,不仅提供填充金属,而且还提供了热量。

电弧径向温度分布特点是:电弧中心部位温度最高,从中心向周边温度逐渐降低,如图 1.21 所示。

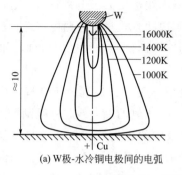
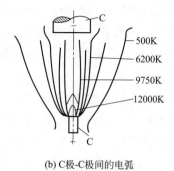

(a) W极-水冷铜电极间的电弧　　(b) C极-C极间的电弧

图 1.21　电弧的径向温度分布

1-27　什么是电弧的刚直性？电弧刚直性是由什么决定的？

电弧保持沿焊丝（焊条）轴向方向流动的能力称为电弧的刚直性。刚直性是电弧的固有性质，它使得电弧中心线总是处在焊丝轴线上，如图 1.22 所示。这保证了电弧焊的易操作性，操作者只需将焊丝指向被焊接部位就可确保焊缝处于正确的位置。

电弧的刚直性是由电弧自身产生的磁场决定的。电弧事实上是一段载流气体导

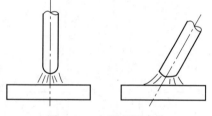

图 1.22　电弧的刚直性

体，电流在其周围产生对称的磁场，该磁场使得电弧中带电粒子均受到指向焊丝轴线的力，该力阻止带电粒子偏离焊丝轴线，这样，无论焊丝是垂直于工件的还是相对于焊丝是倾斜的，电弧将总是保持在焊丝轴线上。

1-28　电弧为什么有时会偏离焊丝轴线？

电弧偏离焊丝的轴线是电弧两边受力不对称引起的，这种不对称力可能是由磁场不对称引起的，也可能是由电弧周围的气流压力不对称引起的，前者引起的电弧偏离称为磁偏吹，后者引起的电弧偏离称为气流偏吹。

1-29　引起电弧磁偏吹的工艺因素有哪些？

如果外部因素使电弧周围磁场不对称，电弧中心线周围带电粒子的受力将不对称，从而使电弧偏向一侧，这种现象称为磁偏吹。引起磁偏吹的主要原因有以下几种。

① 接地线方法不正确　对于长、大的工件，如果一端接地，则会产生磁偏吹，如图 1.23（a）所示。这是由于焊丝轴线左侧的工件有电流流过，它产生的

磁场与电弧自身磁场相叠加,使得该侧的磁力线密度大于电弧右侧。这样在左侧较大电磁力的作用下,电弧被推向右侧。解决的方式是工件两侧接地;或者焊丝(焊条)向右倾斜一定角度,增大左侧空间,使两侧磁力线密度对称,如图1.23(b)所示。

② 工件周围有铁磁性物质　铁磁性物质导磁能力远远大于空气,当电弧一侧有铁磁性物质(例如,钢板、铁块等)时,该侧的磁力线将被吸到铁磁性物质中去,从而使得焊丝(焊条)轴线附近在该侧的磁力线密度小于另一侧,如图1.24所示。这样,有铁磁性物质一侧的受力小于另外一侧,电弧就偏向有铁磁性物质的一侧,就像铁磁性物质吸引电弧一样。电弧周围的钢板越大或距离电弧越近,磁偏吹就越严重。

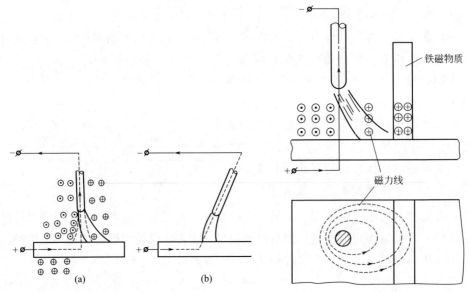

图1.23　接地线位置引起的磁偏吹　　　图1.24　铁磁性物质引起的磁偏吹

③ 对于长、大的工件,当电弧行走到工件端部时,电弧会偏向工件内侧,这是由此时电弧两侧铁磁性物质不对称引起的,钢板内侧的导磁面积远远大于外侧,相当于在内侧放置了一块铁磁性物质,如图1.25所示。

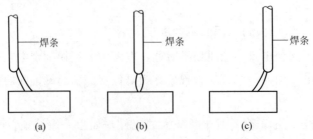

图1.25　电弧位置引起的磁偏吹

1-30 引起气流偏吹的原因主要有哪些？

电弧周围气流不对称会引起气流偏吹，常出现在以下几种情况：

① 在厚板坡口内进行多层焊接时，如果间隙较大，焊接第一层焊道时往往会因热对流而形成电弧偏吹；

② 在室外焊接或狭小空间中焊接时，大风会导致电弧偏吹，而且气体保护效果也变差；

③ 在焊接管子时，管子中的空气流动速度较大，形成所谓的穿堂风，也会导致偏吹。在这些情况下，只要查明气流来向，采用必要的遮挡措施就不难消除偏吹。

1-31 为什么说交流电弧磁偏吹总是小于直流电弧？

交流电弧的磁偏吹较小，主要原因有两个。

① 交流电流引起的磁场是交变磁场，方向变化的磁力线在母材中引起涡流，而涡流电流有抵消原磁场的作用，使合成磁场变弱，电弧两侧不对称程度减弱，如图 1.26 所示。

② 不均衡磁场引起的电弧偏吹作用力大小与正弦波交流电流同相位变化。对于 50Hz 正弦波交流电弧，电流和电弧偏吹作用

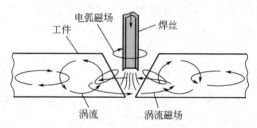

图 1.26 交流电弧的涡流磁场和自身磁场

力由零增到最大值的时间只有 0.005s，这么短的时间内，电弧还来不及偏离，电流和电弧偏吹作用力就又从最大值降低到零，因此，电弧基本不会偏离。方波交流的电流大小在每个半波基本不变，电弧偏吹作用力大小也不变，因此，电弧的偏吹程度就比正弦波交流大一些。

1-32 减小电弧偏吹的常用方法有哪些？

偏吹导致电弧的可操作性变差、焊接过程不稳定、焊缝成形差，严重时会造成焊接缺陷及熄弧，因此焊接过程中必须避免出现偏吹。防止磁偏吹的方法如下。

① 尽量采用短弧，这是因为短弧不易受气流的影响，产生偏吹的可能性小。即使产生了磁偏吹，其偏离程度也比长弧时小。

② 如果允许，尽量使用交流电弧进行焊接，因为交流电弧几乎不会产生磁偏吹。

③ 室外作业时，如遇大风，则必须采取遮挡措施，对电弧进行保护。焊接管子时，尽量将管口堵住，防止管子中的气流引起偏吹。

④ 对于坡口间隙较大的对接焊缝，在焊缝下面加上垫板，防止热对流引起的电弧偏吹。

⑤ 在焊缝的两端各加一小块引弧板和熄弧板，使电弧行走在端部时其两侧的磁力线分布也尽量保持对称。

⑥ 在操作时调整焊丝（焊条）角度，使焊丝两侧的磁力线保持对称，这种方法在实际生产中应用较多。

⑦ 采用正确的接线方法，对于长、大的工件采用两端接地的方式。

⑧ 尽量采用小电流进行焊接。

1-33 气体保护焊的引弧方法有哪些？

电弧的引燃过程就是通过电离和阴极电子发射，在两电极间的气体中产生带电粒子以及带电粒子定向运动的过程。电弧的引燃方式有两大类：接触引弧和非接触引弧。钨极氩弧焊通常采用非接触引弧，而熔化极气体保护焊常采用接触引弧。

1-34 什么是接触引弧？

接触引弧是通过电极与工件直接接触来引燃电弧的一种方法。这种方法适用于熔化极气体保护焊和焊条电弧焊。

引弧前，应首先接通弧焊电源。由于焊丝和工件表面都不是绝对平整的，因此，焊丝与工件接触短路时，只是在少数一些点上接触，如图 1.27 所示。由于接触部位的接触电阻很大，而且短路电流比正常的焊接电流要大得多，因此，此处产生大量的电阻热，使电极表面发热、熔化，甚至蒸发、气化，在刚拉开电极的瞬间，电弧间隙极小，电源空载电压作用在此小间隙上，电场强度达到一个很大的数值，从而产生电场发射、粒子碰撞发

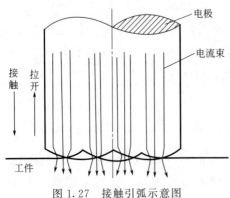

图 1.27 接触引弧示意图

射和电场电离。通过上述电离和电子发射产生的大量带电粒子在电场作用下定向运动，将电弧引燃。

当拉开电极的瞬间，电源电压由短路时的零值增高到空载电压所需要的时间称为空载电压恢复时间。空载电压恢复时间对于焊接电弧的引燃及焊接电弧的稳

定性具有重要的意义。在电弧焊时，电压恢复时间越短越好，一般不得超过 0.05s。

1-35 接触引弧有哪几种？分别适合于什么情况？

接触引弧分爆裂引弧、慢送丝引弧及回抽引弧几种。

爆裂引弧法常用于细丝熔化极气体保护焊中，引弧时先使焊丝与工件保持一定间隙，接通焊接电源后，焊丝送进并与工件接触短路，接触部位在强烈的电阻热作用下爆断，使电弧引燃。

慢送丝引弧多用于粗丝熔化极气体保护焊中。这种方法与爆裂引弧的区别仅仅是电弧引燃前以较慢的送丝速度送丝；电弧引燃后，再将送丝速度提高至所需的正常值。如果在慢送丝的同时使行走小车缓慢行走，则形成慢送丝划擦引弧。

回抽引弧适用于埋弧焊。引弧前使焊丝与工件轻微接触；引弧时先接通焊接电流，接触部位被接触电阻热加热到很高的温度，焊丝回抽时将电弧引燃；电弧引燃后，焊丝送进，当送丝速度与熔化速度相等时，电弧燃烧达到稳定状态。

1-36 什么是非接触引弧？

非接触引弧时，电极与工件之间保持一定长度的间隙，通过施以高电压击穿该间隙，使电弧引燃。这种引弧方式主要用在钨极氩弧焊中。

非接触引弧一般要借助引弧器来引弧，常用的有高频振荡器和高压脉冲引弧器两种，直流钨极氩弧焊和方波交流钨极氩弧焊一般采用高频振荡器引弧，而正弦波交流钨极氩弧焊一般采用高压脉冲器引弧。

引弧器一般串联在焊接主回路中，如图 1.28 所示。高频振荡器输出振荡频率为 150～260kHz，峰值为 2500～5000V 的电压。高压脉冲引弧的频率一般为 50～100Hz，峰值为 3000～5000V。无论是高频振荡器引弧，还是高压脉冲引弧器引弧，均是依靠高压电使电极表面产生场致电子发射来引燃电弧的。

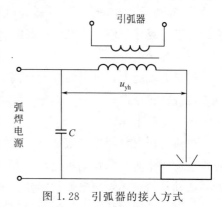

图 1.28 引弧器的接入方式

1-37 何谓焊接电弧的稳定性？

所谓焊接电弧的稳定性是指电弧保持稳定燃烧（焊接电流、电弧电压保持恒定）而不产生断弧、漂移和磁偏吹的能力。焊接电弧燃烧的稳定性直接决定了焊接过程的稳定性和焊接质量。

1-38 焊接电弧的稳定性影响因素有哪些？

影响焊接电弧稳定性的因素主要有以下几方面。

(1) 焊工操作技术及自动焊弧长自动调节能力

焊工操作技术是决定电弧稳定性的重要因素，实际焊接过程中，焊工运枪（条）手势应得当，尽量控制电弧长度保持不变，否则会产生焊接电流波动甚至断弧现象。焊丝与工件、焊枪与工件之间的夹角要得当，以产生合适的熔透、防止焊接缺陷并将熔池保持住。对于自动焊，要求弧长能够自动调节，确保弧长在焊接过程中保持恒定，进而保证焊接参数的恒定。

(2) 弧焊电源

① 弧焊电源的种类　直流弧焊电源、方波交流弧焊电源比正弦波交流弧焊电源的电弧稳定性要好。而脉冲弧焊电源的稳定性更好，因此，小电流焊接时通常采用脉冲弧焊电源。

② 弧焊电源的外特性　电源的外特性应符合相应焊接方法的电弧稳定燃烧要求，熔化极气体保护焊一般采用细丝（焊丝直径不大于 3.2mm），需要选用缓降外特性电源，否则焊接电弧不稳定。大电流熔化极气体保护焊有时也会用粗丝，而用粗丝时需要选用陡降外特性电源。

③ 电源动特性　短路过渡 CO_2 焊电弧周期性地燃烧-熄灭，要求电源的空载电源上升速度要快，要求短路电流上升速度要适中。

④ 弧焊电源的空载电压　弧焊电源的空载电压越高，引弧越容易，电弧燃烧的稳定性越好；但空载电压过高时，对焊工的人身安全不利。

(3) 焊接电流

焊接电流越大，电弧的温度越高，弧柱区气体电离程度和热发射作用越强，电弧燃烧就越稳定。

(4) 电弧电压

电弧电压要与焊接电流适当匹配，随着焊接电流的增大，电弧电压应增大。焊接电流一定时，电弧电压过小，容易造成短路；电弧电压过大，电弧就会发生剧烈摆动从而破坏焊接电弧稳定性。

(5) 工件表面状态、气流及磁偏吹

工件表面不清洁，如存在油污、铁锈、水分等时，引弧及燃弧均不稳定，而保护气流不稳定或有磁偏吹时，电弧也不稳定。

1-39 什么是干伸长度？

熔化极电弧焊焊接时，伸出到导电嘴之外的焊丝长度称为干伸长度，通常用 L_s 表示。该长度是焊接过程中参加导电的焊丝长度。这段焊丝产生电阻热，影响焊丝熔化速度。干伸长度及其电阻热分布见图 1.29。

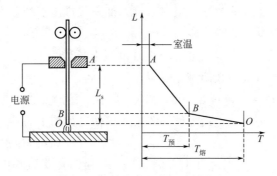

图 1.29　干伸长度及其电阻热分布

1-40　什么是熔化速度？什么是熔化系数？

单位时间内熔化的焊丝重量或长度被称为熔化速度。熔化速度一般随焊接电流的增大而增大。钢焊丝的熔化速度基本不受电弧电压的影响。对于铝焊丝，在常用的弧长范围内，熔化速度也不受电弧电压的影响；而弧长较短时，熔化速度随着弧长的减小而增大。另外，熔化速度还会随焊丝直径的减小、干伸长度的增大、焊丝的电阻率的增大而增大。

单位时间内由单位电流熔化的焊丝金属重量或长度称为熔化系数。熔化系数等于熔化速度除以焊接电流。

1-41　什么是熔敷速度？什么是熔敷系数？

单位时间内熔敷到焊缝中的焊丝金属重量称为熔敷速度。单位时间内由单位电流熔敷到焊缝中的焊丝金属重量称为熔敷系数。

1-42　什么是熔滴过渡？熔滴过渡有哪几种形式？

焊丝（焊条）端部熔化的液态金属通过一定方式进入熔池的过程称为熔滴过渡。熔滴过渡是熔化极电弧焊的重要现象，过渡的稳定性不但直接影响焊材的利用率、焊接过程稳定性、焊缝成形及焊接质量，还影响电能利用率和劳动生产率。

根据焊接方法和焊接工艺参数的不同，熔滴过渡可分为自由过渡、渣壁过渡、接触过渡三大类。渣壁过渡出现在埋弧焊和焊条电弧焊中，气体保护焊的熔滴过渡为自由过渡和接触过渡。

1-43　什么是自由过渡？自由过渡有哪几种形式？

熔滴脱离焊丝，经电弧空间自由飞行到熔池的过程称为自由过渡，过渡过程中焊丝与熔池不发生短路。

自由过渡又分为大滴过渡、喷射过渡和细颗粒过渡三种形式。

(1) 大滴过渡

这种过渡形式出现在焊接电流较小且电弧电压较大的熔化极气体保护焊中，又可分为大滴滴落过渡和大滴排斥过渡。

① 大滴滴落过渡　出现在 MIG/MAG 焊中，熔滴受力沿焊丝轴线对称，长大到一定程度后脱离焊丝，沿焊丝轴线落入熔池，如图 1.30（a）所示。

② 大滴排斥过渡　发生在小电流的 CO_2 焊过程中，熔滴严重偏离焊丝轴线，往往被抛到熔池之外，如图 1.30（b）所示。

(2) 喷射过渡

这种过渡形式出现在使用富氩气体的熔化极气体保护焊（MIG/MAG）中。在焊接电流很大（大于喷射过渡临界电流）、电弧电压较高时，焊丝端部熔化的液态金属以细小的尺寸、很快的速度穿过电弧空间，过渡到熔池中。这种过渡形式

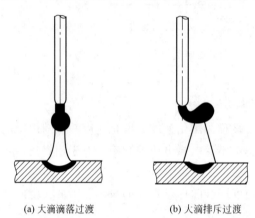

(a) 大滴滴落过渡　　(b) 大滴排斥过渡

图 1.30　大滴过渡的两种形式

又分为射滴过渡和射流过渡两种。

① 射滴过渡　过渡熔滴的直径接近于焊丝直径，通常是过渡完一滴后再过渡另一滴，过渡速度很快，好像一滴一滴地射向熔池一样，故称射滴过渡，如图 1.31（a）所示。主要出现在铝及其合金的 MIG 焊及钢的脉冲 MAG 焊中，埋弧焊中也存在这种过渡方式。

② 射流过渡　焊丝端部熔化的液态金属被电弧力削成铅笔尖状，熔滴以细小尺寸从该部位一个接一个地射向熔池，其直径远小于焊丝直径。由于熔滴过渡频率很高，看上去好像存在一个从焊丝端部指向

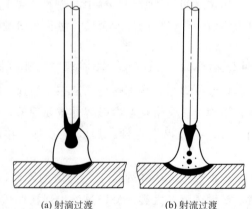

(a) 射滴过渡　　(b) 射流过渡

图 1.31　喷射过渡的两种形式

熔池的连续束流，故称射流过渡，如图 1.31（b）所示。这种过渡主要出现在钢的 MAG 焊中。

（3）细颗粒过渡

这种过渡形式出现在电流和电压均较大的 CO_2 焊过程中。熔滴尺寸较小，过渡加速度较快，如图 1.32 所示。这种过渡形式类似于射滴，但轴向性较差，飞溅较大。

图 1.32 细颗粒过渡

1-44 什么是接触过渡？

焊丝端部的熔滴通过与熔池接触而进入熔池的一种过渡形式。这种过渡方式又可分为短路过渡和搭桥过渡两种形式。

① 短路过渡　焊丝（或焊条）端部的熔滴在长大过程中首先将焊丝与熔池短路，形成短路小桥。短路后电流按照一定的速度增大，而短路小桥在强烈的电磁收缩力的作用下缩颈，缩颈及逐渐增大的电流使得电阻热以更快的速度增大，经过很短的时间后，缩颈部位在电阻热的作用下爆断，将液态金属过渡到熔池中，如图 1.33 所示。

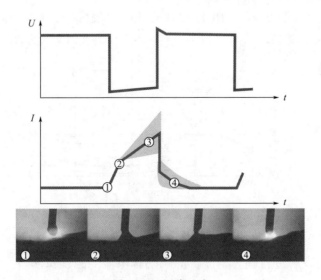

图 1.33 短路过渡

② 搭桥过渡　这种熔滴过渡方式仅仅出现在填丝钨极氩弧焊中，填充焊丝与工件之间不引燃电弧，焊丝填充到熔池前沿，熔化后直接流入熔池，如图 1.34 所示。

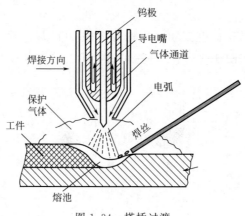

图1.34 搭桥过渡

1-45 什么是飞溅？什么是飞溅率？

熔化的焊丝金属飞出到熔池之外的现象叫飞溅。飞溅降低了材料的利用率、浪费了电能（飞溅颗粒温度很高）、降低了劳动生产率（飞溅颗粒需要去除，增加了工时）、恶化了劳动条件，因此，焊接时要尽量避免飞溅。

单位时间内飞溅出去的焊丝金属重量与熔化的焊丝重量之比称为飞溅率。飞溅率决定于焊接方法和焊接工艺参数。

熔化极气体保护焊中，MIG/MAG焊飞溅率较低，而CO_2焊飞溅率较高，如图1.35所示。钨极氩弧焊（TIG焊）基本上没有飞溅，飞溅率几乎为零。

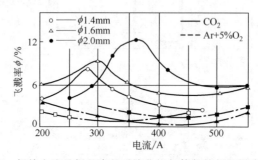

图1.35 焊接电流及焊丝直径对熔化极气体保护焊飞溅率的影响

1-46 什么是喷射过渡临界电流，影响临界电流的因素有哪些？

随着焊接电流的增大，过渡熔滴的尺寸逐渐变小、过渡频率增大。当焊接电流增大到某一数值时，熔滴尺寸和过渡频率发生突变，如图1.36所示，熔滴过渡从滴状过渡转变成喷射过渡，该电流值称为喷射过渡临界电流。临界电流与焊丝成分、直径、伸出长度，电流类型及保护气体成分等因素有关。表1.4给出了几种常用焊丝的喷射过渡临界电流值。

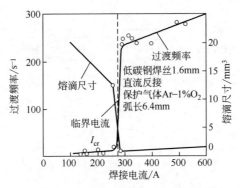

图1.36 焊接电流对熔滴过渡频率的影响

表1.4 几种常用焊丝的喷射过渡临界电流值

焊丝类型	焊丝直径/mm	保护气体	临界电流	
			直流	脉冲电流平均值
低碳钢	0.8	98%Ar+%O_2	150	—
低碳钢	0.9	98%Ar+%O_2	165	48
低碳钢	1.1	98%Ar+%O_2	220	68
低碳钢	1.6	98%Ar+%O_2	275	—
不锈钢	0.9	Ar	170	57
不锈钢	1.1	Ar	225	104
不锈钢	1.6	Ar	285	—
铝	0.8	Ar	95	—
铝	1.1	Ar	135	44
铝	1.6	Ar	180	84
脱氧铜	0.9	Ar	180	—
脱氧铜	1.1	Ar	210	—
脱氧铜	1.6	Ar	310	—
硅青铜	0.9	Ar	165	107
硅青铜	1.1	Ar	205	133
硅青铜	1.6	Ar	270	—

1-47 什么是熔池，熔池形状尺寸有哪些？

形成于工件上的由熔化的母材金属与焊丝金属组成的、具有一定几何形状的液态金属叫熔池。熔池与工件之间的交界面就是温度等于母材熔点的等温面。如果热源固定，熔池形状接近半球形；如果热源为移动热源，熔池形状接近半椭球形。以电弧中心线与工件表面的交点为原点，焊接方向为 x 方向，电弧轴线为 z 轴，工件表面上与焊接方向垂直的直线为 y 轴，建立随电弧一起移动的动坐标系，如图1.37所示。熔池形状尺寸可用下列几个参数表征。

① 熔宽 B　熔池在 y 轴上的截距称为熔宽。它是熔池存续期间的最大宽度，熔池结晶形成焊缝后变为焊缝的熔宽。

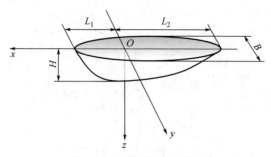

图 1.37 熔池的形状尺寸

② 熔深 H　熔池在 z 轴上的截距称为熔深。它是熔池存续期间的最大深度,熔池结晶形成焊缝后变为焊缝的熔深。

③ 熔池前部长度 L_1　熔池在 x 轴正半轴上的截距称为熔池前部长度。焊接过程中,熔池前部为升温区,温度梯度陡升。

④ 尾部长度 L_2　熔池在 x 轴负半轴上的截距称为熔池尾部长度。焊接过程中,熔池尾部为降温区,温度梯度比前部低。

熔池的形状尺寸、内部液态金属的流动、温度分布及存在时间对焊接冶金反应、结晶方向、缺陷敏感性及焊缝成形尺寸及质量具有重要影响。

1-48　熔池中的温度分布情况如何?

熔池中的温度分布极不均匀,图 1.38 示出了熔池纵向(焊接方向)和几个横截面上的温度分布。

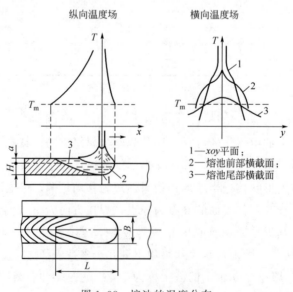

图 1.38 熔池的温度分布

1-49 影响熔池形状尺寸的因素有哪些？

影响熔池形状尺寸的因素主要有热输入、工件尺寸、母材热物理性能参数、功率密度、焊接位置等。所有的熔池形状尺寸随着热输入的增大而增大，随着母材热导率、熔点及热扩散率的增大而减小。功率密度增大，熔宽减小、熔深增大。

1-50 什么是电弧热效率系数？

用于加热工件和焊丝的电弧热功率与电弧总热功率之比称为电弧热效率系数，通常用 η 表示。

电弧热效率系数取决于电弧损失热量的大小，电弧热损失途径如图 1.39 所示，主要有以下几种：

① 电弧弧柱通过辐射、对流和传导散失到周围空间中的热量；

② 加热钨极或焊条头的热量；

③ 通过焊丝传导走的热量；

④ 加热焊剂的部分热量；

⑤ 飞溅热损失；

⑥ 金属蒸气热损失。

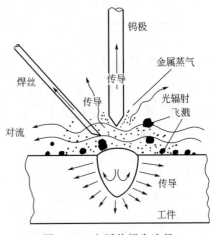

图 1.39 电弧热损失途径

1-51 电弧热效率系数的影响因素有哪些？

电弧热效率系数的影响因素主要有电弧焊方法、焊接工艺参数、电流种类、极性和焊接位置等。钨极氩弧焊时，加热钨极的热量不能传递给工件，因此，其热效率系数较低。熔化极电弧焊时，熔化焊丝的热量最终通过熔滴过渡传递给母材，其热效率系数高于钨极氩弧焊。短路过渡熔化极气体保护焊飞溅率大于喷射过渡，飞溅颗粒导致的热损失大，其热效率系数小于喷射过渡。埋弧焊的电弧在焊剂层下燃烧，电弧热量散失不出来，因此热效率系数最高。在其他条件不变的情况下，随着电弧电压升高，弧长增大，弧柱通过对流、辐射等方式损失的热量增加，热效率系数 η 降低。

表 1.5 给出了各种常用电弧焊方法的热效率系数。

表 1.5 常用电弧焊方法的热效率系数

焊接方法		热效率系数
钨极氩弧焊	直流正接（DCSP），小电流	0.40～0.60
	直流正接（DCSP），大电流	0.60～0.80

续表

焊接方法		热效率系数
钨极氩弧焊	直流反接(DCRP)	0.20～0.40
	交流	0.20～0.50
等离子弧焊	穿孔型	0.85～0.95
	融入型	0.70～0.85
熔化极气体保护焊	短路过渡	0.60～0.75
	喷射过渡	0.65～0.85
焊条电弧焊		0.65～0.85
药芯焊丝电弧焊		0.65～0.85
埋弧焊		0.85～0.99

1-52 什么是热输入？

电弧热量不能全部输入到工件，有一部分热量通过一定方式损失到周围环境中了。通常把输入到单位焊缝长度上的热功率称为热输入，可用下式计算

$$q = \eta \frac{P}{v_w} = \eta \frac{U_a I}{v_w}$$

式中，q 为热输入；P 为电弧功率，W；U_a 为电弧电压，V；I 为焊接电流，A；η 为电弧热效率系数。

1-53 什么热源功率密度，对焊缝形状尺寸有何影响？

热源是通过一定面积的区域加热工件的，该区域称为加热斑点，如图1.40所示。

通过单位加热斑点面积输入到工件的热功率称为热源功率密度，又称能量密度。事实上，加热斑点上的功率密度并不一致，在电弧轴线处最大，从中心到周围逐渐降低，如图1.40所示。通常所说的热源功率密度指的是其平均功率密度。

功率密度影响焊缝成形及焊接质量。功率密度越高，焊缝的深宽比（熔深比熔宽）越大，加热或冷却速度越快，能量的利用率越高，而焊接变形及热影响区越小。

常用热源的功率密度见表1.6。图1.41示出了功率密度对焊缝形状的影响。

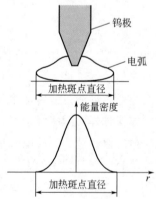

图1.40 电弧加热斑点中的能量密度分布

表1.6 常用热源的功率密度

热源	气焊火焰	电弧	等离子弧	电子束	激光束
功率密度/W·cm^{-2}	1～10	10^3～10^4	10^5～10^6	10^6～10^8	10^6～10^7

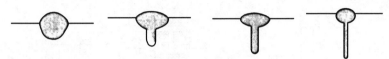

图 1.41 功率密度对焊缝形状的影响

1.2 焊接工艺及技术

1-54 什么是焊接接头？

利用焊接方法连接而成的接头称为焊接接头，焊接接头在焊件中起着连接和传递载荷的作用。它由焊缝、热影响区及附近的母材组成，如图 1.42。焊缝又叫熔化区，由熔化的母材金属和焊丝金属混合而成。焊缝和热影响区之间的过渡区域称为熔合区，该区域也称半熔化区或部分熔化区（纯金属没有半熔化区）。热影响区是受到电弧热量影响但没有发生熔化的区域，它分为两个部分：过热热影响区和低温热影响区。过热热影响区通常会出现严重的晶粒长大，又称粗晶热影响区。

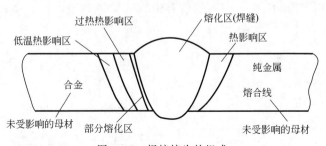

图 1.42 焊接接头的组成

1-55 焊接接头有哪几种形式？

焊接接头有 10 种类型，分别是对接接头、搭接接头、角接接头、T 形接头、端接接头、十字接头、套管接头、斜对接接头、卷边接头和锁底接头，示意图如图 1.43 所示。

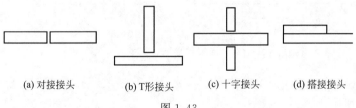

图 1.43

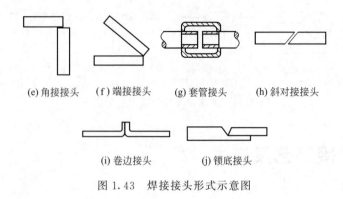

图1.43 焊接接头形式示意图

1-56 什么是坡口？开坡口的目的是什么？

焊接前，将工件的待焊端部加工成一定形状，组对后形成的沟槽称为坡口。开坡口的主要目的是为了实现完全熔透。此外还可调整焊缝成分及性能、改善结晶条件，提高接头性能。

1-57 表征坡口几何形状及尺寸的参数有哪些？

表征坡口几何形状及尺寸的参数有根部间隙、钝边、坡口角度、坡口面角度、U形根部半径等，如图1.44所示。

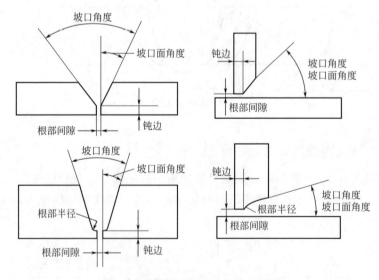

图1.44 坡口的形状、尺寸示意图

对于卷边坡口，表征坡口几何形状及尺寸的参数还有卷边高度和卷边半径，如图1.45所示。

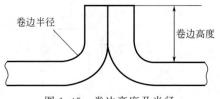

图 1.45 卷边高度及半径

1-58 对接接头的常用坡口形式有哪些？

对接接头的坡口形式有单 I 形、单边 V 形、双单边 V 形（也称 K 形）、V 形、双 V 形（也称 X 形）、J 形、双 J 形、U 形、双 U 形、喇叭单边 V 形、喇叭 V 形、卷边对接等，见图 1.46。

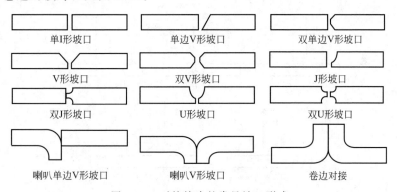

图 1.46 对接接头的常见坡口形式

1-59 角接接头的常用坡口形式有哪些？

角接接头的常用坡口形式有 I 形坡口、外角 V 形坡口、外角单边 V 形坡口、内角单边 V 形坡口、外角 U 形坡口、外角 J 形坡口、内角 J 形坡口、内角单边喇叭 V 形坡口、喇叭 V 形坡口、内角单边喇叭外角端接等，见图 1.47。

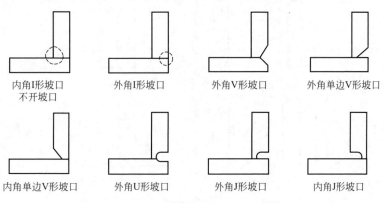

图 1.47

图 1.47　角接接头的常用坡口形式

1-60　T形接头的常用坡口形式有哪些？

T形接头的常用坡口有I形坡口、单边V形坡口、双边V形坡口、J形坡口和喇叭单V形坡口等几种形式，见图1.48。

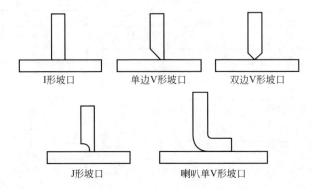

图 1.48　T形接头的常用坡口形式

1-61　端接接头的常用坡口形式有哪些？

端接接头的常用坡口有I形坡口、单边V形坡口、V形坡口、J形坡口、U形坡口和喇叭V形坡口等几种形式，见图1.49。

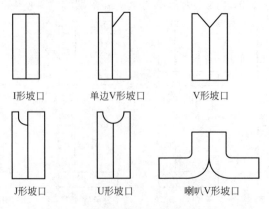

图 1.49　端接接头的常用坡口形式

1-62 搭接接头的常用坡口形式有哪些?

搭接接头常用的坡口有 I 形坡口、单边 V 形坡口和 J 形坡口等几种形式,见图 1.50。

图 1.50 常用的搭接接头组合形式

1-63 什么是焊缝、焊缝金属、熔敷金属?

焊缝是焊接后两工件之间形成的连接部分。

构成焊缝的金属称为焊缝金属,一般是由熔化的母材金属和填充金属熔合后凝固而成的。

完全由填充金属熔化后所形成的那部分焊缝金属称为熔敷金属,又称全焊缝金属。

1-64 什么是填充金属?

焊接时,用于添加到缝隙中的金属总称,又称填充材料,包括焊丝、焊条及钎料。

1-65 什么是焊缝表面、焊缝背面?

位于焊件施焊面的焊缝表面称为焊缝表面。位于施焊面背面的焊缝表面称为焊缝背面,如图 1.51 所示。

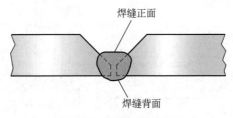

图 1.51 焊缝正面及背面

1-66 什么是焊缝轴线、焊趾、焊根?

焊缝横截面几何中心沿焊缝长度方向的连线称为焊缝轴线。

焊缝表面与母材的交界处称为焊趾,见图 1.52。

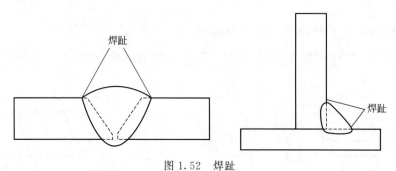

图 1.52　焊趾

焊缝底部与母材金属的交接处称为焊根，又称焊缝根部，如图 1.53 所示。

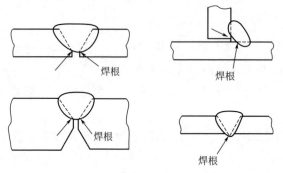

图 1.53　焊根

1-67　什么是熔宽、熔深和余高？

在焊缝的横截面上，两焊趾之间的距离称为熔宽，又称焊缝宽度（记作 B），如图 1.54 所示。

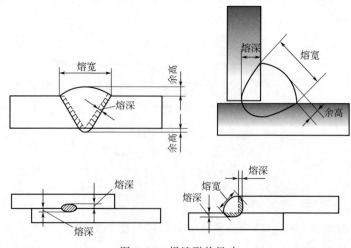

图 1.54　焊缝形状尺寸

在焊缝的横截面上,母材的熔化深度称为熔深,见图1.54。熔深直接决定了焊缝与母材之间的结合强度,在很大程度也决定了焊缝的承载能力。

超出工件表面的那部分焊缝之最大高度称为余高,即焊缝的顶点到两焊趾连线的距离,见图1.54。对于角接焊缝,余高又称凸度。焊缝的余高使焊缝的横截面面积增大,静载承载能力提高。但余高又使焊趾处产生应力集中,焊缝承受动载的能力下降。对于承受动载荷或疲劳的焊件,对接焊缝的余高应磨平,而角接焊缝的余高部位应磨成凹形。

熔宽与余高之比(B/a)称为余高系数。对于对接焊缝,一般应大于4~8(或余高取0~3mm)。

1-68 什么是焊缝厚度 h、焊缝实际厚度 h_s 和焊缝计算厚度 h_j?

在焊缝横截面中,焊缝根部到两焊趾连线的距离称为焊缝厚度,用 h 表示,见图1.55。

在焊缝横截面中,焊缝根部到焊缝表面的最大距离称为焊缝实际厚度,用 h_s 表示,见图1.55。

对接焊缝的计算厚度 h_j 等于焊缝厚度。对于角接焊缝,计算厚度等于焊缝横截面中两工件内表面的交点到两焊趾连线的距离,见图1.55。

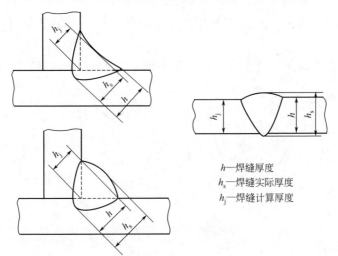

h—焊缝厚度
h_s—焊缝实际厚度
h_j—焊缝计算厚度

图1.55 焊缝厚度 h、焊缝实际厚度 h_s 和焊缝计算厚度 h_j 示意图

1-69 什么是焊脚和凹度?

在角焊缝的横截面上,从一个焊件的焊趾到另一个焊件原始表面的距离称为焊脚,如图1.56所示。焊脚大小在很大程度上决定了焊件与焊缝的结合强度,从而决定了焊缝的连接强度,它是角焊缝最重要的一个参数。

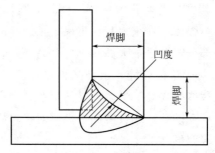

图 1.56 角焊缝焊脚及凹度

凹角焊缝横截面中,焊趾连线与焊缝表面之间的最大距离称为凹度,如图 1.56 所示。承受动载的角焊缝通常需要打磨到一定凹度。

1-70 什么是焊缝成形系数 φ?焊缝成形系数对焊缝质量有何影响?

熔宽与焊缝计算厚度之比称为焊缝成形系数 φ。焊缝成形系数不但决定了焊缝形状,而且对于气孔、成分偏析、裂纹敏感性及熔池结晶条件均具有重要的影响。对于电弧焊焊缝,一般要求焊缝成形系数大于 1。

焊缝成形系数对焊缝质量的影响如下。

① 影响气孔敏感性　φ 越小,气孔敏感性越大。

② 影响结晶方向　$\varphi<1$ 时向中心方向结晶,$\varphi>1$ 时向上结晶,如图 1.57 所示。

③ 影响中心偏析　过小的 φ 会导致偏析,严重时易导致热裂纹。

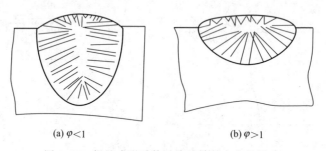

(a) $\varphi<1$　　　　　(b) $\varphi>1$

图 1.57 焊缝成形系数对熔池结晶方向的影响

1-71 什么是熔合比?调整熔合比有何意义?如何调整熔合比?

在焊缝横截面上,母材金属在焊缝中的面积与整个焊缝面积之比称为熔合比,可利用下式计算:

$$\gamma = \frac{A_m}{A_m + A_H}$$

A_m 及 A_H 见图 1.58。

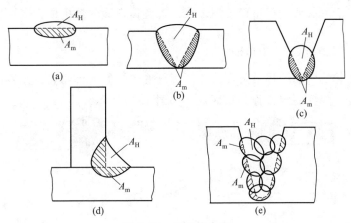

图 1.58 焊缝熔合比

一般情况下,焊丝金属的性能优于对应母材金属性能,因此通过调整熔合比可改善焊缝成分及性能。而熔合比的调整可很容易地通过改变坡口、间隙尺寸来实现。

1-72 什么是焊道？焊层？

每熔敷一次所形成的焊缝金属称为一个焊道,如图 1.59 所示。

多层焊的每个熔敷层称为焊层,每个焊层由一个焊道或并排、相互搭接的多个焊道组成,如图 1.59 所示。

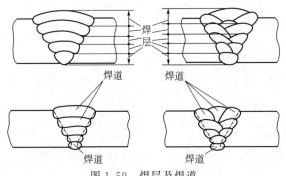

图 1.59 焊层及焊道

1-73 什么是单道焊？多道焊？

只需焊一条焊道就可完成整条焊缝的焊接称为单道焊。

需要熔敷两条或多条焊道才能完成整条焊缝的焊接称为多道焊。

1-74 什么是单层焊？多层焊？

只熔敷一层熔敷金属就能完成整条焊缝的焊接称为单层焊,该层可以是一个焊道,也可是两个或多个焊道。

需要熔敷两层或多层熔敷金属才能完成整体焊缝的焊接称为多层焊。

1-75 什么是单面焊？双面焊？

仅从焊件的一面施焊就可完成整条焊缝的焊接称为单面焊；先后从两面施焊才能完成整条焊缝的焊接称为双面焊，如图1.60所示。

图1.60 单面焊和双面焊

1-76 什么是封底焊道？打底焊道？打底焊？

单面坡口对接焊时，焊完正面坡口中的各个焊道，并在焊缝背面清根后，再在焊缝根部焊接的焊道称为封底焊道，如图1.61所示。

单面坡口对接焊时，在接缝根部施焊的第一道焊道，或者在背面施焊的第一道焊道称为打底焊道，如图1.62所示。

打底焊道的焊接称为打底焊。

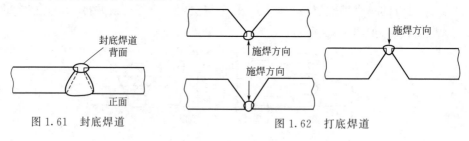

图1.61 封底焊道　　　　图1.62 打底焊道

1-77 什么是前倾焊？前倾角？

焊丝（或钨极）倾斜且其端部指向焊接方向（指向待焊部分）的焊接称为前倾焊，焊丝（或钨极）轴线与焊缝轴线形成的最小夹角称为前倾角，如图1.63所示。

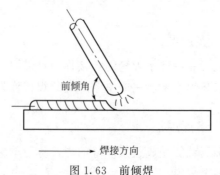

图1.63 前倾焊

1-78 什么是后倾焊？后倾角？

焊丝（或钨极）倾斜且其端部指向焊接方向之反方向（指向已焊部分）的焊接称为后倾焊，焊丝（或钨极）轴线与焊缝轴线形成的最小夹角称后倾角，如图1.64所示。

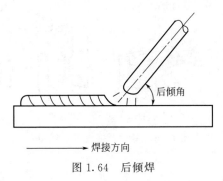

图1.64　后倾焊

1-79 什么是焊缝倾角？焊缝转角？

焊缝轴线与水平面之间的夹角称为焊缝倾角，如图1.65所示。

通过焊缝轴线的竖直面与坡口的二等分面之间的夹角称为焊缝转角，如图1.65所示。

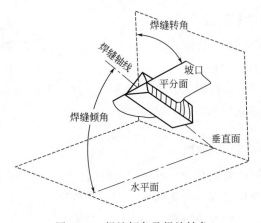

图1.65　焊缝倾角及焊缝转角

1-80 什么是平焊位置？平焊？

焊缝倾角为0°～5°、焊缝转角为0°～10°的焊接位置称为平焊位置，典型平焊位置如图1.66(a)、(e)所示。

在平焊位置进行的焊接称为平焊。

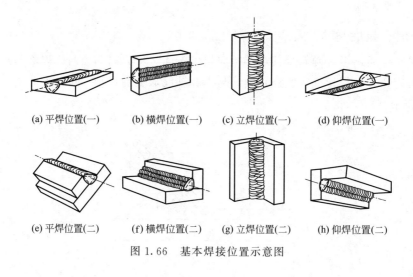

图 1.66 基本焊接位置示意图

1-81 什么是横焊位置？横焊？

对于对接焊缝，焊缝倾角为 0°～5°、焊缝转角为 70°～90°的焊接位置称为横焊位置；对于角接，焊缝倾角为 0°～5°、焊缝转角为 30°～55°的焊接位置称为横焊位置，典型横焊位置见图 1.66(b)、(f)。

在横焊位置进行的焊接称为横焊。

1-82 什么是立焊位置？立焊？

焊缝倾角为 80°～90°、焊缝转角为 0°～180°的焊接位置称为立焊位置，典型立焊位置见图 1.66(c)、(g)。

在立焊位置进行的焊接称为立焊。热源自上而下进行的立焊称为向下立焊；热源自下而上进行的立焊称为向上立焊。

1-83 什么是仰焊位置？仰焊？

对于对接焊缝，焊缝倾角为 0°～15°、焊缝转角为 165°～180°的焊接位置称为仰焊位置；对于角接，焊缝倾角为 0°～15°、焊缝转角为 115°～180°的焊接位置称为仰焊位置，典型仰焊位置图 1.66(d)、(h)。

在仰焊位置进行的焊接称为仰焊。

1-84 什么是全位置焊？

管子对接焊时，如果管子固定，则需要焊枪围绕管子旋转进行焊接，焊接过程中经历平焊、立焊、仰焊等焊接位置，如图 1.67 所示，这种焊接方式称为全位置焊接。

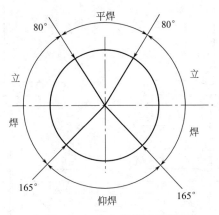

图 1.67　全位置焊示意图

1-85　什么是焊接符号？

为了简化，图纸上通常用焊接符号给出需焊接的焊缝的信息。焊接符号由指引线（或称箭头线）、两条基准线（一条虚线，一条实线）、焊缝基本符号、辅助符号、焊缝尺寸、补充符号等构成，如图 1.68 所示（图中未标注焊缝基本符号和辅助符号）。焊缝基本符号及辅助符号等信息标注在基准线上。

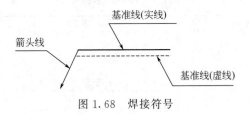

图 1.68　焊接符号

1-86　如何在图纸上标注焊接符号？

指引线指向焊缝或与焊缝相对的另一侧。指引线标注在焊缝的哪一侧一般没有特殊要求。但是在标注单边 V 形、J 形焊缝时，箭头线应指向带有坡口一侧的工件。必要时，允许箭头线弯折一次。

指引线指向的一侧称为箭头侧，实际要焊接的焊缝可能处于箭头侧，也可能处于非箭头侧。对接焊缝的非箭头侧就是未标注箭头的那一面，对于 T 形接头和十字形接头，非箭头侧的定义见图 1.69。

焊缝的位置取决于焊缝基本符号和辅助符号等信息的标注位置。当焊缝基本符号和辅助符号标注在实线一侧时，箭头侧就是焊缝所在的一侧；标注在虚线一侧时，指引线指向的是非焊缝侧。标对称焊缝及双面焊缝时，可不加虚线。

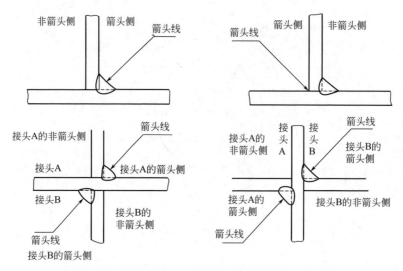

图 1.69 T形接头和十字形接头的箭头侧和非箭头侧

1-87 什么是焊缝基本符号？焊缝基本符号有哪些？

焊接符号中标注焊缝基本信息的符号称为焊缝基本符号，如表 1.7 所示。

表 1.7 焊缝基本符号

序号	名称	示意图	符号
1	卷边焊缝（卷边弯曲熔化）		八
2	I 形焊缝		‖
3	V 形焊缝		V
4	单边 V 形焊缝		V
5	带钝边的 V 形焊缝		Y
6	带钝边的单边 V 形焊缝		Y
7	带钝边的 U 形焊缝		Y

续表

序号	名 称	示 意 图	符 号
8	带钝边的J形焊缝		 ⊢
9	封底焊缝		 ⌣
10	角焊缝	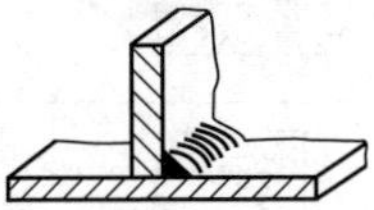	 ◺
11	塞焊缝或槽焊缝	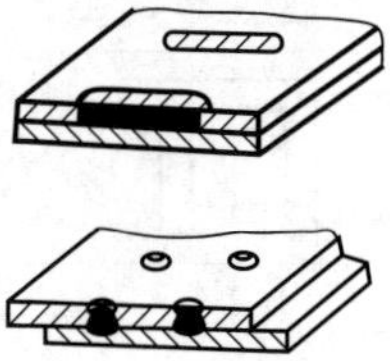	 ⊓
12	点焊缝	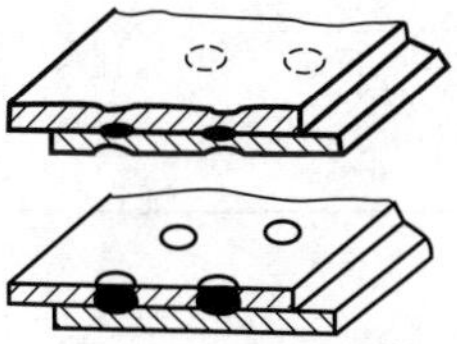	 ○
13	缝焊缝	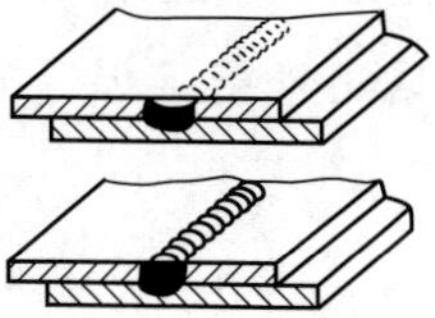	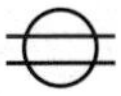 ⊖

1-88 焊接符号中的辅助符号有哪些？用于指示什么信息？

辅助符号是用于指示焊缝表面形状特征的符号，见表1.8。不需要确切地说明焊缝的表面形状时，可以不用辅助符号。

表1.8 辅助符号

序号	名称	示意图	符号	说明
1	平面符号		—	焊缝表面齐平(一般需要机加工)
2	凹面符号	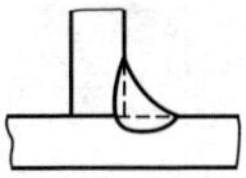	⌣	焊缝表面凹陷
3	凸面符号	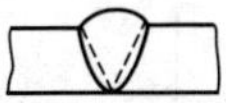	⌒	焊缝表面凸起

1-89 焊接符号中的补充符号有哪些？用于指示什么信息？

补充符号是为了补充说明焊缝的某些特征而采用的符号，见表1.9。

表1.9 补充符号

序号	名称	示意图	符号	说明
1	带垫板符号	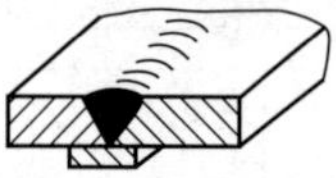	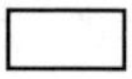 ▭	表示焊缝底部有垫板
2	三面焊缝符号	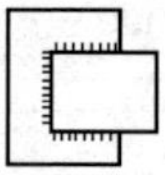	 ⊏	表示三面带有焊缝
3	周围焊缝符号	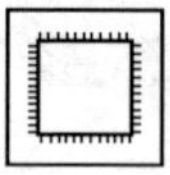	 ○	表示环绕焊缝
4	现场符号	—	 ⚑	表示在现场或工地上进行焊接
5	尾部符号	—	 <	可以参照 GB/T 5185—2005 标注焊接工艺方法等内容

1-90 常用的焊缝尺寸符号有哪些？

焊缝尺寸符号及数据用于指示焊缝的有关尺寸，常用的焊缝尺寸符号见表1.10。

表1.10 焊缝尺寸符号

符号	名称	示意图	符号	名称	示意图
δ	工件厚度	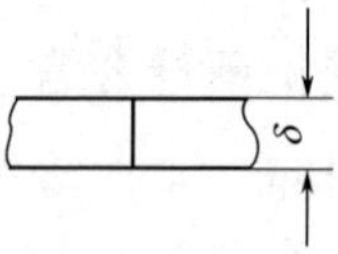	e	焊缝间距	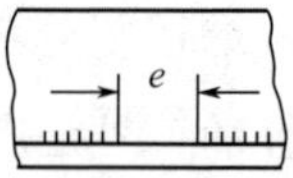
α	坡口角度	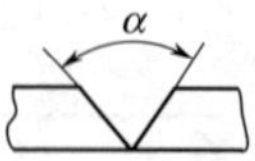	K	焊角尺寸	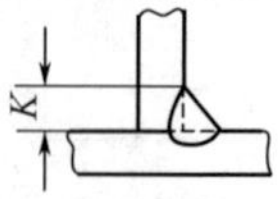
b	根部间隙	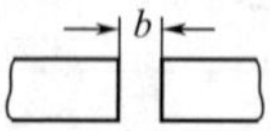	d	熔核直径	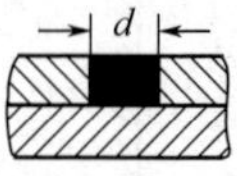
p	钝边	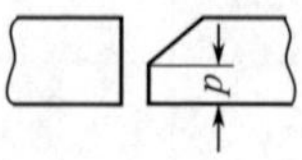	S	焊缝有效厚度	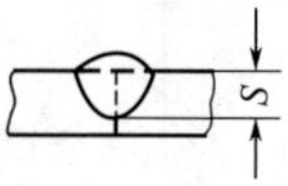

续表

符号	名称	示意图	符号	名称	示意图
c	焊缝宽度		N	相同焊缝数量符号	
R	根部半径		H	坡口深度	
l	焊缝长度		h	余高	
n	焊缝段数		β	坡口面角度	

1-91 如何标注焊缝尺寸符号及数据？

焊缝尺寸符号及数据的标注方式见图 1.70，应遵循以下规则：

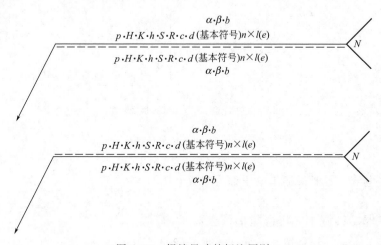

图 1.70 焊缝尺寸的标注原则

① 焊缝横截面上的尺寸标在基本符号的左侧；
② 焊缝长度方向的尺寸标在基本符号的右侧；
③ 坡口角度、坡口面角度、根部间隙等尺寸标在基本符号的上侧或下侧；
④ 相同焊缝数量符号标在尾部；

⑤ 当需要标注的尺寸数据较多又不易分辨时，可在数据前面增加相应的尺寸符号；

⑥ 确定焊缝位置的尺寸不在焊缝符号中给出，而是将其标注在图样上；

⑦ 在基本符号的右侧无任何标注且又无其他说明时，意味着焊缝在工件的整个长度上是连续的；

⑧ 在基本符号的左侧无任何标注且又无其他说明时，表示对接焊缝要完全焊透；

⑨ 塞焊缝、槽焊缝带有斜边时，应该标注孔底部的尺寸。

1-92 什么是弧焊电源的外特性？

指电弧稳定燃烧时，弧焊电源的输出电流与输出电压的关系 $U=f(I_a)$。其关系曲线称为弧焊电源外特性曲线。电源外特性有垂直特性、陡降特性、缓降特性、平特性（恒压特性）、微升特性等几种，见图 1.71。

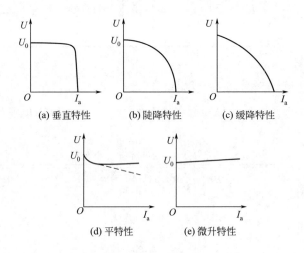

图 1.71 弧焊电源的外特性

焊接电流为零时的输出电压称为空载电压 U_0。

1-93 在焊接领域中电极通常指什么？

本质上来说，焊接电弧的两端都是电极：一端为被焊接的工件；另一端为焊丝、焊条或钨棒。焊接生产实践中通常将焊丝、焊条或钨棒称为电极。

1-94 什么是直流正接、直流反接？

利用直流弧焊电源焊接时，焊件接电源正极、电极接电源负极的接法称为直流正接，简称DCSP或DCEN。焊件接电源负极、电极接电源正极的接法称为直流反接，简称DCRP或DCEP，如图1.72所示。

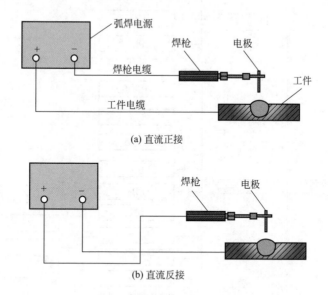

图1.72 直流正接和直流反接

1.3 气体保护焊常见焊接缺陷

1-95 什么是焊接缺欠、焊接缺陷？两者有何区别？

焊接接头中存在的不连续、不均匀或造成不完美的缺损称为焊接缺欠。不符合产品使用性能要求的焊接缺欠称为焊接缺陷。焊接缺欠是绝对的，而焊接缺陷是相对的，同样的焊接缺欠，对于性能要求较高的产品是缺陷，而对于性能要求较低的产品则可能不是缺陷，仅仅是缺欠。

1-96 焊接缺陷是如何分类的？

焊接缺陷可按照形成原因、可见性及断裂机理来分类。

① 根据形成原因分类　可分为结构缺陷（结构设计不当引起的）、工艺缺陷（焊接工艺不当引起的）和冶金缺陷（焊接冶金原因引起的），如图1.73所示。

② 根据是否可见分类　可分为表面缺陷和内部缺陷两类。

③ 根据断裂机理分类　可分为二维缺陷和三维缺陷，裂纹和未焊透属于二维缺陷，而气孔、夹渣等属于三维缺陷。

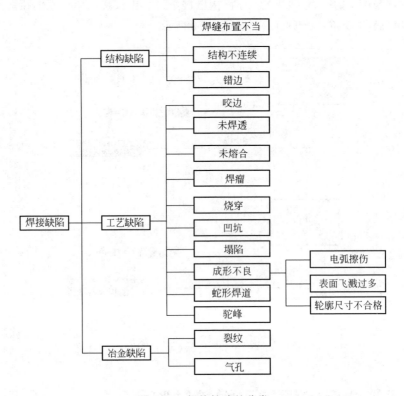

图 1.73 焊接缺陷的分类

1-97 什么是焊接裂纹?

焊件上因焊接而导致的裂纹称为焊接裂纹,通常出现在焊缝及周围的热影响区中。按裂纹出现的位置和形态,可分为以下几种:①焊缝纵向裂纹;②焊缝横向裂纹;③焊缝根部裂纹;④晶间裂纹;⑤焊缝与热影响区贯穿裂纹;⑥弧坑裂纹;⑦热影响区纵向裂纹;⑧热影响区横向裂纹;⑨焊趾裂纹;⑩焊道下裂纹;⑪再热裂纹;⑫层状撕裂,如图 1.74 所示。

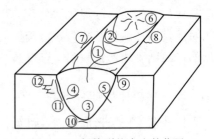

图 1.74 焊接裂纹产生的位置

1-98 常见的焊接裂纹有哪些?

根据裂纹产生原因,可分为热裂纹、冷裂纹、再热裂纹、层状撕裂和应力腐蚀裂纹等。而每一类又可分为多种,如图 1.75 所示。

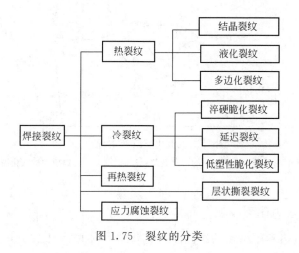

图 1.75 裂纹的分类

1-99 什么是结晶裂纹？有何特征？

在焊缝结晶过程的末期，因残留在晶粒间的薄膜液层（通常为低熔共晶组织）在焊接残余拉应力作用下发生开裂而导致的裂纹称为结晶裂纹，又称凝固裂纹。这种裂纹通常在焊缝温度冷却至固相线附近时产生。易产生在杂质元素含量较高的碳钢、低合金钢、中合金钢、奥氏体钢、镍基合金和铝合金等。只产生在焊缝中，通常呈直线状分布在焊缝中心线上（纵向裂纹），或呈弧状分布在中心线两侧（弧形裂纹）。纵向裂纹较长、较深，而弧形裂纹较短、较浅；弧坑中也经常会出现结晶裂纹，如图 1.76 所示。

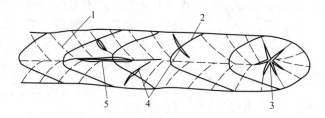

图 1.76 结晶裂纹的位置及走向

1—柱状晶；2—焊缝表面焊波；3—弧坑裂纹；
4—焊缝中心线两侧的弧形裂纹；5—纵向裂纹

1-100 什么是液化裂纹？有何特征？

在靠近熔合线的母材或上一焊层（对于多层焊）中，因受热而液化的晶界在焊接残余应力作用下发生开裂而导致的裂纹称为液化裂纹。这种裂纹通常出现在焊道下或焊趾上，如图 1.77 所示。主要产生在含 S、P、C 较高的镍铬合金钢、奥氏体不锈钢、镍基合金中。

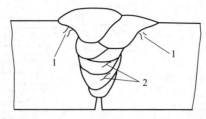

图 1.77　液化裂纹的出现位置

1—出现在母材近缝区中的液化裂纹；2—出现在上一焊层中的液化裂纹

1-101　什么是多边化裂纹？有何特征？

由于高温过热和不平衡的结晶条件，焊缝晶体内易形成大量的空位和位错，这些晶格缺陷在高温下排列成亚晶界（多边形化晶界），在拉应力作用下形成裂纹。这种裂纹是在低于固相线温度下形成的，其特点是沿"多边形化边界"分布，与一次结晶晶界无明显关系。易产生于单相奥氏体金属中。

1-102　什么是延迟裂纹？有何特征？

焊接接头冷却到室温后，经较长时间（一般是几个小时到几十天的时间）才出现的焊接裂纹称为延迟裂纹。这种裂纹是在淬硬组织、氢和拘束应力的共同作用下形成的，延迟的这段时间是焊缝金属内的氢向热影响区扩散、偏聚所需的时间，氢聚集到三轴拉应力集中区时引起较大的氢脆，当此处的局部应力超过此临界应力时，就造成开裂。这种裂纹常产生在应力集中严重的焊缝根部、焊道下热影响区和焊趾部位，如图1.78所示。

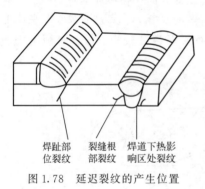

图 1.78　延迟裂纹的产生位置

1-103　什么是淬硬脆化裂纹？有何特征？

对于一些淬硬性较大的钢种，焊缝冷却到马氏体相变温度时因发生脆化而导致的裂纹称为淬硬脆化裂纹。这种裂纹没有延迟现象，与扩散氢关系不大。主要发生于镍铬钼钢、马氏体不锈钢和工具钢焊接时及异种材料焊接时。裂纹走向为沿晶或穿晶。

1-104　什么是低塑性脆化裂纹？有何特征？

某些塑性较低的材料冷却到室温时因收缩而导致的应变超过了材料本身的塑

性极限导致的裂纹称为低塑性脆化裂纹。这种裂纹的形成不一定是因为氢含量偏高，也无延迟现象。铸铁焊补、堆焊硬质合金和焊接高铬合金时易出现这种裂纹。

1-105 什么是再热裂纹？有何特征？

焊件再次受热到一定温度（对于低合金钢，温度为500～700℃；对于珠光体耐热钢、奥氏体不锈钢以及镍基合金，温度为700～900℃）发生的裂纹称为再热裂纹。多出现在消除应力热处理过程中或高温服役过程中。这种裂纹具有晶间开裂的特征，并且都发生在有严重应力集中的热影响区的粗晶区内，如图1.79所示。

图1.79 1Cr-1Mo-0.35V钢焊接接头再热裂纹

1-106 什么是层状撕裂？有何特征？

大厚度轧制钢板（特别是C-Mn钢）在焊接过程中有时会出现沿钢板轧制方向发展的、具有阶梯状的裂纹，这种裂纹称为层状撕裂。层状撕裂一般发生在T形接头、角接接头和十字接头的热影响区内，也见于远离表面的母材中，如图1.80所示。其产生的主要原因是金属中非金属夹杂物的层状分布，使钢板沿板厚方向塑性显著下降，而厚板焊接时易在板厚方向产生很大的焊接拉应力，在这种拉应力作用下易引起层状撕裂。

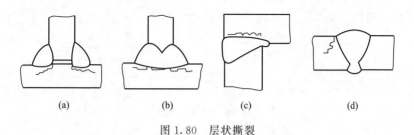

图1.80 层状撕裂

1-107 什么是应力腐蚀裂纹？有何特征？

焊接接头在拉伸应力及腐蚀介质共同作用下产生的裂纹称为应力腐蚀裂纹。这种裂纹只产生在与腐蚀介质接触的接头表面，然后由表面向内部延伸。在接头的表面,裂纹呈直线状、树枝状、龟裂状或放射状等形态,没有塑性变形痕迹。在垂直于表面的横截面上,深入到金属内部的裂纹呈干枯的树根状,如图1.81所示。

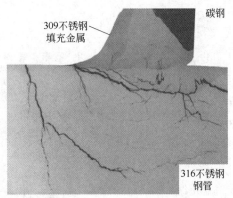

图1.81 应力腐蚀裂纹的典型形态

1-108 什么是夹渣?

残留在焊缝中的熔渣称夹渣,如图1.82所示。夹渣会降低焊缝的塑性和韧性。其尖角往往造成应力集中,特别是在空淬倾向大的焊缝中,尖角顶点易导致裂纹。

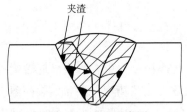

图1.82 夹渣示意图

1-109 什么是气孔?

在焊接时,如果液体金属中溶入了较多气体,且在冷却时又未能逸出熔池,则在焊缝金属内形成气孔。焊缝中气孔示意见图1.83。

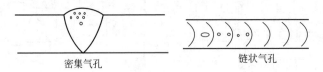

图1.83 气孔示意图

1-110 什么是未焊透?

熔焊时,接头根部未完全焊透的现象称为未焊透,如图1.84所示。最易发生在短路过渡CO_2焊中。引起未焊透的主要原因是焊接电流太小、焊接速度太大或坡口尺寸不合适。

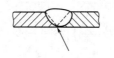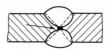

图 1.84　未焊透

1-111　什么是未熔合？

熔焊时，焊道与焊道间或焊道与母材间未完全熔化结合的部分叫未熔合，见图 1.85。主要产生在高速大电流焊及上坡焊中。

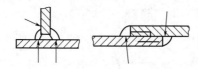

图 1.85　未熔合

1-112　什么是咬边？

沿焊趾的母材部位烧熔成凹陷或沟槽的现象叫咬边，见图 1.86。主要产生在高速大电流焊以及角焊缝焊脚过大或电弧电压过大时。

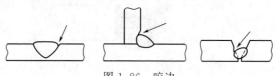

图 1.86　咬边

1-113　什么是焊瘤？

熔焊时，熔化金属流淌到焊缝以外未熔合的母材上形成金属瘤的现象叫焊瘤，见图 1.87。主要原因是坡口尺寸小、电弧电压过小或干伸长度太大。

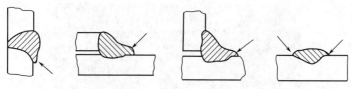

图 1.87　焊瘤

1-114　什么是烧穿？

熔焊时熔化金属自焊缝背面流出，形成穿孔的现象叫烧穿，见图 1.88。主要原因是焊接电流过大、焊接速度过小或坡口尺寸过大。

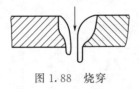

图1.88 烧穿

1-115 什么是凹坑?

焊缝表面低于母材表面的部分叫凹坑,见图1.89。主要原因是焊接电流太大或坡口尺寸太大。

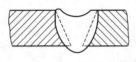

图1.89 凹坑

1-116 什么是塌陷?

焊缝表面塌陷,背面凸起的现象,见图1.90。主要原因是焊接电流太大或焊接速度太小。

图1.90 塌陷

1-117 什么是蛇形焊道?

高速焊时或利用纯氩焊接黑色金属时,因阴极斑点黏着性而引起的弯曲焊道称为蛇形焊道,如图1.91所示。

图1.91 蛇形焊道

1-118 什么是驼峰焊道？

在高速焊接过程中，当焊接速度达到临界值时通常会出现焊道表面周期性凸起，类似于驼背形状，这种缺陷称为驼峰焊道，如图 1.92 所示。

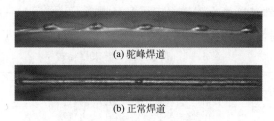

(a) 驼峰焊道

(b) 正常焊道

图 1.92 驼峰焊道与正常焊道的对比

1.4 焊接工艺评定

1-119 什么是焊接工艺？

焊接结构生产中应遵守的一套工艺程序及技术规定，其内容包括焊接方法、焊前准备（含工件表面的清理和坡口制备）、装配、预热、焊接材料（焊接材料及辅助材料）的选定、焊接设备（焊接设备及工装等）的选用、焊接顺序、层间温度、焊接操作方法、焊接工艺参数及焊后热处理等。

1-120 什么是焊接工艺参数？

焊接工艺参数是为实施焊接而需要选定各项加工参数的总称。焊接工艺参数的数量及数值取决于具体的焊接方法、母材类型等。对于气体保护焊来说，主要有：焊接电流、电弧电压、焊丝牌号及规格、钨极牌号及规格、焊接速度和热输入、喷嘴直径、保护气体种类及流量、熔滴过渡形式等。如果采用脉冲焊，则需要给出脉冲参数（如峰值电流、基值电流、脉冲频率、脉冲持续时间等）。

1-121 什么是焊接工艺规程？焊接工艺规程包括哪些内容？

焊接工艺规程是针对特定焊件制定的、焊接过生产过程中必须遵守的工艺文件，简称 WPS。

焊接工艺规程中的内容包括：母材（包括材料类型及牌号、工件尺寸）、接头（包括接头类型、接头简图、坡口形式、衬垫材质及规格）、焊接材料（包括材料牌号和规格）、焊接位置（包括焊接位置和焊接方向）、预热（包括预热温度、保温时间、层间温度和加热方式）、焊接工艺参数（包括电流种类、极性接法、每道焊缝所采用的焊接方法、焊接电流、电弧电压、焊丝牌号及规格、钨极牌号及规格、焊接速度和热输入、喷嘴直径、熔滴过渡形式等）、保护气体（气体成分和流量）、后热或焊后热处理（加热温度和保温时间等）、焊后检验方法及焊接操作技术要求（是否摆动、焊前及层间清理、清根、单面或双面焊、焊接层数及道数等）。另外，焊接工艺规程中还附有焊接工艺评定报告的有关资料信息。典型焊接工艺规程格式见表1.11。

表1.11 典型焊接工艺规程格式

单位名称：＿＿＿＿＿＿＿＿＿＿
焊接工艺规程编号：＿＿＿＿＿ 日期：＿＿＿ 对应的焊接工艺评定报告编号：＿＿＿＿
焊接方法：＿＿＿＿＿＿ 操作方式：手工/半自动/自动/专机/机器人

接头详图
1/16+1/32
35°±5°
3/32±1/32
单位：mm

焊接接头
坡口：＿＿＿＿＿＿＿
衬垫： 有/无
衬垫材料类型：＿＿＿＿

母材
类别号：＿ 组别号：＿＿ 与类别号：＿ 组别号：＿＿ 相焊或标准号：＿ 钢号：＿＿ 与标准号：＿ 钢号：＿＿ 相焊
或成分和性能为：＿＿＿＿＿ 与成分和性能为：＿＿＿＿＿＿相焊
厚度范围
　平板：　　　　　对接焊缝＿＿＿＿＿＿　　角焊缝＿＿＿＿＿＿
　管子壁厚、直径：　对接焊缝＿＿＿＿＿＿　　角焊缝＿＿＿＿＿＿
　其他：＿＿＿＿＿＿＿＿＿＿＿＿＿＿＿＿＿＿＿＿＿＿

焊接材料
　焊材类型：＿＿＿＿＿＿　　符合的标准：＿＿＿＿＿＿
　焊材型号：＿＿＿＿＿＿　　焊材牌号：＿＿＿＿＿＿
　焊材规格：＿＿＿＿＿＿
　焊剂型号：＿＿＿＿＿＿　　焊剂牌号：＿＿＿＿＿＿
　其他：＿＿＿＿＿＿＿＿＿＿＿＿

焊接位置　　　　　　　　　　　焊后热处理
　对接焊缝的位置：＿＿ 焊接方向：＿＿　温度范围/℃：＿＿＿＿
　角焊缝位置：＿＿＿ 焊接方向：＿＿＿　保温时间/h：＿＿＿＿
预热　　　　　　　　　　　　　保护气体
　预热温度/℃（最低值）：＿＿＿＿　　　气体类型成分流量/L·min^{-1}
　层间温度/℃（最高值）：＿＿＿＿　保护气体：＿＿＿＿＿＿
　加热方式：＿＿＿＿＿＿＿＿　　后拖保护气体：＿＿＿＿＿＿
　　　　　　　　　　　　　　　背部保护气体：＿＿＿＿＿＿

续表

焊接工艺参数
电流种类：_____ 极性：_____
焊接电流范围/A：_____ 电弧电压范围/V：_____
（每道焊道的焊接电流和电弧电压应记入下表）
钨极类型及直径：_____
喷嘴直径/mm：_____
熔滴过渡形式：_____
焊丝送进速度/cm·min^{-1}：_____

焊道	焊接方法	填充材料		焊接电流		电弧电压/V	焊接速度/m·min^{-1}	线能量/kJ·min^{-1}
		型号	直径/mm	极性	大小/A			

焊接技术
直线焊道还是摆动焊道：_____ 摆动参数：_____
焊前清理和层间清理：_____
根部清理方法：_____
喷嘴到工件之间的距离：_____
单道还是多道（每一面）：_____
单丝或多丝焊：_____
锤击处理：_____
其他：_____

编制		日期		审核		日期		批准		日期	

1-122 什么是预焊接工艺规程？

预焊接工艺规程是为进行焊接工艺评定所拟定的焊接工艺文件，缩写为 pWPS。

1-123 什么是焊接工艺评定报告（PQR）？

记载验证性试验及其检验结果，对拟定的预焊接工艺规程进行评价的报告，简称 PQR。PQR 是记录焊接工艺规程（pWPS）评定过程中制造合格试件所用的实际焊接参数以及焊件检验及性能试验之试验结果的文件。该文件必须与具体的 WPS 相关联，一般由两部分组成，第一部分为试验条件记录，第二部分是各项检验结果记录。所有部分应真实可靠，需要试验人员、负责人和技术总监或责任工程师签字。表 1.12 给出了焊接工艺评定记录（PQR）示例。

表1.12 典型焊接工艺评定记录

单位名称：_____
焊接工艺规程编号：_____ 日期：____ 对应的焊接工艺评定报告编号：_____
焊接方法：_____ 操作方式：手工/半自动/自动/专机/机器人

焊接接头
坡口：_____
衬垫：__有/无__
衬垫材料类型：_____

接头详图：1/16+1/32，35°±5°，3/32±1/32，单位：mm

母材
类别号：__ 组别号：____ 与类别号：____ 组别号：____ 相焊或标准号：__ 钢号：____ 与标准号：__ 钢号：____ 相焊
或成分和性能为：_____ 与成分和性能为：_____ 相焊
厚度范围
平板：对接焊缝_____ 角焊缝_____
管子壁厚、直径：对接焊缝_____ 角焊缝_____
其他：_____

焊接材料
焊材类型：_____ 符合的标准：_____
焊材型号：_____ 焊材牌号：_____
焊材规格：_____
焊剂型号：_____ 焊剂牌号：_____
其他：_____

焊接位置
对接焊缝的位置：____ 焊接方向：____
角焊缝位置：_____ 焊接方向：____

焊后热处理
温度范围/℃：_____
保温时间/h：_____

预热
预热温度/℃（最低值）：_____
层间温度/℃（最高值）：_____
加热方式：_____

保护气体
气体类型成分流量/L·min^{-1}
保护气体：_____
后拖保护气体：_____
背部保护气体：_____

焊接工艺参数
电流种类：_____ 极性：_____
焊接电流范围/A：_____ 电弧电压范围/V：_____
（每道焊道的焊接电流和电弧电压应记入下表）
钨极类型及直径：_____
喷嘴直径/mm：_____
熔滴过渡形式：_____
焊丝送进速度/cm·min^{-1}：_____

续表

焊道	焊接方法	填充材料		焊接电流		电弧电压/V	焊接速度 /m·min^{-1}	线能量 /kJ·min^{-1}
		型号	直径/mm	极性	大小/A			

焊接技术
直线焊道还是摆动焊道：_____　　　摆动参数：_____
焊前清理和层间清理：_____
根部清理方法：_____
喷嘴到工件之间的距离：_____
单道还是多道（每一面）：_____
单丝或多丝焊：_____
锤击处理：_____
其他：_____

拉伸试验　　　试验报告编号：

试样编号	试样宽度/mm	试样厚度/mm	横截面积/mm^2	断裂载荷/kN	抗拉强度/MPa	断裂位置

弯曲试验　　　试验报告编号：

试样编号	试样类型	试样厚度/mm	弯曲直径/mm	弯曲角度/(°)	结果评价

冲击试验　　　试验报告编号：

试样编号	试样尺寸/mm	缺口类型	缺口位置	试验温度/℃	冲击功/J	备注

金相检验（对于角焊缝）
根部：(焊透、未焊透)_____　　焊缝：(熔合、未熔合)_____
焊缝、热影响区：(有裂纹、无裂纹)_____

横截面检查	Ⅰ	Ⅱ	Ⅲ	Ⅳ	Ⅴ
焊脚偏差/mm					

无损检验
RT：_____　　　　　UT：_____
MT：_____　　　　　PT：_____

续表

附加说明						
结论：						
焊工姓名		焊工代号		施焊日期		
编制	日期	审核	日期	批准	日期	
第三方检验						

1-124 什么是焊接作业指导书？

焊接作业指导书（WWI）是关于焊件制造的加工和操作细则性作业文件，焊工施焊时使用作业指导书，可保证施工时质量的再现性。

1-125 什么是焊接工艺评定？焊接工艺评定的目的是什么？

焊接工艺评定（Welding Procedure Qualification，简称 WPQ）是用于验证为产品焊接而拟定的预焊接工艺规程 pWPS 的正确性和合理性而进行的试验过程及结果评价。

焊接工艺评定的目的：①评定施焊单位是否有能力焊出符合相关国家或行业标准、技术规范所要求的焊接接头；②验证施焊单位所拟定的焊接工艺规程（WPS 或 pWPS）是否正确；③为制定正式的焊接工艺规程或焊接工艺卡提供可靠的技术依据。

1-126 焊接工艺评定采用怎样的程序进行？

焊接工艺评定必须依据相关的产品制造标准进行，通常按照下列程序来进行焊接工艺评定。

① 提出焊接工艺评定的项目，制定焊接工艺评定任务书，明确产品类型、母材种类和尺寸、所用的焊接方法、焊材种类及规格、评定依据的标准和检验项目等。

② 草拟预焊接工艺规程（pWPS）。

③ 焊接工艺评定试验，需要进行力学性能试验、金相试验、无损检验等试验项目，如果要求各项性能指标均合格（符合相关的产品标准要求），则说明编写的预焊接工艺规程（pWPS）是合格的焊接工艺规程，如果有某项指标不合格，则应修改预焊接工艺规程（pWPS），直到各个指标均合格为止。

④ 编制焊接工艺评定报告（PQR），只有各项性能指标均合格后才能编制。

⑤ 编制焊接工艺规程。

第2章 钨极氩弧焊

2.1 钨极氩弧焊的原理及特点

2-1 什么是钨极氩弧焊?

钨极氩弧焊是利用氩气或富氩气体进行保护,利用钨极作电极的一类电弧焊方法,简称 GTAW 或 TIG 焊。焊接时,保护气体从焊枪喷嘴中连续不断地喷出,覆盖在电弧、熔池、钨极及填充焊丝组成的焊接区的外围,形成局部气体保护层,有效地将空气与焊接区隔绝;焊丝通过手动或送丝机输送到熔池前部边缘并在电弧热量下熔化,熔化的焊丝金属通过熔池前壁流入熔池,电弧向前行走后,熔池结晶形成焊缝,如图 2.1 所示。这类焊接方法的焊接过程具有良好的稳定性,易于获得质量优良的焊缝。

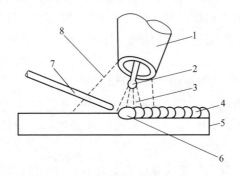

图 2.1 钨极氩弧焊的基本原理图
1—喷嘴;2—钨极;3—电弧;4—焊缝;5—工件;
6—熔池;7—焊丝;8—保护气流

2-2 钨极氩弧焊有何优点?

与其他焊接方法相比,钨极氩弧焊具有如下优点。

① 焊接过程稳定　氩弧燃烧非常稳定,而且焊接过程中钨棒不熔化,弧长变化干扰因素相对较少,因此焊接过程非常稳定。

② 焊接质量好　氩气是一种惰性气体,它既不溶于液态金属,又不与金属发生任何化学反应;而且氩气容易形成良好的气流隔离层,有效地阻止氧、氮等侵入焊缝金属。

③ 适用面广　几乎可焊接所有金属及合金,适合于各种位置的焊接。

④ 适于薄板焊接、全位置焊接　即使是用几安培的小电流,钨极氩弧仍能稳定燃烧,而且热量相对较集中,因此可焊接 0.8mm 的薄板;采用脉冲钨极氩弧焊电源,可焊厚度还可进一步减小,而且还可进行全位置焊接及不加衬垫的单面焊双面成形焊接。

⑤ 焊接过程易于实现自动化　钨极氩弧焊的电弧是明弧,焊接过程参数稳定,易于检测及控制,是理想的自动化乃至机器人化的焊接方法。

⑥ 焊缝区无熔渣　焊工可清楚地看到熔池和焊缝成形过程。

2-3 钨极氩弧焊有何缺点?

钨极氩弧焊具有如下缺点。

① 抗风能力差　钨极氩弧焊利用气体进行保护,抗侧向风的能力较差。侧向风较小时,可通过降低喷嘴至工件的距离,同时增大保护气体的流量来保证保护效果;侧向风较大时,必须采取防风措施。

② 对工件清理要求较高　由于采用惰性气体进行保护,无冶金脱氧或去氢作用,为了避免气孔、裂纹等缺陷,焊前必须严格去除工件上的油污、铁锈等。

③ 生产率低　由于钨极的载流能力有限,尤其是交流焊时钨极的许用电流更低,致使钨极氩弧焊的熔透能力较低,焊接速度小,焊接生产率低。

2-4 直流钨极氩弧焊一般采用什么极性接法?

直流 TIG 焊一般采用直流正接(DCSP)。直流正接时,工件接电源的正极,钨棒接电源的负极,又称直流正极性接法。与直流反接(DCRP)相比,直流正接具有如下工艺特点。

① 钨极的电流容量大,使用寿命长。由于作为阴极的钨极通过热发射产生大量电子,而热发射对钨极有强烈的冷却作用,因此,与直流反接和交流相比,相同直径的钨棒可允许使用更大的电流。

② 在相同的焊接电流下,直流正接可采用较小直径的钨极,电弧集中程度

高，电流密度增大，电弧稳定性好，因此，在工件上形成窄而深的熔池。

③ 工件接阳极，而钨极氩弧焊时阳极区的产热占70%，因此熔深大、焊接变形小、热影响区小。

④ 没有阴极清理作用。

实际生产中这种接法广泛用于除铝、镁及其合金以外的其他金属的焊接。

2-5 为什么TIG焊一般不采用直流反接（DCRP）？

直流反极接时，工件接电源的负极，钨棒接电源的正极，又称直流反极性接法。直流反接TIG焊电弧具有强烈的阴极雾化作用，但工业中一般不被采用，其主要原因如下。

① 电子从熔池表面发射，经过电弧加速撞向电极，易使钨极过热，降低钨极寿命。

② 与直流正接相比，一定直径钨极的许用电流显著减小（降低90%左右）。

③ 在焊接电流一定时，直流反接所用的钨极直径比直流正接大得多，致使电弧不稳定、熔深浅、热影响区大。图2.2比较了电流100A时不同电流类型及极性接法的TIG焊采用的钨极尺寸及焊缝成形情况。

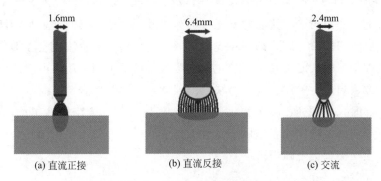

图2.2　电流为100A时不同电流类型及极性接法的
TIG焊所使用的钨极直径及熔池形貌

2-6 交流钨极氩弧焊有何工艺特点？

焊接过程中，交流钨极氩弧焊电弧的极性周期性变化，因此，交流钨极氩弧焊工艺上兼有直流正接及直流反接的特点。在负半波（工件为负极）时，钨极氩弧对工件产生阴极雾化作用；在交流正半波时，电弧的热量主要集中于工件上，不但使钨极得以冷却，还使焊缝得到足够的熔深。通过调节极性比，可控制阴极物化作用和焊缝形状尺寸。表2.1比较了直流TIG焊和交流TIG焊的工艺特点。

表 2.1 直流 TIG 焊和交流 TIG 焊的工艺特点比较

电流类型	直流	直流	对称的交流	不对称的交流
极性接法	正接	反接	50%正极性 50%负极性	70%正极性 30%负极性
电子流和 正粒子流 熔池形状				
阴极清理作用	无	强	较强	一般
电弧热分布	工件:70% 钨极:30%	工件:30% 钨极:70%	工件:50% 钨极:50%	工件:70% 钨极:30%
焊缝形状	熔深大、熔宽小	熔深小、熔宽大	熔深和熔宽均适中	熔深大、熔宽适中
钨极电流容量	大 $\phi 3.2mm$ 的钨极:400A	小 $\phi 6.4mm$ 的钨极:120A	适中 $\phi 3.2mm$ 的钨极:230A	较大 $\phi 3.2mm$ 的钨极:330A

2-7 用钨极氩弧焊焊接铝、铝合金、镁及镁合金时为什么必须采用交流?

阴极清理作用对于焊接非常重要。因为铝及铝合金、镁及镁合金等活泼金属表面有一层致密的氧化膜,即使在焊前采取一定措施,氧化膜也会立即形成。如果焊接过程中不能实时去除,则氧化膜会覆盖在熔池上面,阻碍电弧热量进入熔池,易导致未焊透、夹渣、气孔等缺陷。因此,对铝及铝合金、镁及镁合金进行气体保护焊时,必须通过阴极物化作用去除氧化膜。直流反极性接法的 TIG 焊尽管具有很强的去除氧化膜作用,但其工艺性能差,一般不用,因此这些活泼金属一般采用交流钨极氩弧焊。

2-8 什么是直流分量?如何消除?

钨极与工件的电、热物理性能以及几何尺寸相差很大,使交流钨极氩弧焊正负半波的电导率、电弧电压、再引燃电压存在很大的差别,致使正负半波电流不对称,从而导致直流分量,如图 2.3 所示。直流分量既影响焊缝成形,又恶化设备的工作条件,因此设备中通常配置消除直流分量的装置。

正弦波交流钨极氩弧焊电源通常通过采用在焊接主回路串接大容量无极性电容器的方法来消除直流分量,如图 2.4 所示。该方法既可完全消除直流分量,又不额外损耗能量。

方波交流钨极氩弧焊机可通过调节正负半波的极性比 $[t_{SP}/(t_{SP}+t_{RP})]$ 来消除直流分量,当 $i_{SP}t_{SP}=i_{RP}t_{RP}$ 时,直流分量为零。

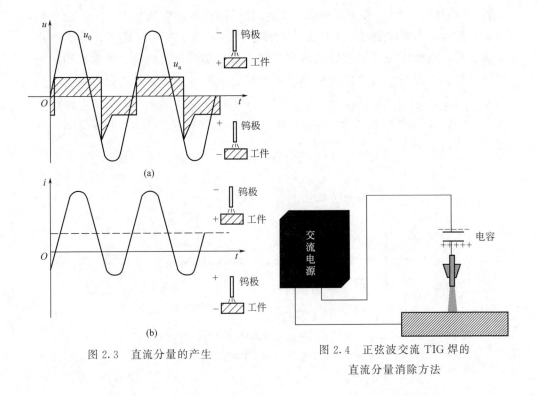

图 2.3 直流分量的产生

图 2.4 正弦波交流 TIG 焊的直流分量消除方法

2-9 正弦波交流钨极氩弧焊需要采取什么措施来稳定电弧?

利用交流钨极氩弧焊焊接时,电流大小及极性的交替变化使电弧周期性地燃烧-熄灭。电弧电流过零点时,电弧熄灭;下半波需要重新引燃,重新引燃需要一定的电压,该电压称为再引燃电压 U_r。

由于电弧为非线性电阻元件,因此,如果焊接回路中没有电感和电容,电源输出电压 u、焊接电流 i_a 和电弧电压 u_a 是同相位的,如图 2.5 所示。焊接电流的过零时电弧熄灭,电源输出电压 u 在下一个半波达到再引燃电压 U_r 时,电弧

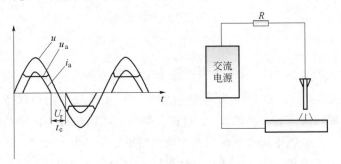

图 2.5 焊接回路为纯阻性时正弦波交流电弧的焊接电流及电弧电压波形

才能重新引燃，因此存在熄弧时间 t_e。t_e 的存在使得再引燃电压 U_r 显著提高。在正半波向负半波转变时，工件变为阴极，其发射电子的能力很弱，再引燃电压就更高，电弧的重新引燃特别困难，因此必须采取稳弧措施。通常采用的稳弧措施是：①通过在焊接回路中串接一个足够大的电感来消除熄弧时间 t_e，如图 2.6 所示；②通过在焊接回路中串接一高压脉冲发生器来帮助引燃反极性半波电弧，稳弧脉冲一般施加在电流极性从正半波向负半波转变的瞬间，如图 2.7 所示。

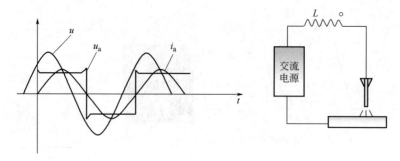

图 2.6　焊接回路接足够大电感时正弦波交流
电弧的焊接电流及电弧电压波形

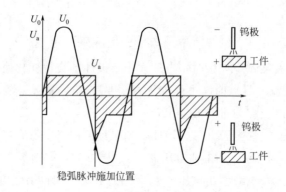

图 2.7　正弦波交流电弧的稳弧措施

2-10　为什么方波交流钨极氩弧焊不用采取稳弧措施？

方波交流 TIG 焊的电弧电压及焊接电流在每个半波的大小保持不变，而极性转变又在瞬间内完成，见图 2.8。这样，电流过零时电弧空间中的带电粒子基本不会消失，再引燃电压很低，因此在较低的电压下（20～40V）就可使电弧再引燃，基本上无熄弧时间，电弧稳定性很好。方波交流钨极氩弧焊机无须任何稳弧措施。

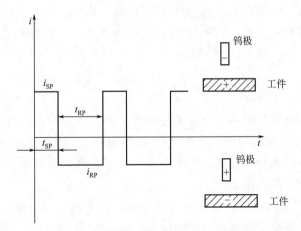

图 2.8 方波交流钨极氩弧焊的电流波形

2-11 脉冲钨极氩弧焊有哪几种?

根据电流的种类,脉冲钨极氩弧焊可分为直流脉冲钨极氩弧焊及交流脉冲钨极氩弧焊两种,其波形图见图 2.9。前者用于焊接不锈钢,后者主要用于焊接

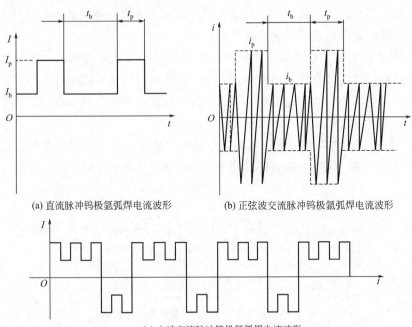

(a) 直流脉冲钨极氩弧焊电流波形　　(b) 正弦波交流脉冲钨极氩弧焊电流波形

(c) 方波交流脉冲钨极氩弧焊电流波形

图 2.9 脉冲钨极氩弧焊电流波形示意图

I_b—直流钨极氩弧焊基值电流;I_p—直流钨极氩弧焊脉冲电流;

t_p—脉冲持续时间;t_b—脉冲间歇时间;

i_b—交流钨极氩弧焊基值电流;i_p—交流钨极氩弧焊脉冲电流

铝、镁及其合金。焊接电流参数衍变为如下几个参数：基值电流 I_b、脉冲电流 I_p、脉冲持续时间 t_p、脉冲间歇时间 t_b、脉冲频率 f、脉冲幅比 $F(=I_p/I_b)$ 和脉冲宽比 $K(=t_p/t_b)$。

2-12 低频脉冲钨极氩弧焊有何工艺特点？

低频脉冲钨极氩弧焊具有如下工艺特点。

① 在脉冲电流持续期间，焊件上形成点状熔池 脉冲电流停歇期间，基值电流仅能维持电弧的稳定燃烧，电弧热输入显著下降，熔池金属凝固形成焊点。因此焊缝由一系列焊点组成。

② 小电流（平均电流）电弧的稳定性好、挺度高 当电流较小时，一般钨极氩弧焊易飘弧，而脉冲钨极氩弧仍保持足够的稳定性和挺度，因此这种焊接方法特别适于薄板焊接。

③ 电弧热输入低 一定平均电流下，脉冲电弧的熔深达 20% 左右，因此焊透相同厚度工件所需的平均电流比一般钨极氩弧焊低 20% 左右，因此，低频脉冲 TIG 焊具有热输入低、热影响区和焊接变形小的特点。

④ 易于控制焊缝成形 低频脉冲 TIG 焊熔池的凝固速度快、高温停留时间短，因此，不易产生母材过热、熔池金属流淌或工件烧穿等现象，有利于实现不加衬垫的单面焊双面成形及全位置焊接。

⑤ 焊缝质量好 低频脉冲钨极氩弧焊缝由焊点相互重叠而成，后续焊点的热循环对前一焊点具有热处理作用。另外，由于脉冲电流对点状熔池具有强烈的搅拌作用，且熔池的冷却速度快、高温停留时间短，因此焊缝金属组织细密，树枝状晶不明显。这些都使得焊缝性能得以改善。

⑥ 脉冲 TIG 焊电源的输出电流可控性好 可方便地进行起弧电流递增和熄弧电流衰减控制，保证起弧和熄弧处的焊接质量（见图 2.10）。

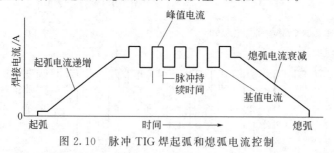

图 2.10 脉冲 TIG 焊起弧和熄弧电流控制

根据脉冲频率范围，脉冲钨极氩弧焊分为高频脉冲钨极氩弧焊、中频脉冲钨极氩弧焊及低频脉冲钨极氩弧焊三种。低频脉冲钨极氩弧焊的电流的频率范围为 0.1~15Hz；中频脉冲钨极氩弧焊的频率范围为 10~500Hz；高频脉冲钨极氩弧焊的频率范围为 10~20kHz。

2-13 高频脉冲钨极氩弧焊有何工艺特点?

电流的频率范围为 10～20kHz。这种方法的工艺特点如下。

① 适合于高速焊　高频脉冲电弧的电磁收缩效应大、电弧刚性好,高速焊时可避免因阳极斑点的黏着作用而造成的焊道弯曲或不连续现象;避免咬边和背面成形不良等缺陷。因此,特别适用于薄板的高速自动焊。

② 熔深大　高频脉冲电弧的压力大、能量密度大,因此电弧熔透能力显著增大。

③ 焊缝质量好　熔池受到超声波振动,其流动性增加,焊缝的物理冶金性能得以改善,有利于焊缝质量的提高。

④ 适合于大坡口焊缝的焊接　普通直流钨极氩弧焊时,如果填充焊丝较多,熔池与坡口侧面的熔合不良,焊道凸起,并偏向一侧。在焊接下一个焊道时,焊道两侧易于导致熔合不良或未焊透缺陷,而高频脉冲钨极氩弧焊时,焊道有一定程度的凹陷,可很好地克服这种缺陷。

高频脉冲钨极氩弧焊的许多特性介于一般钨极氩弧焊及等离子弧焊之间,见表 2.2。

表 2.2　高频脉冲钨极氩弧焊与一般钨极氩弧焊及等离子弧焊的比较

电弧参数	焊接方法		
	高频 TIG 焊	一般 TIG 焊	等离子弧焊
电弧刚性	好	不好	好
电弧压力	中	低	高
电弧电流密度	中	小	大
焊炬尺寸	小	小	大

2-14 中频脉冲钨极氩弧焊有何工艺特点?

电流的频率范围为 10～500Hz,其特点是小电流下电弧非常稳定,且电弧力不像高频钨极氩弧焊那样高,因此它是手工焊接 0.5mm 以下薄板的理想方法。

2.2　钨极氩弧焊的焊接材料

2-15 钨极氩弧焊可采用哪些气体作保护气体?

钨极氩弧焊一般采用氩气、氦气、氩氦混合气体或氩氢混合气体作保护气体。最常用的是氩气。

2-16 为什么钨极氩弧焊通常采用氩气做保护气体？

氩气是一种无色无味的单原子惰性气体。用作钨极氩弧焊的保护气体时，它具有如下优点。

① 氩气密度为空气的 1.4 倍，是氦气的 4 倍，能够很好地覆盖在熔池及电弧的上方，且流动速度较低，因此保护效果比氦气好。

② 由于电离后产生的正离子重量大，动能也大，对阴极斑点的冲击力大，能够很好地去除工件上的氧化膜（这就是所谓的阴极雾化作用），因此，特别适合于焊接铝、镁等活泼金属。

③ 氩气是单原子分子，且具有较低的热导率，对电弧的冷却作用较小，因此电弧稳定性好，电弧电压较低。

④ 成本低，实用性强。

⑤ 与采用氦气时相比，引弧容易。

2-17 钨极氩弧焊对氩气的纯度有何要求？

钨极氩弧焊对氩气的纯度要求与所焊的材料有关，如表 2.3 所示。

表 2.3 钨极氩弧焊对氩气的纯度要求

被焊材料	钛及钛合金	镁及镁合金	铝及铝合金	铜及铜合金	不锈钢、耐热钢
纯度要求/%	99.98	99.9	99.9	99.7	99.7

我国生产的焊接用氩气有 99.99% 及 99.999% 两种纯度，均能满足各种材料的焊接要求，其成分见表 2.4 所示。

表 2.4 国产焊接用氩气的成分 /%

氩气纯度/%	N_2	O_2	H_2	C_nH_m	H_2O
≥99.99	<0.01	<0.015	<0.0005	<0.001	30mg·m^{-3}
≥99.999	≤10^{-4}	≤10^{-5}	≤$5×10^{-6}$	10^{-5}	≤$2×10^{-5}$

焊接过程中通常使用瓶装氩气。氩气瓶的容积为 40L。外面涂成灰色，用绿色漆标以"氩气"二字。满瓶时的压力为 15MPa。

2-18 作为 TIG 焊保护气体，氦气与氩气相比有何特点？

与氩气相比，氦气具有如下特点。

① 采用氦气保护时，电弧的产热功率大且集中，因此，同样焊接速度下，熔深能力大，适合于焊接厚板、高热导率或高熔点金属。同样熔深能力下，热输入小或焊接速度高，因此可焊接热敏感材料及高速焊，钨极氦弧焊的焊接速度比钨极氩弧焊的焊接速度高 30%～40%。

② 在同样的焊接电流和弧长下，氦弧电压明显高于氩弧电压，如图 2.11 所示。这是由于氦气具有较高的热导率和电离电压。

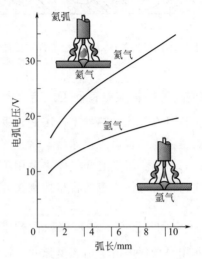

图 2.11　不同保护气体下弧长与电弧电压之间的关系

③ 其密度较低，大约只有空气的 1/7，容易漂浮散失，因此要保证同样的保护效果，氦气的流量通常比氩气高 1~2 倍。

④ 氦气的缺点是阴极雾化作用小，价格比氩气高得多。

2-19　钨极氩弧焊对氦气的纯度有何要求？

焊接用氦气的纯度一般要求在 99.8% 以上。我国生产的焊接用氦气的纯度可达 99.999%，能满足各种材料的焊接要求，其成分如表 2.5 所示。

表 2.5　国产焊接用氦气（99.999%）的成分

成分	Ne	H_2	O_2+Ar	N_2	CO	CO_2	H_2O
含量/10^{-6}	≤4.0	≤1.0	≤1.0	2.0	0.5	0.5	3

焊接过程中通常使用瓶装氦气。氦气瓶的容积为 40L。外面涂成灰色，并用绿色漆标以"氦气"二字。满瓶时压力为 14.7MPa。

2-20　氩氦混合气体保护的钨极氩弧焊有何工艺特点？

氩弧具有电弧稳定、柔和、阴极雾化作用强、价格低廉等优点，而氦弧具有电弧温度高、熔透能力强、焊接速度快等优点。采用氩氦混合气体时，电弧兼具氩弧及氦弧的优点，特别适合于焊缝质量要求很高的场合。采用的混合比一般为：(75%~80%)He+(20%~25%)Ar。图 2.12 比较了不同保护气体对钨极氩弧焊熔深的影响。

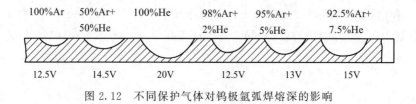

图 2.12 不同保护气体对钨极氩弧焊熔深的影响

2-21 氩氢混合气体保护的钨极氩弧焊有何工艺特点？

氢气是双原子分子，且具有较高的热导率，因此，采用氩氢混合气体时，可提高电弧的温度，增大熔透能力，提高焊接速度，防止咬边。此外，氢气具有还原作用，可防止 CO 气孔的形成。氩氢混合气体主要用于镍基合金、镍-铜合金、不锈钢等的焊接。一般应将混合气体中氢的含量控制在 6% 以下。

2-22 钨极氩弧焊的钨极作用是什么？对钨极有何要求？

钨极氩弧焊电极的作用是导通电流、引燃电弧并维持电弧稳定燃烧。由于焊接过程中要求电极不熔化，因此电极必须具有较高的熔点，此外为了保证引弧性能好、焊接过程稳定，还要求电极具有较低的逸出功、较大的许用电流、较小的引燃电压。

2-23 电极材料有哪些？各有何特点？

钨极氩弧焊使用的电极有：纯钨极、铈钨极、钍钨极等。

纯钨极熔点为 3387℃，沸点为 5900℃，是使用最早的一种电极材料。但纯钨极发射电子的电压较高，要求焊机具有高的空载电压。另外，纯钨极易烧损，电流越大烧损越严重，因此目前很少使用。

钍钨极含不超过 3% 的氧化钍，这种钨极具有较高的热电子发射能力和熔点。用于交流电时，其许用电流值比同直径的纯钨极提高 1/3，空载电压可大大降低。钍钨极的粉尘具有微量的放射性，人员在磨削电极时，需注意防护。保存时最好放在铅质盒子内。

铈钨极中含 2% 以下的氧化铈。它比钍钨极具有更低的逸出功、更大的载流能力（可提高 5%～8%）、更长的寿命、更低的阴极压降，而且几乎没有放射性。铈钨极引弧容易、电弧热量集中且极其稳定，因此，得到了广泛的应用。铈钨极的优越性还表现在大电流焊接或等离子弧切割时，其损耗比小电流焊接时更小。

2-24 为什么不同钨电极对空载电压有不同要求？

不同钨电极对空载电压有不同要求，见表 2.6。这是因为不同钨极具有不同的逸出功（表 2.7），其电子发射能力不同，为了保证引弧可靠和电弧温度，逸出功大的钨极要求使用空载电压较高的电源，而逸出功小的钨极可使用空载电压小的电源。表2.7给出了这些常用钨极材料的电子发射性能。

表2.6 常用电极材料所需的空载电压

电极种类	电极牌号	所需的空载电压/V		
		铜	不锈钢	硅钢
纯钨极	W	95	95	95
钍钨极	WTh-10 WTh-15	40~65 35	50~70 40	70~75 40
铈钨极	WCe-20	—	30~35	—

表2.7 常用钨极材料的电子发射性能

电极材料		W	Th-W	Ce(La、Y)-W
逸出功/eV		4.5	2.7	2.7
饱和热发射电流密度/A·cm^{-2}	电极温度/K			
	1500	$2.3×10^{-7}$	$3×10^{-3}$	$6×10^{-3}$
	2000	$1.2×10^{-3}$	1.2	2.4
	2500	0.38	51	102
	3000	16.3	670	1340
	3500	274	4450	8900
	3600	453	5740	11480

2-25 钨极氩弧焊常用钨极的规格有哪几种？

常用钨极直径有0.25mm、0.5mm、1.0mm、1.6mm、2.0mm、2.4mm、3.2mm、3.6mm、4.0mm、5.0mm、6.3mm、8.0mm、10.0mm等几种规格，供货长度通常为76~610mm。

钨极的表面不允许有裂纹、瘢痕、毛刺、缩孔、夹杂等。

2-26 什么是钨极许用电流？钨极许用电流影响因素有哪些？

对于一定直径的钨极，其最大允许使用电流称为钨极的许用电流，又称钨极的电流容量或载流能力。焊接电流大于许用电流时，钨极会发生熔化，既损害了钨极又造成焊缝渗钨。钨极的许用电流取决于直径、电流种类和极性等因素，表2.8给出了几种规格的钨极的许用电流。

表2.8 常用钨极的许用电流[①]

电极直径/mm	直流/A		交流/A				
	正极性	反极性	非对称波形		对称波形		
	EWP EWTh-1 EWTh-2 EWTh-3	EWP EWTh-1 EWTh-2 EWTh-3	EWP	EWTh-1 EWTh-2 EWZr	EWTh-3	EWP	EWZr	EWTh-1 EWTh-2 EWTh-3
0.25	≥15	②	≥15	≥15	②	≥15	≥15	②

续表

电极直径/mm	直流/A		交流/A						
	正极性	反极性	非对称波形				对称波形		
	EWP EWTh-1 EWTh-2 EWTh-3	EWP EWTh-1 EWTh-2 EWTh-3	EWP	EWTh-1 EWTh-2 EWZr	EWTh-3		EWP	EWTh-1 EWTh-2 EWZr	EWTh-3
0.5	5~20	②	5~15	5~20	②		10~20	5~20	10~20
1.0	15~80	②	10~60	15~80	10~80		20~30	20~60	20~60
1.6	70~150	10~20	50~100	70~150	50~150		30~80	60~120	30~120
2.4	150~250	15~30	100~160	140~235	100~235		60~130	100~180	60~180
3.2	250~400	25~40	150~210	225~325	150~325		100~180	160~250	100~250
4.0	400~500	40~55	200~275	300~400	200~400		160~240	200~320	160~320
5.0	500~750	55~80	250~350	400~500	250~500		190~300	290~390	190~390
6.3	750~1000	80~125	325~450	500~630	325~630		250~400	340~525	250~525

① 所有数据均为纯氩气作保护气体时的数据。
② 一般不采用。

脉冲钨极氩弧焊时,由于在基值电流期间钨极受到冷却,所以直径相同的钨极的许用电流值明显提高,见表2.9。

表2.9 脉冲钨极氩弧焊推荐用的钨极端部形状尺寸及许用电流

钨极直径/mm	锥角/(°)	平顶直径/mm	恒定电流许用范围/A	脉冲电流许用范围/A
1.0	12	0.12	2~15	2~25
	20	0.25	5~30	5~60
1.6	25	0.50	8~50	8~100
	30	0.75	10~70	10~140
2.4	35	0.75	12~90	12~180
	45	1.10	15~150	15~250
3.6	60	1.10	20~200	20~300
	90	1.50	25~250	25~350

2-27 钨极氩弧焊通常采用什么填充金属?

采用钨极氩弧焊焊接厚度在3mm以上的工件时,需要开V形坡口,并使用填充金属。填充金属的主要作用是填满坡口,并调整焊缝成分,改善焊缝力学性能。TIG焊填充金属有焊丝和可熔夹条两种。

TIG焊专用焊丝牌号还可用"TG"或"TGR"表示,后跟抗拉强度和合金元素代号。例如TG50。TG表示TIG焊专用焊丝,50表示抗拉强度不低于500MPa。

TIG焊通常采用直条焊丝和盘绕焊丝。手工TIG焊用直条焊丝,长度小于1m,而自动化则采用盘绕焊丝。直条焊丝的直径有1.2mm、1.6mm、2.0mm、2.4mm、2.5mm、2.8mm、3.0mm、3.2mm、4.0mm和4.8mm等几种。盘绕焊丝的直径有 0.5mm、0.6mm、0.8mm、0.9mm、1.0mm、1.2mm、1.4mm、1.6mm、2.4mm、2.5mm、2.8mm、3.0mm 和 3.2mm 等几种。

2-28 什么是可熔夹条？规格有哪几种？

钨极氩弧焊时，为了保证良好的焊缝背部成形而夹在坡口根部的、具有一定形状和尺寸的金属件称为可熔夹条。其材质一般与母材相同，其形状和尺寸通常根据坡口尺寸专门设计。焊前将可熔夹条夹在坡口根部，焊接时被熔入熔池中，以保证良好的焊缝背部成形。图 2.13 给出了常用可熔夹条的形状及装配方法。可熔夹条主要用于管子焊接中，用户可直接从母材上截取所需形状和尺寸的夹条。目前市场上也有标准形状尺寸的可熔夹条供选用，见表 2.10。

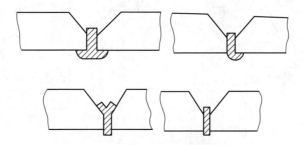

图 2.13　常用可熔夹条的形状及装配方法

表 2.10　标准可熔夹条的形状尺寸

型号	截面图	标称尺寸/mm	尺寸与公差/mm		
			W	H	T
A		2.4	2.36±0.10	1.12±0.13	0.74±0.13
		3.2	3.18±0.10	$1.40^{+0.30}_{-0.05}$	1.19
		4.0	3.96±0.13	$1.60^{+0.36}_{-0.08}$	$1.60^{+0.36}_{-0.08}$
B		3.2	2.18±0.28	$1.40^{+0.30}_{-0.05}$	$1.19^{+0.05}_{-0.30}$
		4.0	2.79	$1.60^{+0.36}_{-0.08}$	$1.50^{+0.08}_{-0.36}$
C		1.2×2.4	—	2.40±0.07	1.20±0.03
		1.2×3.2	—	3.18±0.07	1.59±0.04
		1.2×4.0	—	3.97±0.07	3.18±0.04

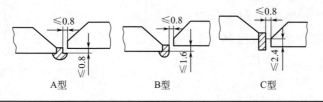

2.3 钨极氩弧焊设备

2-29 钨极氩弧焊设备由哪几部分组成?

钨极氩弧焊设备通常称为钨极氩弧焊机或 TIG 焊机,一般由电源、控制系统、焊炬、水冷系统及供气系统(惰性气体系统)组成。自动钨极氩弧焊机还配有行走小车、焊丝送进机构等。图 2.14 为手工钨极氩弧焊机的结构图。

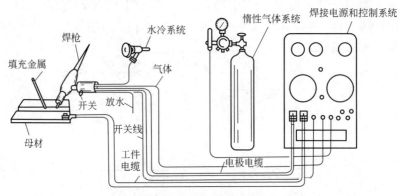

图 2.14 手工钨极氩弧焊机的结构

2-30 钨极氩弧焊机对弧焊电源有何要求?

钨极氩弧焊电弧的静特性曲线一般为水平的(电流较小时静特性曲线是下降的),为了得到稳定的焊接电流,钨极氩弧焊机要求使用具有陡降外特性或恒流(垂直)外特性的弧焊电源,以恒流外特性为佳,如图 2.15 所示。手工电弧焊的电源也具有陡降外特性,因此,在没有专用钨极氩弧焊电源的情况下也可使用手工电弧焊的电源进行钨极氩弧焊。

结束焊接时,收弧处容易因熔池得不到足够的填充金属而形成弧坑,并产生弧坑裂缝、气孔等缺陷。为了防止这种缺陷的产生,专用钨极氩弧焊电源一般具有电流衰减功能。如果使用没有这种功能的电源进行焊接,应在操作上进行适当的控制,比如,采用逐渐拉长电弧并多填充一些焊丝。

钨极氩弧焊机的电源有直流、交

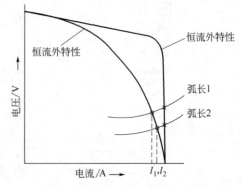

图 2.15 陡降外特性和恒流外特性

流和脉冲电源三种。目前常用的直流电源有晶闸管式弧焊整流器和弧焊逆变器等两种。交流电源有正弦波交流电源及方波交流电源两种。钨极氩弧焊机所用电源的空载电压一般要比手工电弧焊电源的空载电压高。

2-31 钨极氩弧焊机的控制系统主要起什么作用？

控制系统的主要作用是焊接时进行时序控制，控制提前送气、滞后停气、引弧、电流通断、电流递增、电流衰减、冷却水流通断等。对于自动焊机，还要控制小车行走机构行走及送丝机构送丝。在交流焊机的控制箱中一般还装有稳弧装置。TIG焊典型的时序控制见图2.16。

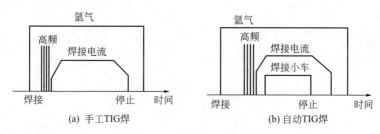

图 2.16 TIG 焊的时序控制

按下焊枪上的开关后，首先提前送保护气（提前时间一般为1.5～4s），将输气管中及焊接区的空气排开，并在焊接部位形成有效的保护气层；然后接通引弧装置，电弧引燃后自动切断引弧装置；焊接电流以预定的斜率递增到设定值后，焊接小车行走，开始正常焊接。收弧时，焊接电流以一定的速度衰减，填满弧坑后再断开，以填满弧坑防止火口裂纹；电流断开后，继续输送保护气一定时间（滞后停气时间一般为5～15s），以保护处于高温下的钨极和工件。手工TIG焊时，电弧熄灭后切勿立即从焊缝上移开焊枪和焊丝，应等到保护气体停止后再移开。

2-32 钨极氩弧焊为什么一般采用非接触引弧？

因为接触引弧时，很大的短路电流不但使钨极因发生熔化而烧损，而且还易使液态钨进入熔池中，造成焊缝夹钨，影响焊缝力学性能。常用的非接触引弧方式有两种：高频振荡器引弧和高压脉冲引弧。

2-33 什么是高频振荡器引弧？有何特点？

利用高频振荡器产生的高频、高压信号击穿钨极-工件之间气隙的引弧方式称为高频振荡器引弧，是应用最广泛的TIG焊引弧方法，这种方法引弧可靠、成本低廉，但它对周围的电子线路有干扰作用，容易损坏周围控制装置中的电子元件。

通常将高频振荡器串接在焊接回路中,如图 2.17 所示。当高频振荡器接通时,升压变压器 T_1 向电容 C_k 充电,当充电电压达到一定数值时,火花放电器 P 被击穿,C_k 和自耦变压器 T_2 的初级绕组 L_k 发生 L-C 振荡,其输出端可输出频率为 150~260kHz、幅值为 3000V 左右的高频电压,该电压施加在钨极和工件之间,击穿两极间的气隙,引燃电弧。高频振荡信号通常只能维持半个周期的 1/5~2/3 的时间,经过这么长的时间后,火花放电器停止放电恢复绝缘。如果一次振荡未能将电弧引燃,则重复上述振荡过程,直到电弧引燃起来为止。

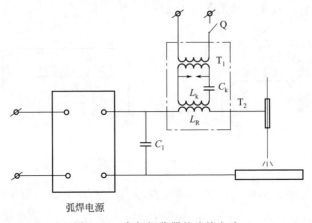

图 2.17 高频振荡器的连接方法

2-34 什么是高压脉冲引弧?有何特点?

高压脉冲引弧是利用高压脉冲发生器产生的 2000~3000V 高压脉冲击穿钨极-工件之间气隙而引燃电弧的。高压脉冲发生器通常用于正弦波交流钨极氩弧焊机,不仅用作引弧,还用作稳弧。需通过一定的方式控制高压脉冲相位,引弧时使脉冲叠加在反极性半波中空载电压最大的相位处,以利于电弧的引燃;电弧引燃后,高压脉冲应施加在正半波向负半波转变的相位处,用来稳弧,如图 2.18 所示。

图 2.19 为高压脉冲发生器的典型电路图。T_1 是与焊接变压器同步的升压变压器,在正半波,T_1 经 VD_1 和 R_1 向电容 C_1 充电到一个很高的数值。在负半波空载电压最大的相位处,可控硅 VTH_1 和 VTH_2 被引弧触发电路的触发信号触发导通,C_1 向高压脉冲变压器 T_2 放电,T_2 的次级绕组输出 3000~4000V 的高压脉冲信号,施加在钨极与工件之间,使电弧引燃。电弧引燃后,引弧触发电路停止工作,稳弧触发电路开始工作。焊接电弧电流过零点时,触发 VTH_1 和 VTH_2 导通,产生稳弧信号施加到钨极与工件之间。

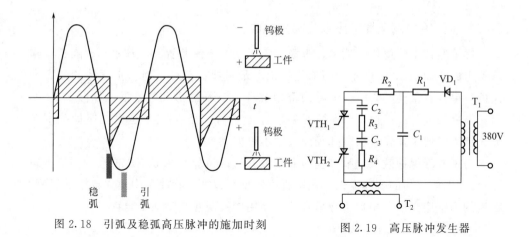

图 2.18 引弧及稳弧高压脉冲的施加时刻

图 2.19 高压脉冲发生器

2-35 钨极氩弧焊能否进行接触引弧？

通过将短路电流控制为较小值并在引燃电弧后迅速将小电流切换为正常焊接电流，可以实现钨极氩弧焊的接触引弧。其原理如图 2.20 所示，引弧时首先使钨极与工件接触，此时，短路电流被控制在较低的水平上（通常小于 5A）；钨极回抽后，引燃小电流微弧；在很短的时间内（几微秒）将电流切换为正常的焊接电流，将正常电弧引燃。该方法仅适用于直流正接的直流氩弧焊机。其最大的优点是避开了高频电及高压脉冲的干扰，可用于计算机控制的焊接设备或焊接机器人中。

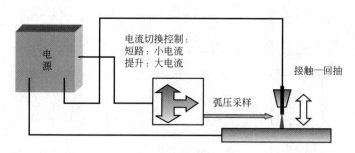

图 2.20 接触引弧系统示意图

2-36 手工钨极氩弧焊枪的主要作用是什么？

焊炬又叫焊枪，是钨极氩弧焊机的关键组成部件之一。其主要作用是：

① 夹持钨极；

② 传导焊接电流；

③ 向焊接区输出保护气体。

2-37 手工钨极氩弧焊枪由哪几部分组成?

焊枪通常由焊枪体、喷嘴、钨极、钨极夹、节流装置、冷却水套、隔板、帽罩等组成,如图 2.21 所示。喷嘴是焊枪上最重要的部件,对保护气体的流态和保护效果具有重要的影响。喷嘴内部通气孔道有圆柱形和圆锥形,如图 2.22 所示。喷嘴长度(l_0)越长,保护效果越好,喷嘴孔径(D_n)越大,保护范围越大。但为了便于操作,喷嘴孔径和长度不可能太大。

为了改善保护效果,喷嘴上面通常设有气体镇静室和节流装置(铜网或金属孔板),以使气体的流速变低,紊乱程度降低,以便于在喷嘴中建立较厚的层流。喷嘴的内壁应光滑、出口边缘呈直角,使用中要防止喷嘴沾染异物。

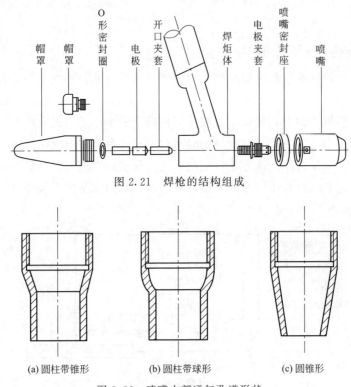

图 2.21 焊枪的结构组成

(a) 圆柱带锥形　(b) 圆柱带球形　(c) 圆锥形

图 2.22 喷嘴内部通气孔道形状

2-38 钨极氩弧焊枪有哪几种?

依据冷却方式可分为水冷和空冷两种。水冷焊枪用水对焊接电缆及喷嘴进行冷却,因此能够承受较大的电流。空冷焊枪结构简单、质量轻、便于操作,但允许通过的电流较小。一般来说,额定电流在 160A 以上的焊枪应采用水冷方式。

另外,按照焊枪的外部形状及特征,钨极氩弧焊枪又可分为笔直式及手把式两种。自动焊通常采用笔直式焊枪，手工焊采用手把式焊枪，图 2.23 示出了典型手把式钨极氩弧焊枪的简图。

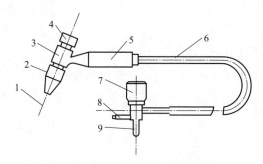

图 2.23　焊枪的典型结构

1—钍钨极；2—陶瓷喷嘴；3—焊枪体；4—短帽；5—把手；6—电缆；
7—气路开关；8—气路接头；9—电缆接头

焊枪型号的编制方法如下：

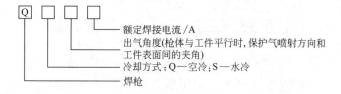

2-39　钨极氩弧焊气路系统由哪些部件组成？各起什么作用？

钨极氩弧焊机的气路系统由气瓶、减压阀、流量计、软管及电磁气阀等组成，如图 2.24 所示。气瓶用于盛放氩气或氦气。减压阀用于将瓶中高压气体的压力降低至焊接所需要的压力，并在工作过程中保持气体压力及流量的稳定。流量计是用于控制气体的流量的一种表计，通过它可任意调节气体的流量。流量计

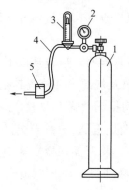

图 2.24　气路系统

1—气瓶；2—减压阀；3—流量计；4—软管；5—电磁气阀

有玻璃转子式、浮子式及同体型浮标式三种。电磁气阀是用于控制气流关断的装置，利用延时继电器控制提前送气时间及延迟停气时间，其电源电压通常为24V或36V。

2-40 钨极氩弧焊对送丝机有何要求？

自动钨极氩弧焊机送丝机，可以实现焊丝的自动送进。送丝机转动速度都是恒定的，以维持送丝速度不变。送丝机的导丝嘴通常固定在焊枪上，如图2.25所示。

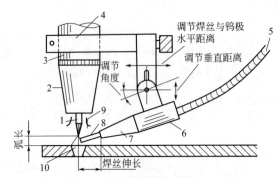

图 2.25　TIG焊送丝装置的安装
1—钨极；2—喷嘴；3—焊枪体；4—焊丝夹；5—焊丝导管；
6—导丝装置；7—导丝嘴；8—焊丝；9—保护气流；10—熔池

送丝机要求填丝平稳、速度均匀、快慢适当，以防止搅动保护气流层，防止咬边、凹陷等缺陷。

2-41 钨极氩弧焊设备的安装和使用过程中应注意哪些事项？

应按使用说明书中的外部接线图正确安装焊机，并检查焊机的铭牌电压值和网路电压是否相符。使用前应检查焊机是否良好接地，并检查水管、气管是否接好，以保证正常供水、供气。

使用钨极氩弧焊设备进行焊接时，应遵从以下步骤。

① 接通主电源、冷却水源及气源，并检查其是否处于正常状态。

② 将焊接电源中的开关切换到"通"位置，焊接转换开关切换到"氩弧焊"位置（对于手工/钨极氩弧焊两用电源）。对于交直流两用电源，将方式开关切换到预定的方式。如进行脉冲焊，将开关切换到脉冲方式。

③ 如果需要焊接电流衰减功能，应将电流衰减开关切换到"有"的位置；不需要电流衰减时应将电流衰减开关切换到"无"的位置。

④ 按照预定的焊接参数，将焊接电流旋钮、衰减时间调节旋钮和气体滞后

时间调节旋钮等调节到适当的位置。

⑤ 打开检气开关,将氩气流量调节到所需的数值,然后关断检气开关。

⑥ 按焊枪上的启动按钮,进行焊接。

⑦ 工作完毕或离开工作场地,必须关断电源、水源、气源。

另外,还应注意,氩气瓶不能离电弧太近,其放置位置应距离电弧至少2m,最好对气瓶进行固定,防止倾倒。

2-42 如何维护与保养钨极氩弧焊设备?

通常应按照下列方法对钨极氩弧焊设备进行保养。

① 定期检查焊机的接线是否可靠。检查接触器和继电器的触头工作情况,如发现烧毛或损坏,应及时修理或更换。

② 焊机应置于通风良好、干燥整洁的地方。

③ 经常检查焊机的绝缘情况。

④ 经常检查焊枪上的电缆、气管、水管等,发现问题及时更换。检查焊枪的弹性夹头夹紧情况和喷嘴的绝缘性能是否良好。

⑤ 经常检查供气系统和供水系统的管子及各种仪表是否完好,发现问题及时更换。

⑥ 检查高频引弧系统是否正常,导线、电缆接头是否可靠,对于自动钨极氩弧焊,还要检查调整机构、送丝机构是否完好。

⑦ 搬动焊机时应将易损件(如流量计等)取下放好。

⑧ 如果使用钍钨极,钍钨极有放射性,打磨钨极时必须有良好的通风措施。

2-43 钨极氩弧焊设备常见故障有哪些?如何排除?

钨极氩弧焊设备常见故障及排除措施见表 2.11。

表 2.11 钨极氩弧焊设备常见故障及排除措施

故障	原因	排除措施
电源开关接通,但指示灯不亮	①开关损坏 ②控制变压器损坏 ③熔断器损坏 ④指示灯损坏	①更换开关 ②检修变压器 ③更换保险丝 ④更换指示灯
控制线路有电,但焊机不启动	①启动开关接触不良 ②启动继电器或热继电器故障 ③控制变压器损坏	①检修或更换开关 ②检修或更换继电器 ③检修或更换变压器
无振荡信号,或振荡信号弱	①高频振荡器或高压脉冲引弧器故障 ②高频振荡器的火花放电间隙过大 ③放电盘云母损坏 ④放电器电极损坏	①检修引弧器 ②调整放电器间隙 ③更换云母片 ④清理、调整电极

续表

故障	原因	排除措施
高频振荡信号正常,但不起弧	①焊接回路接触器故障 ②控制线路故障 ③焊件与电缆接触不良	①检修接触器 ②检修控制电路 ③清理焊件
焊接过程中,电弧不稳定	①稳弧器故障 ②交流电源的消除直流分量部件故障 ③电源故障	①检修稳弧器 ②更换故障部件 ③检修焊接电源
焊机启动后无氩气输出	①气路堵塞 ②电磁气阀故障 ③控制线路故障 ④气体延迟线路故障	①清理气路 ②检修电磁气阀 ③检查故障并修复 ④检修故障线路
收弧时电流衰减不正常	①继电器故障 ②衰减控制线路故障 ③焊接电源故障	①检修或更换继电器 ②检修衰减控制线路 ③检修焊接电源

2.4 钨极氩弧焊焊接工艺

2-44 为什么钨极氩弧焊的焊前清理要求极其严格？清理方法有哪些？

氩气、氦气均是惰性气体，焊接过程中不与液态金属发生任何化学反应，因此钨极氩弧焊没有去氢、脱氧作用。为了保证焊接质量，工作区域、工作台、夹具及焊工用的手套均须保持干净；焊丝和工件更需要去除表面的氧化膜、油脂及水分。焊接铝、镁、钛等活泼性金属时，这种处理尤其重要。工件清理方法主要有：机械清理、化学清理及化学机械清理三种。TIG焊常用的清理方法是机械清理，化学清理和化学机械清理主要用于钎焊或扩散焊。

2-45 钨极氩弧焊时工件的机械清理方法有哪些？分别用于什么情况下？

机械清理方法包括用钢丝刷刷磨、刮刀刮、砂布打磨、喷砂或喷丸等。用机械方法可去除工件表面上的氧化膜、油污等。对于较小的铝及铝合金工件，通常采用刮刀或钢丝刷进行清理。较小的不锈钢工件通常采用砂布打磨。对于大型工件，可采用喷砂或喷丸法进行清理。

2-46 钨极氩弧焊焊接平板时常用接头及坡口类型有哪些？

钨极氩弧焊常用的接头形式有对接、搭接、角接、T形接头、卷边对接、端接及夹条对接七种，后面三种适用于薄板焊接。

坡口类型及尺寸根据材料类型、板厚等来选择。一般情况下，板厚小于3mm时，可开I形坡口；板厚在3~12mm时，可开V形或Y形坡口。表2.12

给出了铝及铝合金焊接接头的坡口类型及尺寸。关于各种钢的具体坡口类型及详细尺寸，见表2.13。

表2.12 铝及铝合金焊接接头的坡口类型及尺寸

接头及坡口类型		示图	板厚δ/mm	坡口尺寸		
				间隙b/mm	钝边p/mm	坡口角度α
对接	卷边		$\leqslant 2$	<0.5	<2	—
	I形坡口		$1\sim 5$	$0.5\sim 2$		
	V形坡口		$3\sim 5$	$1.5\sim 2.5$	$1.5\sim 2$	$60°\sim 70°$
			$5\sim 12$	$2\sim 3$	$2\sim 3$	$60°\sim 70°$
	X形坡口		>10	$1.5\sim 3$	$2\sim 4$	$60°\sim 70°$
搭接			<1.5	$0\sim 0.5$	$L\geqslant 2\delta$	—
			$1.5\sim 3$		$L\geqslant 2\delta$	—
角接	I形坡口		<12	<1		—
	V形坡口		$3\sim 5$	$0.8\sim 1.5$	$1\sim 1.5$	$60°\sim 70°$
			>5	$1\sim 2$	$1\sim 2$	$60°\sim 70°$
T形接头	I形坡口		$3\sim 5$	<1	—	—
			$6\sim 10$	<1.5		
	K形坡口		$10\sim 16$	<1.5	$1\sim 2$	$60°$

表 2.13　不锈钢及碳钢手工钨极氩弧焊的坡口类型及尺寸

接头及坡口类型	接头形式及尺寸		
	示意图	板度①/mm	层数
卷边对接		0.25	1
		0.35	1
		0.56	1
对接，I 形坡口		0.9	1
		1.2	1
		1.6	1
		2.0	1
		2.6	1
		3.3	1
对接，V 形		3.3	2
		4.8	2
		6.4	3
对接，X 形		6.4	3
角接及搭接，I 形		0.56	1
		0.9	1
		1.2	1
		1.6	1
		2.0	1
		2.6	1
		3.3	1
		4.8	1
		6.4	1

① 对于角焊缝，厚度尺寸为焊脚长度。

2-47　钨极氩弧焊工艺参数有哪些？

钨极氩弧焊的工艺参数主要有：电流的种类及极性、焊接电流的大小、电弧电压、焊接速度、钨极直径及形状、保护气体流量、喷嘴直径、喷嘴到工件的距离、钨极伸出长度等。

2-48　如何选择电流的种类及极性？

不同的电流种类及极性具有不同的工艺特点，适用于不同材料的焊接。因此应首先根据工件的材料种类选择电流的种类及极性，见表 2.14。

表 2.14　不同电流类型及极性接法的特点及应用范围

种类		直流			交流	
		正极性	反极性	脉冲（正极性）	正弦波	方波
清除氧化膜作用		无	强	无	有	有
电弧热的分布	工件端	70%	30%	70%	50%	取决于极性宽度比
	电极端	30%	70%	30%	50%	
引弧方式		非接触式或接触式	非接触式	非接触式或接触式	非接触式	非接触式
稳弧装置		不需要	不需要	不需要	需要	需要
消除直流分量装置		不需要	不需要	不需要	需要	不需要
钨极载流能力		大	小	大	中等	中等
熔深		深而窄	浅而宽	深而窄	中等	中等
适用范围		用于除铝、镁及其合金以外的所有金属及合金的焊接	仅用于焊接厚度小于3mm的铝、镁及其合金	用于除铝、镁及其合金以外的所有金属及合金的焊接	常用于焊接铝、镁及其合金；也可焊接其他金属及合金，但效果不如直流正接	

2-49　如何确定焊接电流大小？

焊接电流的大小决定熔深，因此，在选定了电流的种类及极性后，要根据板厚来选择电流的大小，此外还要适当考虑接头的形式、焊接位置等的影响。板厚越大，选择的电流应越大，空间位置的焊接应考虑采用小电流多道焊来焊接。

2-50　如何确定脉冲钨极氩弧焊的脉冲电流参数？

脉冲钨极氩弧焊的电流参数有基值电流 I_b、脉冲电流 I_p、脉冲持续时间 t_p、脉冲间歇时间 t_b、脉冲周期 $T=t_p+t_b$、脉冲频率 $f=1/T$、脉冲幅比 $F(=I_p/I_b)$、脉冲宽比 $K[=t_p/(t_b+t_p)]$ 等。这些参数的选择原则如下。

① 脉冲电流 I_p 及脉冲持续时间 t_p　脉冲电流与脉冲持续时间之积 $I_p t_p$ 被称为通电量，通电量决定了焊缝的形状尺寸，特别是熔深。因此，应首先根据被焊材料及板厚选择合适的脉冲电流及脉冲电流持续时间。不同材料及板厚的工件可根据图 2.26 选择脉冲电流及脉冲电流持续时间。

焊接厚度低于 0.25mm 的板时，应适当降低脉冲电流值并相应地延长脉冲持续时间。焊接厚度大于 4mm 的板时，应适当增大脉冲电流

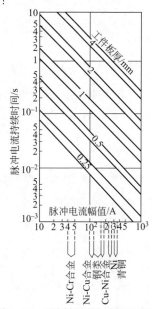

图 2.26　不同板厚及材料 TIG 焊的脉冲电流及脉冲电流持续时间

值并相应地缩短脉冲持续时间。

② 基值电流 I_b　基值电流的主要作用是维持电弧的稳定燃烧，因此在保证电弧稳定的条件下，尽量选择较低的基值电流，以突出脉冲钨极氩弧焊的特点。但在焊接冷裂倾向较大的材料时，应将基值电流选得稍高一些，以防止火口裂纹。

基值电流一般为脉冲电流的 10%～20%。

③ 脉冲间歇时间 t_b　脉冲间歇时间对焊缝的形状、尺寸影响较小。但过长时会显著降低热输入，形成不连续焊道。

④ 脉冲幅比 F 及脉冲宽比 K　脉冲宽比越小，脉冲焊特征越明显。但太小时熔透能力降低，电弧稳定性差，且易产生咬边。因此，脉冲宽比一般取 20%～80%，空间位置焊接时或焊接热裂倾向较大的材料时应选得小一些，平焊时应选得大一些。

脉冲幅比越大，脉冲焊特征越明显。但过大时，焊缝两侧易出现咬边。因此脉冲幅比一般取 5～10；空间位置焊接时或焊接热裂倾向较大的材料时，脉冲幅比选得大一些，平焊时选得小一些。

2-51　如何确定焊接速度？

焊接速度影响焊接线质量，因此影响熔深及熔宽。通常根据板厚和脉冲频率来选择焊接速度，而且为了保证获得良好的焊缝成形，焊接速度应与焊接电流、预热温度及保护气流量适当匹配。焊接速度太快时，易出现未焊透、咬边等缺陷；而焊接速度太慢时会出现焊缝太宽、烧穿等缺陷。

2-52　低频脉冲钨极氩弧焊时焊接速度与脉冲频率要如何匹配？

为了获得连续、气密的焊缝，两个脉冲焊点之间必须有一定的相互重叠，这要求脉冲频率 f 与焊接速度 v_w 之间必须满足下式：

$$f = \frac{v_w}{60 L_d}$$

式中，L_d 为相邻两焊点的最大允许间距，mm；f 为脉冲频率，Hz；v_w 为焊接速度，mm·min^{-1}。

表 2.15 给出了低频直流脉冲钨极氩弧焊的常用脉冲频率范围。

表 2.15　低频直流脉冲钨极氩弧焊的常用脉冲频率范围

焊接方法	手工焊	自动焊接速度/cm·min^{-1}			
		20	28	36	50
频率/Hz	1～2	≥3	≥4	≥5	≥6

2-53 如何确定钨极的直径及端部形状?

通常根据电流的种类、极性及大小来选择。

钨极直径的选择原则是:在保证钨极许用电流大于所用焊接电流的前提下,尽量选用直径较小的钨极。不同直径钨极的许用电流见表 2.8。

钨极的端部形状对焊接过程稳定性及焊缝成形具有重要影响,通常应根据电流的种类、极性及大小来选择,表 2.16 给出了钨极各种端部形状所适用的范围及其对电弧稳定性和焊缝成形的影响。

表 2.16 电极的不同端部形状的适用范围及其对电弧稳定性及焊缝成形的影响

钨极端部形状	适用范围	电弧燃烧稳定性	焊缝成形
锥台形	直流正接,大电流;脉冲钨极氩弧焊	好	良好
圆锥形	直流正接,小电流	好	焊道不均匀
球面形	交流	一般	焊缝不易平直
平面形	一般不用	不好	一般

2-54 如何制备钨极端部形状?

尖锥形、锥台形的钨极端部通常利用砂轮制备。砂轮的粒度应尽量小,以使打磨出来的钨极表面尽量平滑。打磨时应轻轻地将钨极压在砂轮上,应使磨痕沿着钨极长度方向,见图2.27(a);避免使磨痕垂直于钨极的长度方向,见图2.27(b)。应使用专用砂轮打磨钨极,以防止钨极受到污染。

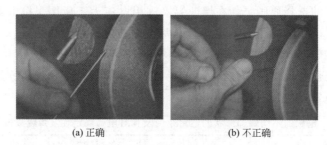

(a) 正确　　　　　　　　(b) 不正确

图2.27　钨极端部的打磨方法

球面形端部通常用电弧烧熔法制备。将钨极装到焊枪上,采用直流反极性接法,利用较大的焊接电流在钨极与铜板之间引燃电弧。注意观察钨极端部的烧熔情况,球面半径等于钨极半径时最佳,如图2.28(a)所示。

(a) 理想形状　　　(b) 合格　　　(c) 不合格

图2.28　钨极的球面形端部

2-55　如何确定喷嘴孔径及氩气流量?

喷嘴孔径越大,保护区越大,但太大时,熔池及电弧的可观察性变差。对于一定的喷嘴孔径,保护气流量有一个合适的范围,流量太小时,气体挺度差,保护效果不好;流量太大时,气流层中出现紊流,空气易卷入,保护效果也不好。喷嘴孔径及氩气流量通常根据电流的种类、极性及大小来选择,见表2.17。

表2.17　喷嘴孔径及氩气流量的选择

焊接电流/A	直流正接		直流反接	
	喷嘴孔径/mm	氩气流量/L·min^{-1}	喷嘴孔径/mm	氩气流量/L·min^{-1}
10~100	4~9.5	4~5	8~9.5	6~8
101~150	4~9.5	4~7	9.5~11	7~10
151~200	6~13	6~8	11~13	7~10
201~300	8~13	8~9	13~16	8~15
301~500	13~16	9~12	16~19	8~15

2-56 钨极氩弧焊焊接过程中如何根据熔池表面情况来判断气体保护效果?

可根据熔池表面情况判断保护效果,如果表面明亮且没有渣,说明流量合适;如果表面发黑或发暗,说明流量不合适,需要重新调节流量。

2-57 如何根据焊点的颜色来判断保护效果?

没有经验的焊工,通常可以通过点焊法来判断保护效果。利用正常焊接所用的工艺参数进行点焊。起弧后,焊枪固定不动,燃烧 5～10s 后熄弧,观察焊点及周围的颜色,根据颜色判断保护效果。表 2.18、表 2.19 分别给出了不锈钢和钛合金焊缝及热影响区颜色与保护效果的关系。实际生产中,根据实际焊缝及热影响区的颜色同样也可判断保护效果的好坏。

表 2.18 不锈钢焊缝及热影响区颜色与保护效果的关系

颜色	保护效果	颜色	保护效果
金色	最好	红灰	可接受
银白色	很好	灰色	不良
蓝色	良好	黑色	极差

表 2.19 钛合金焊缝及热影响区颜色与保护效果的关系

颜色	保护效果	颜色	保护效果
银白色	最好	青灰色	不良
橙黄色	良好	灰白色	极差
蓝紫色	较好		

对于铝合金及镁合金来说,如果焊点周围有光亮的圆圈(焊缝周围有一定宽度的光亮带),则表明保护效果良好,如图 2.29(a) 所示。如果焊点周围没有光亮区,则保护效果差,如图 2.29(b) 所示;如果焊点也发暗,则保护效果极差。

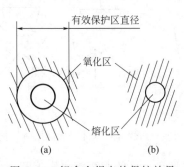

图 2.29 铝合金焊点的保护效果

2-58 影响钨极氩弧焊气体保护效果的因素有哪些?

影响效果的因素有以下几点。

① 保护气体流量　流量不合适，即过大或过小，均会使保护效果变差。

② 侧向风　侧向风干扰了保护气层，如果风速较小，可通过适当增大保护气流量的方式来消除其影响；如果风速很大，则必须采取挡风措施。

③ 焊接速度　焊接速度增大，保护气流遇到的空气阻力增大，保护气流滞后于喷嘴，因此，焊接速度过大时，熔池前部保护效果会变差，如图2.30所示。

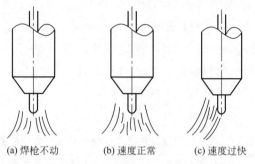

图2.30　焊接速度对保护气体流动状态的影响

④ 接头形式　对接接头和内角焊缝的焊接容易实现良好的保护，如图2.31所示。外角焊缝和端部焊缝焊接时，空气容易卷入，如图2.32(a)、(b)所示，因此应采用挡板阻挡，如图2.32(c)、(d)所示。

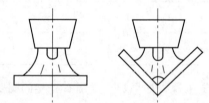

图2.31　对接接头和内角焊缝焊接时的保护效果

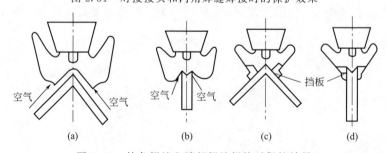

图2.32　外角焊缝和端部焊缝焊接时保护效果

另外，喷嘴尺寸和喷嘴离工件的距离等也影响气体保护效果。

2-59　大电流TIG焊时为什么要保护焊缝背部、高温焊缝和热影响区？如何保护？

采用大电流对活泼性金属进行焊接时，焊缝背面和焊枪后面的焊缝和热影响区处于高温状态，容易氧化，影响焊缝质量和美观，因此需要进行保护。通常采用保护尾罩来保护焊枪后面的高温焊缝及热影响区，如图 2.33 所示。背面则需要通过适当的方法通以背部保护气体，主要方法有气体垫板法、焊接内部密封气腔、保护气罩、冷却板等，如图 2.34 所示。

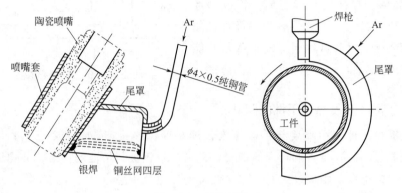

图 2.33　保护尾罩

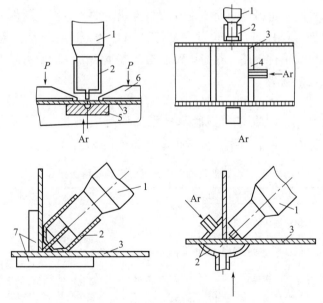

图 2.34　焊缝背部保护方法
1—焊枪；2—气体保护罩；3—焊件；4—挡板；
5—气保护衬垫；6—压板；7—冷却板

2-60　如何确定钨极伸出长度？

钨极伸出长度通常是指露在喷嘴外面的钨极长度，如图 2.35 所示。伸出长度过大时，钨极易过热，且保护效果差；而伸出长度太小时，喷嘴易过热。因此钨极伸出长度必须保持一适当的值。对接焊时，钨极的伸出长度一般选择为钨极直径的1~2倍；焊接内角焊缝时，钨极的伸出长度要适当大一点（一般为钨极直径的2~3倍），以使电弧达到焊缝根部，并能看清熔池。

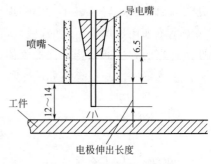

图2.35 钨极的伸出长度

2-61 如何确定喷嘴离工件的距离？

喷嘴离工件的距离要与钨极伸出长度相匹配。一般应控制在8~14mm之间。距离过小时，会影响工人的视线，且易导致钨极与熔池的接触，使焊缝夹钨并降低钨极寿命；距离过大时，保护效果差，电弧不稳定。

2-62 如何确定电弧电压？

钨极氩弧焊时，电弧电压是不能在焊机上设定的，电弧电压由弧长决定，而弧长一般与钨极直径相当，弧长过大易导致未焊透，而且保护效果差，弧长过短，易发生钨极与工件短路。注意，弧长等于喷嘴离工件的距离减去钨极伸出长度，常用的弧长范围为1~5mm。

2-63 钨极氩弧焊中常见的问题有哪些？如何解决？

钨极氩弧焊中常见的问题及解决措施见表2.20。

表2.20 钨极氩弧焊中常见的问题及解决措施

常见问题	可能的原因	解决措施
电极消耗过大	①保护气体的流量不足 ②电极的极性接法不对 ③电极尺寸与使用的焊接电流不匹配 ④焊枪过热 ⑤电极受到污染 ⑥电极在熄弧后被氧化 ⑦保护气体中含有CO_2或O_2	①增大保护气流量 ②采用正确的电极极性 ③使用直径较大的电极 ④检查冷却水系统是否正常 ⑤清除电极上的污染物 ⑥熄弧后保持气体流动10~15s ⑦使用正确的保护气体
电弧漂移	①母材被污染或有油污 ②坡口角度过小 ③电极被污染 ④电弧过长 ⑤钨极直径过大	①对工件表面进行清理 ②适当增大坡口尺寸，使电极接近工件，降低电压 ③清除电极上的污染物 ④压低焊枪，缩短弧长 ⑤选择合适直径的钨极

续表

常见问题	可能的原因	解决措施
工件被钨污染	①对于非接触引弧式焊机,引弧时工件与电极发生接触 ②电极在焊接过程中熔化 ③电极在焊接过程中与熔池意外短路	①采用高频振荡器进行引弧,或在工件与电极之间加碳棒进行接触引弧 ②降低电流或增大电极尺寸 ③防止意外短路

2-64 钨极氩弧焊的常见焊接缺陷有哪些？如何防止？

钨极氩弧焊的常见焊接缺陷及防止措施见表2.21。

表2.21 钨极氩弧焊常见焊接缺陷及防止措施

焊接缺陷	可能的原因	防止措施
焊缝外形尺寸不均匀	①焊接参数选择不当 ②焊枪移动速度不均匀 ③送丝方法不当或不熟练	①选择正确焊接参数 ②焊枪移动速度要均匀 ③使用正确送丝方法
烧穿	①焊接电流过大 ②焊接速度太慢 ③送丝不及时 ④根部间隙太大	①降低焊接电流 ②适当提高焊接速度 ③正确地送丝 ④缩小根部间隙
未焊透	①焊接电流太小 ②焊接速度太快 ③根部间隙太小 ④坡口角度太小及钝边太大 ⑤电弧长度过大或未对准焊缝 ⑥焊前清理不干净	①适当增大焊接电流 ②适当降低焊接速度 ③增大根部间隙 ④增大坡口角度,减小钝边尺寸 ⑤缩短电弧长度,对准焊缝 ⑥焊前进行仔细清理
咬边	①焊接电流过大、速度过快,致使熔化金属冷却过快 ②焊枪角度不当 ③焊缝正面氩气流量太大 ④钨极磨的过尖 ⑤送丝速度过慢	①降低焊接电流、减小焊接速度 ②采用正确的焊枪角度 ③缩小焊缝正面氩气流量 ④适当增大钨极尖角 ⑤适当提高送丝速度
气孔	①气路中残存气体杂质(H_2、N_2、空气、水蒸气等) ②输气软管损坏或接头处连接不紧 ③母材的被连接部位有油污 ④风过大	①清除气路中残存的气体杂质 ②修复损坏的输气软管或拧紧接头 ③清理被连接部位的油污 ④采取挡风措施
裂纹	①焊件或焊丝中含S量过大,熔池凝固过程中产生热裂纹 ②焊件表面清理不干净 ③焊接参数选择不当,致使熔池深而窄,或使熔化金属冷却速度过大 ④焊件刚度过大	①选用含S量低的焊接材料 ②严格清理焊件表面 ③选择合理的焊接参数,使熔池形状尽量合理,熔池凝固速度不要太快 ④对结构刚度较大的焊件可更改结构或采取焊前预热、焊后去氢处理等方法

2.5 钨极氩弧焊的手工操作技术

2-65 手工钨极氩弧焊如何正确引弧？

必须根据具体情况采用正确的引弧方法。

① 对于接触引弧式钨极氩弧焊机，引弧时首先使钨极轻轻地接触工件，1~2s 后立即提起，电弧引燃。

② 对于一般的非接触引弧式钨极氩弧焊机，应使用高频振荡器或高压脉冲引弧。先在钨极与焊件之间保持一定间隙（3~5mm），然后接通引弧器，在高频高压或高压脉冲的作用下，使氩气电离引燃电弧。

最可靠的方法是倾斜焊枪，使喷嘴靠到工件表面上，按下启动开关后，以接触点为支点转动焊枪使钨极逐渐靠近工件，电弧引燃后将焊枪提起，恢复到正确的焊枪位置和弧长，如图 2.36 所示。

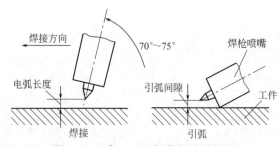

图 2.36 手工 TIG 焊常用引弧方法

③ 对于非接触引弧式钨极氩弧焊机，如果没有引弧器，可使用碳棒将钨极和工件短路，而且应在引弧板上引弧，当观察到电弧燃烧稳定、氩气保护效果正常以后，才可移向工件焊口处进行焊接。

2-66 手工钨极氩弧焊焊枪的握持方式有哪些？

最常用 TIG 焊枪握持方式有两种，见图 2.37。图 2.37(a) 示出的方式常用

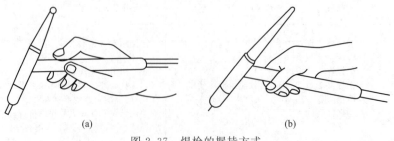

图 2.37 焊枪的握持方式

于平焊,右手食指和拇指夹住枪身前部,其余三指触及焊件,作为支点运弧,也可用其中两指或一指作支点。要稍加用力握住焊枪,这样能使电弧稳定。图 2.37(b)示出的方式主要用于立焊和仰焊。

2-67 手工钨极氩弧焊运枪方式有哪些?各有何特点?

手工钨极氩弧焊时,一般情况下,应握持焊枪做直线移动。直线移动有三种方式:直线匀速移动、直线断续移动和直线往复移动。

① 直线匀速移动 焊枪以恒定的速度沿焊缝轴线方向做直线移动。其特点是保护效果好、焊接过程稳定且焊缝在整个长度上容易保持均匀一致。这种方法适合不锈钢、耐热钢薄板的焊接。

② 直线断续移动 焊枪在焊接过程中的某些时刻需停留一定时间,以保证焊透,也就是说,沿焊缝的直线移动过程是一个断续前进的过程。这种方法主要用于中厚板的焊接。

③ 直线往复移动 焊枪沿焊缝做往复直线移动,其特点是易于控制热量,可防止烧穿,焊缝成形良好。主要用于焊接铝及其合金的薄板。

2-68 手工钨极氩弧焊焊枪的横向摆动方式有哪些?各有何特点?

在很多情况下,为了获得较宽的焊道或保证坡口两侧的良好熔合,需要对焊枪进行小幅的横向摆动。摆动频率和幅度以不破坏熔池的保护效果为原则。常用摆动形式有三种:r形摆动、圆弧之字形摆动及圆弧之字形侧移摆动。

① r形摆动 焊枪的横向摆动轨迹呈近似的r形,如图2.38(a)所示。这种方法主要用于不等厚板的对接接头。焊接时,焊枪在作r形运动的同时,使电弧稍偏向厚板,并使电弧在厚板一边移动速度慢一些或作适当的停留,以控制两边的熔化程度,防止薄板烧穿而厚板未焊透。

② 圆弧之字形摆动 顾名思义,焊枪运动轨迹呈近似的圆弧之字形,如图 2.38(b)所示。这种方法适用于大的T形接头、厚板的搭接接头以及中厚板开坡口的对接接头。焊接时,焊枪在焊缝两侧放慢速度或稍微停留一些时间,在通过焊缝中心时运动速度可适当加快,从而获得成形良好的焊缝。

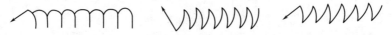

(a) r形摆动　　　　(b) 圆弧之字形摆动　　　(c) 圆弧之字形侧移摆动

图 2.38　焊枪横向摆动示意图

③ 圆弧之字形侧移摆动 焊枪的运动轨迹为圆弧形,而且呈斜的之字形往前移动,如图2.38(c)所示。这种方法主要用于不平齐的角接头。操作时使焊

枪偏向突出的部分，焊枪做圆弧之字形侧移运动，使电弧在突出部分停留时间增加，以熔化突出部分，不加或少加填充焊丝。

焊枪摆动时，送进的焊丝的也需要摆动，两者的摆动幅度应配合一致。

2-69 手工钨极氩弧焊的填丝方法有哪些？各有何特点？

常用的送丝方法有三种：手动法、指续法和紧贴送丝法。

(1) 手动法

焊丝的送进不是靠手指，而是靠手臂和手腕的运动。操作时，手指不动，通过手臂沿焊缝前后移动和手腕的上下反复运动将焊丝送入熔池中。而该方法又可细分为四种：压入法、续入法、点移法和点滴法。其中点移法和点滴法是目前应用最普遍的方法。

① 压入法　用手将焊丝轻轻地下压，使焊丝末端紧靠在熔池前沿，如图2.39(a)所示。这种方法的优点是操作简单；缺点是焊丝较长时，焊丝的末端易发生摆动，造成送丝不稳定，因此实际应用较少。

② 续入法　将焊丝末端伸入熔池中，通过手的前移使焊丝连续进入熔池中，如图2.39(b)所示。这种方法适用于细焊丝或间隙较大的接头，但由于不易得到良好的焊缝成形质量，因此很少采用。

③ 点移法　通过手腕上下反复动作和手的后移运动，使焊丝逐步进入熔池中，如图2.39(c)所示。该方法的优点是可充分地将保护熔池表面不被氧化膜破坏，有效地防止夹渣的产生。此外，由于焊丝填加在熔池的前部边缘，有利于减少气孔，因此应用比较广泛。

④ 点滴法　通过手臂和手腕的上下反复动作，将焊丝端部的熔滴滴入熔池中，如图2.39(d)所示。这种方法与点移法具有类似的优点，应用也比较广泛。

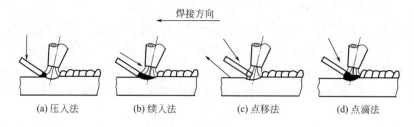

图 2.39　手动送丝法

(2) 指续法

大拇指、食指和中指相互配合进行送丝，并用无名指和小指控制方向，如图2.40所示。送丝时手臂动作不大。这种技术对保护气流层的干扰较小，适合于电流较大的情况。

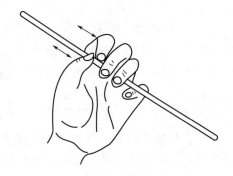

图 2.40 指续法示意图

（3）紧贴送丝法

将焊丝弯成弧形，送入后使之紧贴在坡口间隙处，电弧同时熔化坡口钝边和焊丝。采用这种方法时，要求坡口间隙小于焊丝直径。

2-70 手工钨极氩弧焊填丝时应注意什么？

应注意以下几点。

① 填充焊丝应沿电弧前边的熔池边缘送进，不得送入到熔池中心，不得抬起到电弧空间中，如图 2.41 所示。

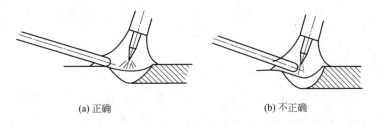

(a) 正确　　　　　　　　　(b) 不正确

图 2.41 焊丝的送进位置

② 电弧引燃后，不要急于送丝，要稍停留一定时间，使工件坡口两侧熔化后才开始填丝，防止造成熔合不良；熔池形成并稳定后，应立即填加焊丝，以保证熔敷金属和基体金属很好地熔合。

③ 送丝动作要轻，不得搅动氩气保护层，以防空气浸入。

④ 保持合适的送丝速度，动作要熟练。送丝速度要适当，若送丝过快，焊缝易堆高，氧化膜难以排除；若送丝过慢，焊缝易出现咬边或下凹。

⑤ 严防焊丝与钨极接触，焊丝端头也不得离开氩气保护区。如果不慎使钨极与焊丝相碰，发生短路瞬间可能会产生很大的飞溅和烟雾，而且可能会造成焊缝污染和夹钨。这种情况下，应立即停止焊接。用砂轮磨掉被污染处，重新磨尖

后再进行焊接。

⑥ 一般情况下，焊丝总是从焊缝正面送入熔池。而仰焊时，为了保持熔池，有时还采用反面填丝法，这种方法对坡口间隙、焊丝直径及操作技术均具有很高的操作要求。对于小口径管子的焊接，焊丝要通过紧贴坡口的方法送入。

2-71 用钨极氩弧焊焊接平焊位置的对接焊缝时如何操作？

对接接头平焊时，焊丝、焊枪与焊件之间保持如图 2.42 所示的角度。焊枪与焊件的夹角过小，会降低氩气的保护效果；夹角过大，操作及填加焊丝比较困难。根部间隙较大时，可适当减少焊枪与焊件之间的夹角，并加快焊接速度和送丝速度。

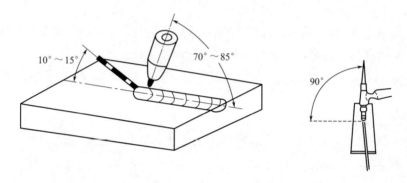

图 2.42 对接接头平焊时，焊丝、焊枪与焊件的角度

2-72 用钨极氩弧焊焊接平角焊缝时如何操作？

平角焊缝焊接时，焊丝、焊枪与焊件之间应保持图 2.43 所示的角度。

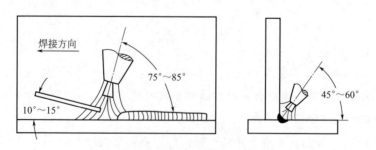

图 2.43 平角焊缝焊接时焊丝、焊枪与焊件的角度

2-73 用钨极氩弧焊焊接平焊位置的搭接接头时如何操作？

搭接接头平焊时，焊丝、焊枪与焊件之间应保持图 2.44 所示的角度。

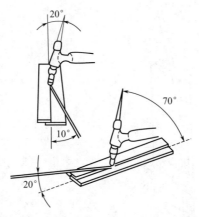

图 2.44 搭接接头平焊时焊丝、焊枪与焊件的角度

2-74 用钨极氩弧焊焊接平焊位置的角接接头时如何操作?

角接接头在平焊位置下焊接时,焊丝、焊枪与焊件之间保持图 2.45 所示的角度。

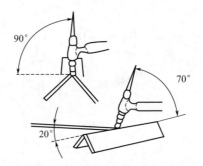

图 2.45 角接头平焊时焊丝、焊枪与焊件的角度

2-75 用钨极氩弧焊焊接立焊缝时如何操作?

立焊操作比平焊操作要困难一些,主要原因是喷嘴会影响视线,熔池金属容易下淌。因此,立焊时宜选用较小的焊接电流和较细的焊丝,以减小熔池尺寸及喷嘴直径。立焊操作技术的关键是电弧不要拉得太长,焊枪下倾角度不能太小,否则会引起各种焊接缺陷。一般采用由下向上方向施焊。焊枪做上凸的月牙形摆动,在坡口两侧稍作停留,保证两侧熔合良好。随时调整焊接速度,使熔池形状接近椭圆形。尽量利用已焊好的焊道托住熔池,不要使熔池金属高于已凝固的焊道。焊丝、焊枪和焊件的角度如图 2.46 所示。图 2.47 给出了焊丝的最佳填丝位置。

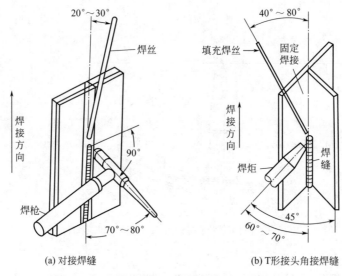

(a) 对接焊缝　　(b) T形接头角接焊缝

图 2.46　立焊时焊丝、焊枪与焊件之间的夹角

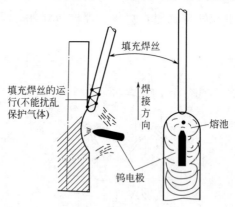

图 2.47　立焊时焊丝的最佳填丝位置

2-76　用钨极氩弧焊焊接横焊缝时如何操作？

横焊时的主要问题是焊道上侧易产生咬边缺陷，而下侧易产生下塌缺陷。因此，焊丝应从上面填加，且与工件表面之间的夹角要小，如图 2.48 所示。焊枪

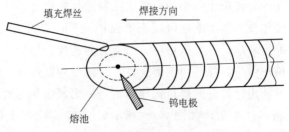

图 2.48　横焊时焊丝填加位置

通常做小幅度的锯齿形摆动。焊接过程中焊丝、焊枪和焊件的角度如图2.49所示。

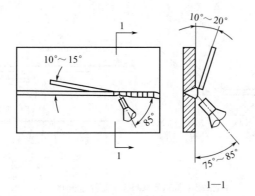

图2.49 横焊时焊丝、焊枪和焊件之间的夹角

对于厚板的多层焊，盖面焊通常需要焊两道，应先焊下面的焊道，焊接顺序如图2.50所示。焊枪角度如图2.51所示。焊接下面的焊道时，电弧以填充焊道的下沿为中心摆动，把熔池的上沿控制在填充焊道的1/2～2/3处，熔池的下沿在坡口下边缘之下0.5～1.5mm。焊上面的焊道时，电弧以填充焊道的上沿为中心摆动，把熔池的上沿控制在坡口上边缘之上0.5～1.5mm处，熔池的下沿与下面的盖面焊道均匀过渡。

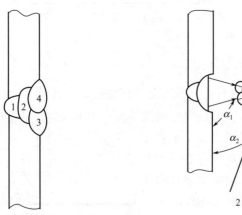

图2.50 横焊时的焊接顺序

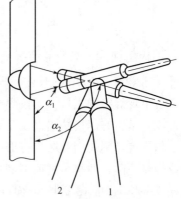

图2.51 横焊盖面焊时的焊枪角度
($\alpha_1=95°\sim105°$ $\alpha_2=70°\sim80°$)

2-77 用钨极氩弧焊焊接仰焊缝时如何操作？

仰焊难度较大，为了避免熔池金属和熔滴在重力作用下产生流淌，应采用较小的焊接电流，较快的焊接速度，并适当减小坡口和根部间隙尺寸，以尽量减小熔池体积。打底焊道时，焊枪做小幅度锯齿形摆动，在坡口两侧稍做停留。填充和盖面焊道的摆动幅度大一些，特别是盖面焊道。盖面焊道的熔池两侧应超过坡口边缘 0.5~1.5mm。焊枪与工件之间的角度见图 2.52。焊丝与工件之间的角度及填充位置见图 2.53。

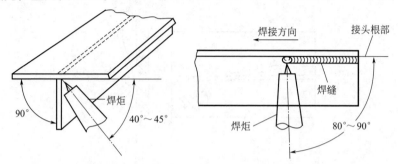

图 2.52 仰焊时焊枪与工件之间的角度

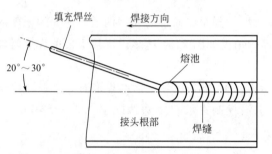

图 2.53 仰焊时焊丝与工件之间的夹角及填充位置

2-78 钨极氩弧焊时如何接头？

焊丝通常剪成 500mm 长，一根填充丝用完后，需要熄弧后再进行焊接，因此经常会出现焊缝的交接。两段焊缝交接的地方称为接头。进行接头前，首先应检查弧坑处是否有焊接缺陷以及是否被氧化。如果有，则先用角磨机打磨掉氧化皮或焊接缺陷，并将弧坑前端磨成斜面。接头时，通常在弧坑后面 10~30mm 的位置处引弧，停止送丝并以稍快的速度将电弧移至接头处。等原弧坑熔化并形成稳定的熔池后，再正常填丝焊接。接头方法如图 2.54 所示。

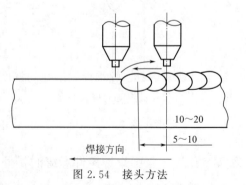

图 2.54 接头方法

2-79 钨极氩弧焊时如何熄弧？

熄弧是焊接结束时必须注意的重要环节，熄弧时要填满弧坑，焊枪应保持在熔池上方，直到停气为止。如果熄弧方法不正确，容易产生裂纹、气孔和焊穿等焊接缺陷。如果条件允许，应尽可能地在收弧板（或称引出板）上收弧，焊后将收弧板切除。如不能采用熄弧板，则应采用如下方法。

① 电流衰减熄弧法　如果焊机上有电流衰减装置，则采用该法。在熄弧时松开焊枪上的开关，使焊接电流逐渐衰减，焊丝继续熔化，使熔池得以填满。焊前需在焊机上调节好衰减电流值及衰减速度。

② 逐渐拉长电弧法　减小焊枪与焊件的夹角，使电弧对准焊丝，将热量主要集中在焊丝上，加大填丝量，同时慢慢拉长电弧，并继续送出保护气体10s左右。弧坑填满后熄弧。

③ 环焊缝熄弧法　环焊缝焊接到起焊部位并填满弧坑后，先稍稍拉长电弧并停止送丝或减少送丝，重熔已焊焊道20～40mm，然后熄弧，在焊道重叠部分不送丝或少送丝。

2-80　什么是左焊法和右焊法？各有何特点？

根据焊枪的移动方向及送丝位置，手工钨极氩弧焊可分为左焊法和右焊法两种，如图2.55所示。

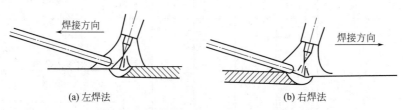

(a) 左焊法　　　　　　　　　　(b) 右焊法

图2.55　手工钨极氩弧焊左焊法和右焊法示意图

① 左焊法　焊枪从工件的右端向左端移动，电弧指向待焊部分的操作法称为左焊法。用左焊法焊接时，焊丝位于电弧前面，并且常以点移法和点滴法加入。该方法的优点是便于观察熔池、焊丝焊缝成形好、容易掌握，因此应用比较普遍。

② 右焊法　焊枪从工件的左端向右端移动，焊接电弧指向已焊部分的操作法称为右焊法。用右焊法进行焊接时，焊丝位于电弧后面。这种方法的缺点是操作时不易观察熔池、较难控制熔池的温度、技术较难掌握。优点是熔深比左焊法深，焊缝较宽，适用于厚板焊接。

2.6　管子及管板焊接技术

2-81　利用钨极氩弧焊进行管子对接时通常采用什么坡口形式？

管子对接时，坡口形式通常根据壁厚来选择，有Ⅰ形坡口、Y形坡口和U

形坡口等几种形式,表 2.22 给出了不同壁厚的管子对接坡口形式。

表 2.22 管子对接焊常用坡口形式

坡口形式	焊接方法	坡口尺寸				坡口图
		δ/mm	b/mm	α/(°)	p/mm	
I 形	加填充焊丝的 TIG 焊	≤1.5	≤1.0	—	—	
扩口 I 形	无填充焊丝的 TIG 焊	≤2	≤1.0	60±10	—	
Y 形	TIG 焊打底+MIG 或焊条电弧焊填充和盖面;或者 TIG 焊	2~10	≤1.0	80	0.1~1.0	
		≥2	<0.2	50	0.1~1.0	
U 形	TIG 焊打底+MIG 或焊条电弧焊填充和盖面;或者 TIG 焊	12	≤0.1	15	0.1~1.0	
		20	≤0.1	13	0.1~1.0	

2-82 利用钨极氩弧焊对管子进行打底焊时如何保护焊缝背部?

管子打底焊时,由于内部容易达到很高的温度,因此对于中合金钢、高合金钢、奥氏体不锈钢管,打底焊时需要在管子中充氩气,对焊缝背部进行保护;否则将产生强烈的氧化。采用的方法有以下几种。

① 采用两个气垫对称放置在焊口两侧,形成密封的气腔,如图 2.56 所示。

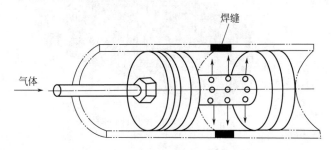

图 2.56 管子对接焊缝背面保护用气垫

② 焊接大直径管子时,也可利用纸板或可溶性纸来制作一个充气室,如图 2.57 所示。纸板或可溶性纸应安置在距坡口 200mm 以上的位置,以防止焊前预热或焊接过程中烧损。

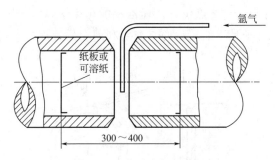

图 2.57 临时充氩气装置

③ 如果管子长度不大,可在管端加装密封盖,如图 2.58 所示。气室中充满气体后再进行焊接。

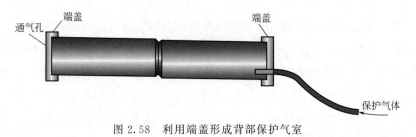

图 2.58 利用端盖形成背部保护气室

为了防止气体从坡口间隙中大量漏出,焊前应在间隙部位缠上胶带或嵌入一圈石棉绳,如图 2.59 所示。焊接过程中,不断把即将焊接部位的胶带或石棉绳扯去。打底焊道即将焊完时,迅速将输气管拔出。

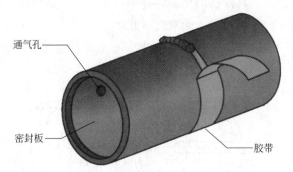

图 2.59 利用胶带密封坡口间隙

2-83 管子对接钨极氩弧焊有哪几种方式?

根据焊接过程中管子是否转动,管子对接有两种焊接方式:管子水平转动式焊接和管子固定式焊接(全位置焊)。在车间内焊接小直径管子时,通常采用管子水平转动方式进行焊接。这种方式焊接时,管子处于水平位置并以轴线为中心匀速转动,而焊枪固定于 12 点位置。焊枪及填充焊丝的角度如图 2.60 所示。在现场安装过程中,管子是不能转动的,需要利用全位置焊接方式进行焊接。

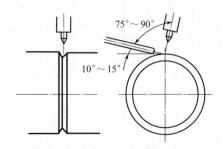

图 2.60 管子水平转动式 TIG 焊时焊枪及焊丝角度

2-84 管子全位置钨极氩弧焊的焊接顺序有哪几种?各有何特点?

管子全位置钨极氩弧焊的焊接顺序有三种,如图 2.61 所示。各种焊接顺序的优缺点见表 2.23。通常采用图 2.61(c)所示的左右两边分别焊接的方式进行焊接。在 6 点半附近位置引弧后,先逆时针方向焊接到 11 点半附近位置。然后再沿着顺时针方向焊接另一侧。焊接过程中要注意随着调节焊枪角度、焊接电流,还要根据坡口和间隙大小选择填丝和运弧方式。

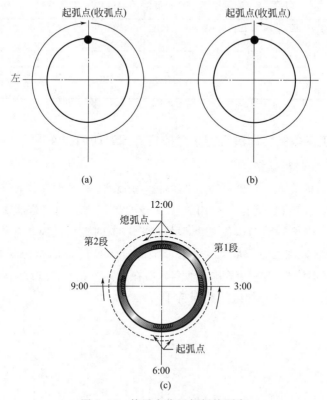

图 2.61 管子全位置焊焊接顺序

表 2.23 管子全位置焊不同焊接顺序的优缺点

焊接顺序	图 2.61(a)	图 2.61(b)	图 2.61(c)
优点	焊缝只有一个接头点	焊缝只有一个接头点	焊缝有两个接头点
缺点	左侧和上侧焊缝易出现熔合不良、烧穿、气孔等缺陷	右侧和上侧焊缝易出现熔合不良、烧穿、气孔等缺陷	焊缝成形美观,不易出现缺陷

2-85 用手工钨极氩弧焊进行管子对接打底焊时如何选择焊接工艺参数?

管子打底焊通常采用直径为 2.5mm 的铈钨极、直径为 2.5mm 的填充焊丝进行焊接。对于壁厚和直径均很小的管子,应采用细一些的焊丝(直径为 2.0mm 或 1.6mm)。如果环境温度较低,焊前应进行适当预热,常用的预热温度为 50~100℃。

打底焊缝应具有一定的厚度。壁厚小于 10mm 的管子,打底焊缝厚度应为 2~3mm;壁厚大于 10mm 的管子,打底焊缝厚度应为 4~5mm。与填充焊和盖面焊相比,打底焊时应采用稍小一点的焊接电流,稍大一点的保护气流量。表 2.24 给出了钢管手工 TIG 打底焊的典型焊接工艺参数。

表 2.24 钢管手工 TIG 打底焊的典型焊接工艺参数

管子直径 /mm	钨极直径 /mm	喷嘴孔径 /mm	钨极伸出长度 /mm	氩气流量 /L·min^{-1}	焊接电流 /A	焊接速度 /cm·min^{-1}
<76	2.5	8~10	6~8	8~10	80~100	5~6
76~159	2.5	8~10	6~8	8~10	90~110	5~6
>159	2.5	8~10	6~8	8~10	110~130	5~6

2-86 用手工钨极氩弧焊进行管子对接打底焊时如何操作？

按如下方式进行操作。

① 焊枪握持及运枪方法 右手握焊枪，用食指和拇指夹住枪体，其余三指触及管壁作为支点进行运枪。采用管子旋转的焊接方式时，焊枪始终位于大约 12 点的位置。焊枪轴线与焊缝切线保持 70°~85°的夹角，焊丝与焊缝切线保持 15°~20°夹角，如图 2.62 所示。采用管子固定焊枪转动的全位置焊接方式时，在仰焊位置，焊枪与焊缝切线方向垂直，而在其他位置，枪轴线与焊缝切线保持 70°~85°的夹角，焊丝与焊缝切线保持 15°~20°夹角。

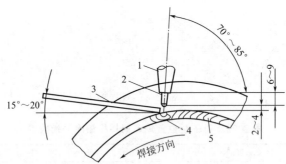

图 2.62 管道 TIG 焊时焊枪及焊丝的位置
1—喷嘴；2—钨极；3—焊丝；4—熔池；5—焊缝

② 起弧 对于全位置焊，通常在 6 点半位置附近的定位焊焊缝上引弧。一般用高频振荡引弧器引弧，形成稳定的熔池后再填丝焊接。刚开始时，焊接速度应稍慢一点，使焊缝厚度比正常厚度稍厚一些。

③ 焊接 TIG 打底焊有填充焊丝法和不填焊丝法两种方法。不填焊丝时，管子要对口精确，根部间隙严格控制为零，留 1.5~2mm 的钝边。焊接过程中要保证钝边完全熔透。这种方法焊接的焊道质量难以控制，因此，TIG 打底焊一般利用填充焊丝法进行。

2-87 用手工钨极氩弧焊进行管子对接打底焊时如何填丝？

这种情况下，焊丝的填充方法有内填法和外填法两种。

① 外填法 焊丝从管子外侧填充，见图 2.63。对于小直径薄壁管子，根部

间隙尺寸通常小于焊丝直径，焊丝沿着间隙的中心线以往复运动方式断续送入熔池前壁，一般不做横向摆动；而电弧可进行轻微的横向摆动，也可不摆动。对于大直径厚壁管子，根部间隙应大于焊丝直径，焊丝连续送入熔池的前壁，并稍作横向摆动；同时，电弧以坡口间隙中心线为中心做横向锯齿形摆动，并在坡口两侧稍加停留，保证坡口两侧良好的熔合。

② 内填法　焊丝从熔池对面的间隙中伸入管内，从管子内部将焊丝填充到熔池中。焊丝的填充角度如图2.64所示。显然，这种方法要求根部间隙大于焊丝直径，一般比焊丝直径大1～1.5mm。这种方法易于保证焊缝质量，适合于仰焊位置的焊接。对于大直径管子，一般在仰焊位置用内填法，在其他位置用外填法。

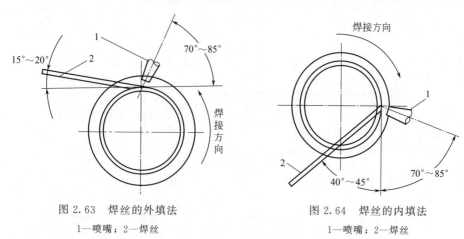

图2.63　焊丝的外填法
1—喷嘴；2—焊丝

图2.64　焊丝的内填法
1—喷嘴；2—焊丝

2-88　用钨极氩弧焊进行管板焊接时常用什么接头及坡口形式？

管板焊接有插入式和骑坐式两种接头形式，如图2.65所示。骑坐式管板焊接时管子不插入板孔中，这种接头通常需要在管端开单边V形和J形坡口，如图2.66所示。无论哪个焊接位置，焊缝均为角焊缝。插入式管板焊有两种形式：一种是端面焊接，如图2.67和图2.68所示；另一种是背面焊，这种形式类似于骑坐式，尽管管子插入到管孔中，但焊缝仍为角焊缝，如图2.69所示。

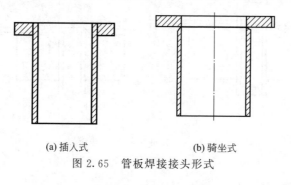

(a) 插入式　　　　(b) 骑坐式
图2.65　管板焊接接头形式

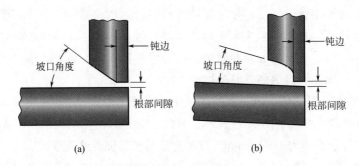

图 2.66 骑坐式管板焊接接头的坡口形式

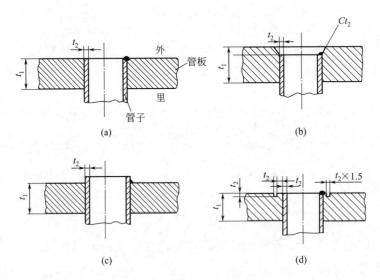

图 2.67 不开坡口的插入式管板端面焊

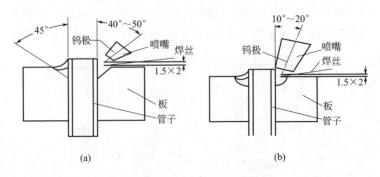

图 2.68 开坡口的管板端面焊

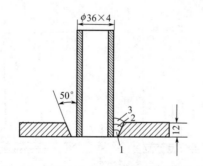

图 2.69 插入式管板背面焊的坡口形式

2-89 骑坐式管板焊接有几种焊接方式?

骑坐式管板焊接要求根部焊透,并要求有良好的背面成形,因此操作难度较大。根据空间位置不同,骑坐式管板焊又可以分为垂直固定平角焊、垂直固定仰角焊和水平固定焊三种。

2-90 骑坐式管板的垂直固定平角焊时如何操作?

焊枪、焊丝与工件之间的夹角见图 2.70。定位焊通常采用断续填丝法进行焊接。定位焊缝的长度及数量根据管子的直径确定,一般为 2~4 段,每段长 10~20mm。打底焊接时,首先在定位焊缝上引弧,原位摆动电弧,等定位焊缝熔化形成稳定的熔池后,再填丝向左焊接,以保证背面成形良好。焊接过程中要随时观察熔池,通过适当调整焊枪与底板之间的夹角来保证熔孔大小一致,防止发生烧穿。焊到其他定位焊缝时,应停止送丝或减少送丝,将定位焊缝熔化并与前面的打底焊缝平滑过渡。熄弧时,按下开关,电流开始衰减,填满弧坑后停止送丝,电弧熄灭后熔池凝固,此时焊枪和焊丝应继续保持在原位,等停止送气后再移走焊枪。接头时,在弧坑后面 10~15mm 的位置处引弧,以稍快的速度将电弧移至接头处;原弧坑熔化形成熔池后,再正常填丝焊接。如果打底焊道上有局部凸起,利用角磨机磨平后再进行盖面焊。填充焊或盖面焊时,焊枪摆动幅度稍大一些,使管子和平板的坡口边缘充分熔化,填充焊缝不能太宽,也不能太高,而且表面要平整。盖面焊有时需要焊两道,应先焊下面一道,后焊上面一道。焊下面的焊道时,电弧以打底焊道的下沿为中心摆动,将熔池上沿控制在打底焊缝的 1/2~2/3 处,而将熔池的下沿控制在坡口下沿以下 0.5~1.5mm 的位置。焊上面的焊道时应使电弧以打底焊道的上沿为中心摆动,使熔池上沿超过坡口上沿 0.5~1.5mm,而熔池下沿与下面的焊道圆滑过渡,以保证焊缝表面平滑均匀。

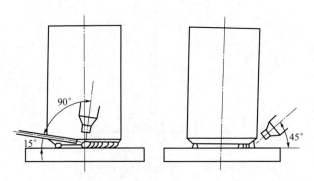

图 2.70 垂直固定平角焊时焊枪、焊丝与工件之间的夹角

2-91 骑坐式管板垂直固定仰角焊时如何操作?

垂直固定仰角焊较难操作,类似于平板对接的横焊。焊枪、焊丝与工件之间的夹角见图 2.71。采用左焊法进行焊接。打底焊时,在定位焊缝上引弧,引弧后电弧原位摆动,等定位焊缝熔化并形成稳定的熔池后,再填丝向左焊接。由于熔池金属极易流失,因此尽量采用较小焊接电流,并适当提高焊接速度。采用尽量短的弧长、稍快的送丝频率、稍小的熔滴填入量,以控制熔池的体积。同时还要保证底板及管子的坡口侧壁要有足够的熔化量,管子坡口根部的熔孔要超过原棱边 0.5~1.5mm。盖面焊有时需要焊两道,应先焊下面一道,后焊上面一道。焊下面的焊道时,以打底焊道的下沿为中心使电弧做锯齿形摆动,将熔池上沿控制在打底焊缝的 1/2~2/3 处,而将熔池的下沿控制在坡口下沿以下 0.5~1.5mm 的位置。焊上面的焊道时,电弧以打底焊道的上沿为中心做小幅度摆动,使熔池上沿超过坡口上沿 0.5~1.5mm,而熔池下沿与下面的焊道圆滑过渡,以保证焊缝表面平滑均匀。盖面焊时焊枪角度如图 2.72 所示。

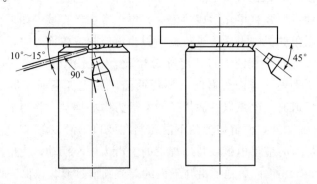

图 2.71 垂直固定仰角焊打底焊时焊枪、焊丝与工件之间的夹角

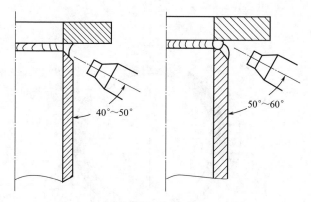

图 2.72　垂直固定仰角焊盖面焊时焊枪、
焊丝与工件之间的夹角

2-92　骑坐式管板水平固定全位置焊时如何操作？

焊枪及焊丝角度如图 2.73 所示。这种位置的焊接操作类似于管子对接全位置焊,每道焊缝均采用两段法来焊接。先在 6 点半位置处引弧,引弧后电弧原位小幅度摆动,等顶角处熔化并形成稳定的熔池后,再填丝并沿逆时针方向焊接,焊接到 11 点半附近位置熄弧,如图 2.74 所示。6 点半到 5 点半位置之间的焊缝厚度以及 12 点半到 11 点半位置之间的焊缝厚度要稍微小一点。然后从 5 点半附近位置引弧,按顺时针方向焊接,焊接到第一道焊缝左端时,停止送丝,等焊缝熔化后填加少量焊丝,但注意不要使焊缝重合部位明显高于不重合的部位,焊接到 12 点半位置熄弧。焊填充焊缝和盖面焊缝时,焊接方法基本相同,但焊枪摆动幅度要加大,保证焊脚尺寸符合要求。

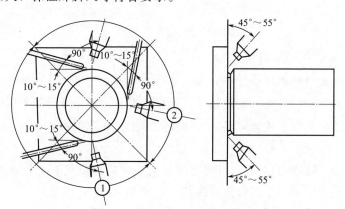

图 2.73　管板全位置焊接时焊枪及焊丝角度

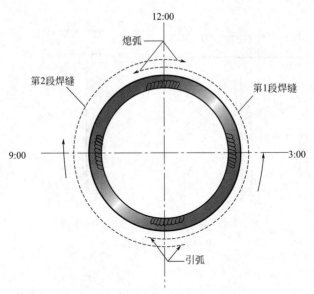

图 2.74 管板全位置焊接的焊接顺序

2-93 插入式管板焊接时如何操作？

插入式管板焊接只要求根部焊透，焊脚对称。只要求表面成形良好，而对背面成形没有严格要求，因此操作难度较小。

① 插入式管板端面焊　端面焊接通常不需要开坡口，如图 2.67 所示；也可在板上开单边 V 形或 J 形坡口，如图 2.68 所示。

采用手工 TIG 焊时，焊枪及焊丝角度见图 2.68。其焊接技术类似于平板对接。

② 插入式管板背面焊　插入式管板背面焊的焊接操作技术与骑坐式管板焊基本相同。

2-94 管子全位置自动焊机由哪几部分组成？有何特点？

管子全位置自动焊机由管子对接机头、控制柜或控制盒、弧焊电源等组成，控制柜内装有基于微处理器的控制器、计算机键盘、显示屏。用于对处于固定状态的、任意长度的管子进行对接。可焊接的管子直径范围为 3~150mm。具有如下特点。

① 机头安装到管子上后，启动电源，机头中的焊枪绕管子轴线自动旋转一周，在计算机程序控制下进行分段焊接，如图 2.75 所示。

② 自动管子全位置自动焊机的核心是基于微处理器的控制器。微处理器控制所有的操作功能。而控制器的核心是复杂的软件，这种软件通常具有友好的用

③ 不用直接输入焊接参数,而是输入管子直径、壁厚、接头类型及管材成分,软件根据这些参数自动调用程序中的焊接专家参数。图2.76给出了典型的管子全位置自动焊程序。

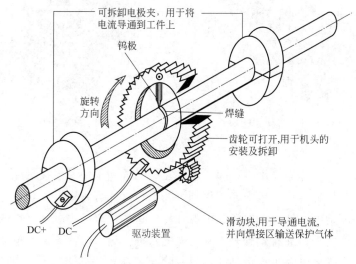

图2.75 焊接过程中机头内部焊枪的运动过程

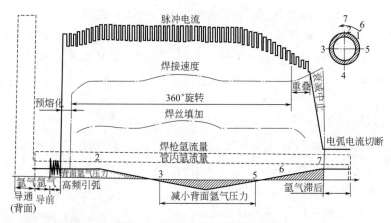

图2.76 管子全位置自动焊程序

④ 焊接专家参数还可修改、存储和拷贝。

2-95 管子全位置自动焊机机头结构有哪几种?各有何特点?

该焊机机头有敞开式及封闭式两种,如图2.77所示。利用敞开式机头焊接时,电弧是明弧;利用封闭式机头焊接时,电弧被机头遮蔽住。机头的安装和拆下均从管子侧面进行,因此要求管子离开墙面等障碍物一定距离,而且要求焊口两侧的管子平直部分具有一定长度。

(a) 封闭式管管对接机头　　　(b) 敞开式管管对接机头

图 2.77　管管对接机头

封闭式机头通常需要水冷，焊头安装在蛤壳式盒子中。焊接电缆、控制信号电缆和保护气体软管均采用滑环连接到焊头上，这样可防止电缆和水管缠绕在管子上。焊炬驱动电机、摆动电机、电弧和冷丝送丝机全部内置到焊钳的盒子中。

焊接时，将焊钳夹持到管子上并与接缝对准。根部焊道不需要电弧摆动，而后续焊道通常需要电弧进行摆动。通过程序可准确地设定各个焊层的摆动幅度。各个焊层的摆动幅度逐渐增大。摆动行程的每个端点处的停留时间、每个焊层的摆动速度也可通过编程来设定，而脉冲电流可与摆动实现同步。当第一个焊道完成时，程序控制器自动切换到第二焊道，无须停止焊接过程。而焊头每旋转 10°就切换一次焊接参数。从根部焊道到最后一个焊道，焊接过程不发生任何中断，保证了 100% 的负载持续率。最后一道焊道完成后，控制器关断机器的电源。

2-96　管板自动 TIG 焊机机头由哪几部分组成？有何特点？

管板自动 TIG 焊机机头又叫管板焊钳，如图 2.78 所示。它由电机驱动装置、转动执行机构、定位装置、气体保护系统等几部分组成，通常采用紧凑型结构，焊接时焊钳上的钨极氩弧焊焊枪沿管板之间的环缝旋转。焊钳上有一个芯轴，焊接时将该芯轴插入到被焊的管子中，对焊枪进行定位。焊枪绕管子轴线旋转 360°后，在焊缝首尾交汇处再进行一定量搭接。焊钳上采用滑环结构，防止水管和电缆缠结。

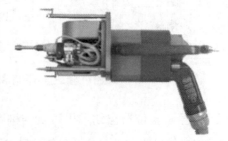

图 2.78　典型的自动管板焊钳

配上适当的附件后，这种焊钳也可用于对孔的内表面进行焊接。还可用于更换热交换器上损坏了的管子。

2.7 高效钨极氩弧焊工艺

2-97 什么是热丝钨极氩弧焊?

利用一专用热丝电源对填充焊丝进行加热的钨极氩弧焊称为热丝钨极氩弧焊。热丝TIG焊的原理如图2.79所示。热丝电源一般为低压交流电源(焊接电源为直流电源时)或脉冲电源(焊接电源为脉冲电源时,两者相位差一般为180°),以防止磁偏吹。伸出导电嘴之外的那段焊丝载有电流,该电流对焊丝进行有效预热,使得焊丝在进入熔池前就达到接近熔点的温度,因此,熔敷速度显著提高。另外,由于焊丝温度高,熔化焊丝所需的电弧熔显著降低,用于熔化工件的电弧热增加,因此,熔深能力和焊接速度也显著提高。

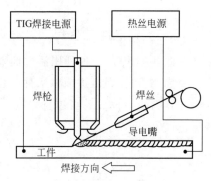

图 2.79 热丝 TIG 焊的原理图

2-98 热丝钨极氩弧焊有何工艺特点?

与传统 TIG 焊相比,热丝 TIG 焊具有如下优点:

① 熔敷速度大 在相同电流条件下,熔敷速度最多可提高60%,如图2.80所示;

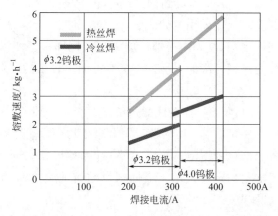

图 2.80 热丝 TIG 焊和冷丝 TIG 焊的熔敷速度比较

② 焊接速度大 在相同电流条件下,焊接速度最多可提高100%以上;
③ 熔敷金属的稀释率低 最多可降低60%。

2-99 热丝 TIG 焊适用于哪些应用场合的焊接？

热丝 TIG 焊可用于碳钢、合金钢、不锈钢、镍基合金和钛合金等材料的焊接，特别适合不锈钢等材料的坡口焊接和窄间隙焊接以及不锈钢及钨铬钴合金系表面堆焊。

2-100 什么是活性 TIG 焊，它有何工艺特点？

活性 TIG 焊是一种利用活性剂来增大焊接熔深、提高焊接速度的 TIG 焊方法，简称 A-TIG 焊。焊前将活性剂涂覆的焊道上，待活性剂中的溶剂（通常为丙酮或异丙醇）挥发后再进行焊接，如图 2.81 所示。活性 TIG 焊具有如下工艺特点。

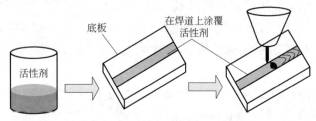

图 2.81 活性 TIG 焊焊接过程示意图

① 熔透能力提高　传统 TIG 焊能够一次焊透 3mm 厚的不锈钢，而 A-TIG 焊则能够一次焊透 12mm 厚的不锈钢。因此，A-TIG 焊可缩短焊接时间或者减少焊道数量，使得焊接效率大幅提高，如图 2.82 所示。

② 焊缝更优质　A-TIG 焊得到的焊缝，其正反面熔化宽度比例更趋合理，焊缝在板厚方向的宽度变化较小，如图 2.83 所示。

③ 焊接变形小　A-TIG 焊由于熔深能力大，同样板厚所需热输入及层道数均减少，因此焊接变形显著降低，另外，板厚方向上较小的熔宽变化也降低了角变形。

④ 可消除因微量元素差异而造成的焊缝熔深差异　常规 TIG 焊焊接不锈钢时，如果母材中 O、S 等微量表面活性元素含量不均匀，表面张力梯度发生方向逆转，致使焊道各个部位的熔池对流将不一致，如图 2.84 所示；这会导致焊缝长度方向上熔深不均匀的现象。由于活性剂可向熔池中过渡 O 元素，因此，活性 TIG 焊可避免这种现象。

⑤ 可以改善焊缝的组织和性能　例如 Ti 合金表面清理不当、保护效果不好或者潮湿气候下的焊接时，常规 TIG 焊缝中容易出现气孔，而采取活性化焊接后，不会出现气孔。这是由于活性剂中的氟化物分解出氟，而氟和氢结合成不溶解于熔池的氟化氢。

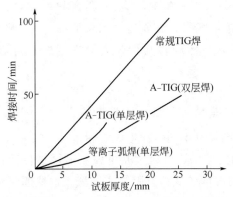

图 2.82　活性 TIG 焊和常规 TIG 焊、等离子弧焊焊接 1m 长度焊缝所需时间比较

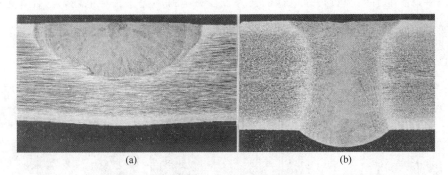

图 2.83　6mm 后 316 不锈钢常规 TIG 焊（a）和 A-TIG 焊焊缝比较（b）

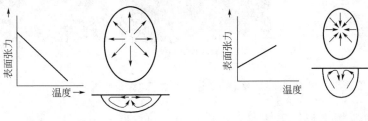

(a) O 元素含量低的部位,表面张力对温度的梯度为负值,熔池为发散流,焊缝宽而浅

(b) O 元素含量高的部位,表面张力对温度的梯度为正值,熔池为发散流,焊缝深而窄

图 2.84　微量元素差异造成的焊缝熔深差异

2-101　活性剂的成分是什么？

活性剂的成分主要为氧化物和卤化物等。不同母材所用活性剂的成分也不同，不锈钢的活性剂主要是金属和非金属氧化物，如 SiO_2、TiO_2、Fe_2O_3 和 Cr_2O_3；钛合金的活性剂主要是卤化物，如 CaF_2、NaF、$CaCl_2$ 和 AlF_3；而碳锰钢的活性剂则是氧化物和氟化物的混合物，大致为 SiO_2（57.3%）、NaF

（6.4%）、TiO_2（13.6%）、Ti 粉（13.6%）、Cr_2O_3（9.1%）。

活性剂的供货状态有粉末、糊状等。如果是粉末状，则应首先用丙酮和异丙醇溶剂将粉末调成糊状，然后将其均匀地涂在焊缝上。溶剂晾干后方可进行焊接。

2-102 活性剂是如何提高 TIG 焊熔深能力的？

不同成分的活性剂具有不同熔深增大机理。

① 卤化物活性剂的熔深增大机理是电弧收缩 这种活性剂在电弧高温下分解出 F 或 Cl 原子。在温度较低的电弧周边区域，这些原子捕捉该电子形成负离子，如图 2.85 所示。负离子虽然带的电量和电子相同，但因为它的质量比电子大得多，不能有效担负传递电荷的任务，使得电弧周边失去导电性，这样，电弧有效断面面积减小，导致电场强度 E 增大，电弧电流密度和能量密度增大，从而使熔深增大。

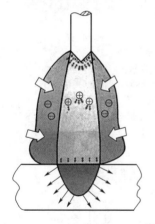
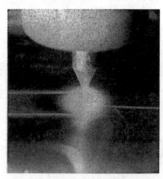

(a) 传统TIG焊电弧　　(b) A-TIG焊电弧

图 2.85　氟化物活性剂作用下电弧的收缩

② 非金属硫化物的熔深增大机理是阳极斑点收缩 使用这类活性剂时，覆盖在熔池表面上的活性剂难以发生分解，阻碍了熔池表面产生金属蒸气，而阳极斑点总是产生在有金属蒸气的部位，这样阳极斑点的面积减小，即电弧在熔池表面的导电通道紧缩，使得了熔池内部电磁收缩力产生较大的向下的轴向推力，驱动熔池表面中心部位的高温液态金属流动到熔池底部，增大熔深，如图 2.86 所示。

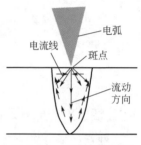

图 2.86　阳极斑点收缩导致的熔深增大

③ 金属氧化物活性剂的熔深增大机理为表面张力梯度的方向变化 这类活性剂在电弧高温下发生分解，生产表面活性元素 O。表

面活性元素 O 使得熔池金属的表面张力梯度从负的温度系数转变为正的温度系数，熔池由发散流［见图 2.84（a）］变为汇聚流［见图 2.84（b）］。使电极正下方温度较高的液态金属直接流动到熔池底部，增加深度上的熔化效果，从而使焊接熔深增大。

2-103 活性 TIG 焊为什么不适合铝合金的焊接？

因为活性剂的成分主要为氧化物和卤化物等，如果焊接铝、镁等活泼金属，则熔池中会大量生成氧化铝或氧化镁，恶化焊缝成形，甚至无法获得正常的焊缝成形。

2-104 什么是 TOP-TIG 焊？有何工艺特点？

TOP-TIG 焊是通过集成在喷嘴侧壁上的送丝嘴进行送丝的一种 TIG 焊方法，如图 2.87 所示。焊丝从喷嘴的侧壁送入电弧，穿过电弧后进入熔池。焊丝与钨极轴线之间的夹角保持在 20°左右，控制钨极端部锥角角度，使焊丝平行于相邻的钨极锥面。焊丝通过送丝嘴时被高温喷嘴预热，进入电弧中温度最高的区域（钨极端部附近）后进一步被加热，因此其可用的送丝速度和焊接速度可显著提高。

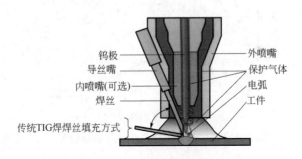

图 2.87 TOP-TIG 焊原理示意图

2-105 TOP-TIG 焊熔滴过渡有哪些？主要影响因素是什么？

TOP-TIG 焊熔滴过渡方式主要有滴状过渡、接触滴状过渡和连续接触过渡三种，如图 2.88 所示。主要影响因素是送丝速度，弧长、焊接电流和送丝方向对熔滴过渡方式也有一定影响。送丝速度较低时，熔滴过渡为滴状过渡；随着送丝速度的提高，滴状过渡频率增大；当送丝速度提高到一定程度时，自由滴状过渡转变为接触滴状过渡，继续增大送丝速度到一定程度，接触滴状过渡转变为连续接触过渡，图 2.89 给出了焊接电流、送丝方位及送丝速度对熔滴过渡方式的影响。

(a) 滴状过渡(焊接电流180A、送丝速度0.3m/min、焊接速度0.5m/min)

(b) 接触滴状过渡(焊接电流180A、送丝速度1.3m/min、焊接速度0.5m/min)

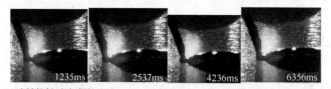

(c) 连续接触过渡(焊接电流150A、送丝速度1.7m/min、焊接速度0.5m/min)

图 2.88 钨极前方送丝时 TOP-TIG 焊的熔滴过渡

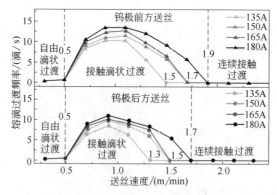

图 2.89 焊接电流、送丝方位及送丝速度对熔滴过渡方式的影响

2-106 TOP-TIG 焊有何工艺特点？

TOP-TIG 焊时焊丝轴线靠近电弧轴线，而且焊丝被喷嘴和电弧弧柱加热，这使得 TOP-TIG 焊具有如下工艺特点。

① 送丝方位对焊缝形状尺寸几乎无影响　因此这种方法特别适合于机器人焊接，如图 2.90 所示。

② 焊接速度快　焊接 3mm 厚以下的板材时，TOP-TIG 的焊接速度等于甚至优于 MIG 焊。

③ 电弧热效率系数提高　焊丝通过温度高的喷嘴和钨极下面的弧柱时，被喷嘴和弧柱加热，利用了普通 TIG 焊不能利用的热量，因此电弧热效率系数提高，如图 2.91 所示。

图 2.90　送丝方位对焊缝成形的影响

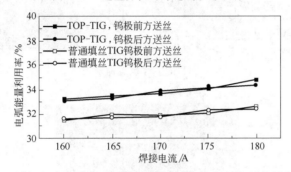

图 2.91　不同电流下 TOP-TIG 焊与普通填丝 TIG 焊的电弧能量利用率比较

2-107　什么是 K-TIG 焊？

K-TIG 焊（匙孔 TIG 焊）是一种采用 6mm 以上的强制冷却钨极、300A 以上焊接电流的钨极氩弧焊。这种方法采用强制冷却焊枪（如图 2.92 所示），钨极端部导电区域被限制在半径为 1 mm 左右的斑点上，加之所用的焊接电流很大，因此，焊接电流密度、电磁收缩力和等离子流力显著增大，电弧挺直度提高，工件熔透后在电弧正下方的熔池部位产生一个贯穿工件厚度的小孔，如图 2.93 所示。匙孔稳定存在的条件为金属蒸气的蒸发反力、电弧压力、熔池金属表面张力等三力平衡。匙孔的形状主要受焊接电流、焊接材料的密度、表面张力、热导率等参数的影响，理想的匙孔形状如图 2.94 所示。

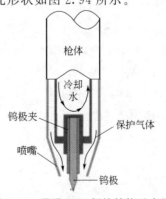

图 2.92　匙孔 TIG 焊枪结构示意图

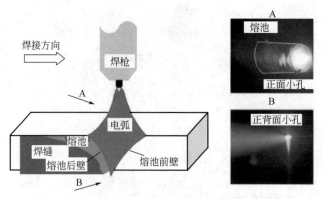

图 2.93 K-TIG 焊原理示意图

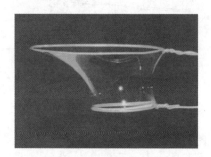

图 2.94 理想的匙孔形状

2-108 匙孔 TIG 焊有何工艺特点?

匙孔 TIG 焊具有如下优点。

① 熔深能力大 常规速度下（$0.2\sim0.3\mathrm{m\cdot min^{-1}}$），不开坡口、不填焊丝时一次可焊透 12mm 厚不锈钢或钛合金。

② 焊接速度快 焊接 3mm 厚不锈钢时，焊接速度可达 $1\mathrm{m\cdot min^{-1}}$。

③ 焊缝成形好、焊接变形小。

④ 电弧热效率系数高，能量利用率高 由于电流大，钨极的热发射能力强，其导电机理接近于理想的热发射型阴极，阴极压降极低，钨极上消耗的电弧热量很小，因此电弧热效率系数提高。

匙孔 TIG 焊的缺点是只能焊接不锈钢、钛合金、锆合金等热导率较低的金属，对于铝合金、铜合金等热导率较高的金属，匙孔根部宽度较大，熔池稳定性很低，难以获得良好的成形。

2-109 什么是双钨极氩弧焊的工艺原理?

双钨极氩弧焊（TETW 焊）是利用安装同一把焊枪中的两根相互绝缘的钨

极与工件之间产生的电弧进行焊接的一种钨极氩弧焊，如图2.95所示。两根钨极各自连接独立的电源，电流可以单独控制，钨极可沿着焊接方向并列布置，也可前后纵列布置。钨极的间距和电流大小对电弧形态、电弧静特性和电弧压力分布具有显著影响。

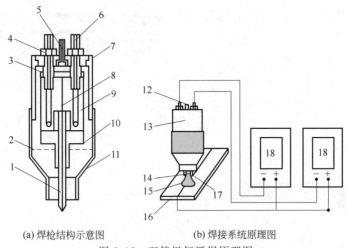

(a) 焊枪结构示意图　　(b) 焊接系统原理图

图2.95　双钨极氩弧焊原理图

1,14,17—钨极；2—铜丝网；3—散气片；4—锁紧螺母；5,12—进气口；6—导电极；7,13—焊枪本体；8—绝缘层；9—导电体；10—钨极夹；11—喷嘴；15—耦合电弧；16—焊件；18—电源

2-110　双钨极氩弧焊有何特点？

双钨极氩弧焊具有如下优点。

① 熔敷速度高　双钨极氩弧焊既可填充一根焊丝，也可同时填充两根焊丝。填充一根焊丝时，熔敷速度比普通冷丝TIG焊提高20%。填充两根热丝时，双钨极氩弧焊的熔敷速度可达到普通冷丝TIG焊的3~5倍。

② 适用于坡口焊缝焊接　由于采用了两根钨极，焊接电流可显著提高，在某些场合下可替代埋弧焊进行厚板焊接，而且所需的坡口尺寸小，比如X形坡口仅需40°左右，比埋弧焊坡口横截面积减小了15%，从而减少了所需的熔敷金属量。

③ 通过控制电流波形和摆动可适合于厚板的平焊、立焊和横焊等焊接位置。

④ 焊接过程稳定、焊缝表面成形好　双钨极氩弧焊钨极不熔化，电弧中没有熔滴的影响，因此电弧和焊接过程稳定性好，焊缝表面成形良好，不用背面清根及焊后打磨等工序。

⑤ 由于电弧压力低，两根钨极纵列布置的双钨极氩弧焊适合于薄板的高速焊接。

双钨极氩弧焊主要用于在某些不能使用埋弧焊的场合下对不锈钢、耐热钢、含镍钢厚板的坡口焊缝焊接。例如大型的9% Ni钢液化天然气储罐的焊接需要进行非平焊位置的焊接，无法使用埋弧焊，利用热丝双钨极氩弧焊具有很大的优势。

第3章 等离子弧焊

3.1 等离子弧焊的特点及应用

3-1 什么是等离子体？什么是焊接等离子弧？

常见的物质状态有固、液、气三种。温度逐渐升高时，物质会从固体变为液态再变为气体，而气体温度再进一步升高到一定程度后会发生电离，原子电离为等量的正离子和电子，这种物质状态称为等离子态，是物质的第四种状态。高度电离了的气体被称为等离子体。

自由电弧的电离度很低，最大只有 0.12%，不能称为等离子体。钨极氩弧通过一定方式压缩后其温度显著提高，全部或大部分中性原子发生电离，电弧气氛主要是由等量的正离子和负离子组成，这种被压缩的钨极氩弧被称为等离子弧。

3-2 等离子弧是依靠什么压缩作用形成的？

等离子弧的压缩是依靠水冷铜喷嘴的拘束作用实现的，如图 3.1 所示。钨极内缩到喷嘴内部，喷嘴中通以等离子气，电弧通过直径很小的喷嘴压缩孔道时受到以下三种压缩作用。

① 机械压缩　水冷铜喷嘴孔径限制了弧柱截面积的自由扩大，对电弧起着机械拘束作用，这种作用称为机械压缩。

② 热压缩　喷嘴中的冷却水使喷嘴内壁附近形成一层冷气膜，进一步减小了弧柱的有效导电断面积；另外，水冷通过冷气膜对电弧进行冷却，也会使电弧收缩。这两种作用称为热压缩。

③ 电磁压缩　由于以上两种压缩效应使得电弧电流密度增大，电弧电流自

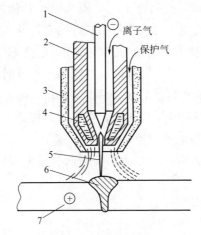

图 3.1　等离子弧的形成

1—钨极；2—压缩喷嘴；3—保护气喷嘴；4—冷却水；
5—等离子弧；6—熔池；7—工件

身磁场产生的电磁收缩力增大，使电弧又受到进一步的压缩。电磁收缩力引起的压缩称为电磁压缩。

3-3　等离子弧有哪几类？各有何特点？

根据电源的连接方式，等离子弧分为非转移型电弧、转移型电弧及联合型电弧三种，见图 3.2。

① 非转移型电弧燃烧在钨极与喷嘴之间，焊接时电源正极接水冷铜喷嘴，

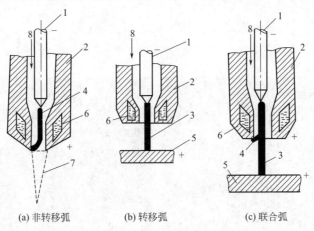

(a) 非转移弧　　　(b) 转移弧　　　(c) 联合弧

图 3.2　等离子弧的类型

1—钨极；2—喷嘴；3—转移弧；4—非转移弧；5—工件；
6—冷却水；7—弧焰；8—离子气

负极接钨极，工件不接到焊接回路上，见图 3.2(a)；依靠高速喷出的等离子气将电弧带出，这种电弧适用于焊接或切割较薄的金属及非金属。

② 转移型电弧直接燃烧在钨极与工件之间，喷嘴和工件通过继电器的触点接电源正极，钨极接电源负极；引弧时接通喷嘴与钨极间焊接回路，通过高频振荡器引燃钨极与喷嘴间的非转移弧后，继电器动作，电源的正极从喷嘴切换到工件，从而将电弧转移到钨极与工件之间；在正常焊接过程中，喷嘴不接到焊接回路中，见图 3.2(b)。这种电弧用于焊接较厚的金属。

③ 转移弧及非转移弧同时存在的电弧为联合型电弧，见图 3.2(c)。主要用于小电流等离子弧焊。

3-4 等离子弧焊有何优点？

等离子电弧比 GTAW 电弧具有更高的能量密度、温度、等离子流速度以及更大的熔透能力。此外，等离子弧不像 GTAW 电弧那样发散，几乎呈柱形。因此，与 GTAW 焊相比，等离子弧焊具有很多优点。

① 等离子弧近似呈柱形，发散角不超过 5°，其加热区域大小与喷嘴离工件的距离基本无关，如图 3.3（b）所示。因此，喷嘴离工件的距离对焊缝形状尺寸及质量的影响不像 TIG 焊那样大，焊接过程中可采用更大的弧长，熔池可观察性好，这对于手工操作非常有利。图 3.4 比较了焊接电流为 15A 时等离子弧和 TIG 电弧的弧长。

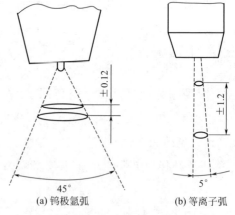

图 3.3　等离子弧和钨极氩弧的形态对比

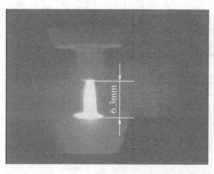

(a) 等离子弧

(b) TIG电弧

图 3.4　焊接电流为 15A 时等离子弧和 TIG 电弧的典型弧长

② 等离子弧的温度高，电离度大，电流小至 0.1A 时仍很稳定，可焊接微型精密零件。图 3.5 比较了等离子弧和钨极氩弧的温度分布。

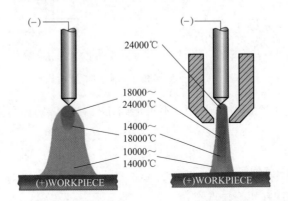

图 3.5　等离子弧和钨极氩弧的温度分布比较

③ 等离子弧能量密度大、等离子流力大，等离子弧焊不仅具有很大的熔深能力，而且还具有很强的小孔效应，适合于不加衬垫的单面焊双面成形。焊接同样的厚度所需的电流较小，焊接热影响区小，焊接变形小，如图 3.6 所示。等离子弧焊焊缝形状非常理想，呈酒杯状，而且影响区小，如图 3.7 所示。

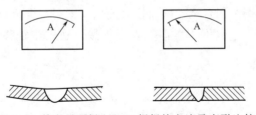

图 3.6　等离子弧焊和 TIG 焊焊接电流及变形比较

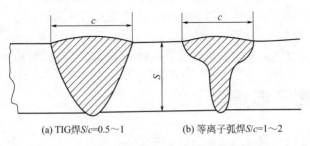

(a) TIG 焊 $S/c=0.5\sim1$　　(b) 等离子弧焊 $S/c=1\sim2$

图 3.7　等离子弧焊和 TIG 焊焊缝横截面比较

④ 能量密度大、流速快的等离子弧具有很好的稳定性和刚直性，如图 3.8 所示，因此适于高速焊，而且接头的对中要求显著降低。等离子弧焊缝窄而深，焊接速度快，因此能量利用率高，焊接生产率显著提高。

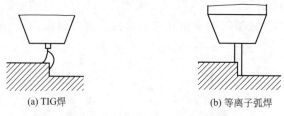

图 3.8 等离子弧焊和 TIG 焊电弧刚性比较

⑤ 钨极缩在水冷铜喷嘴内部，不可能与工件接触，因此可避免焊缝金属产生夹钨现象。

3-5 等离子弧焊有何缺点？

等离子弧焊具有如下缺点。
① 可焊厚度有限，一般在 25mm 以下。
② 焊枪及控制线路较复杂，喷嘴的使用寿命很低。
③ 焊接参数较多，对焊接操作人员的技术水平要求较高。

3-6 等离子弧焊可焊接哪些材料？

等离子弧焊可焊接几乎所有的金属，例如不锈钢、铝及铝合金、钛及钛合金、镍及镍合金、铜及铜合金、镁及镁合金以及蒙耐尔合金等；但低熔点或高蒸气压的金属，如锌等一般不用等离子弧焊焊接。利用非转移弧还可焊接耐火材料、陶瓷等。

3-7 什么是等离子气？

等离子弧焊接时不仅要用保护气体，而且还需要等离子气体。所谓等离子气体，是焊接过程中输入到压缩喷嘴中的气体。进入到压缩喷嘴中的气体经等离子弧加热后膨胀，从压缩小孔中高速喷出，形成很大的等离子流力，提高了电弧的挺度和刚直性。

焊接时常用氩气、氮气、氩氮混合气体或氩氢混合气体做等离子气体。

3.2 等离子弧焊机

3-8 等离子弧焊机由哪几部分组成？

等离子弧焊机由焊接电源、等离子弧发生器（焊枪）、控制箱、供气回路及供水回路等组成。自动等离子弧焊接设备还包括焊接小车或其他自动工装。图 3.9 为典型手工等离子弧焊接设备的组成图。

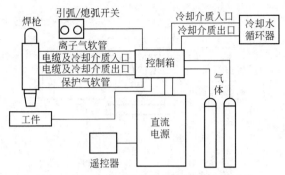

图 3.9　典型手工等离子弧焊接设备的组成

3-9　等离子弧焊机对弧焊电源外特性有何要求？

等离子弧焊机一般采用具有垂直外特性或陡降外特性的电源，以防止焊接电流因弧长的变化而变化，获得均匀稳定的熔深及焊缝外形尺寸。

3-10　等离子弧焊对电流种类和极性有何要求？

等离子焊接时，电流种类及极性要根据工件材料确定。焊接除铝及其合金、镁及其合金以外的金属时，采用直流电源或脉冲直流电源，并采用正极性接法。而焊接铝及其合金、镁及其合金时采用方波交流电源，方波交流等离子弧焊常称为变极性等离子弧焊。

3-11　等离子弧焊对电源空载电压有何要求？

与钨极氩弧焊相比，等离子弧焊所需的电源空载电压较高。采用氩气作等离子气时，电源空载电压应为 60～85V；当采用 $Ar+H_2$ 或氩与其他双原子的混合气体作等离子气时，电源的空载电压应为 110～120V。采用联合型电弧焊接时，由于转移弧与非转移弧同时存在，因此，需要两套独立的电源供电。利用转移型电弧焊接时，可以采用一套电源，也可以采用两套电源。

3-12　等离子弧焊如何引弧？

等离子弧焊采用高频振荡器引弧，由于钨极要内缩到喷嘴内部，弧长较长，难以引燃钨极与工件之间的电弧，因此通常首先利用高频振荡器引燃钨极与喷嘴之间的电弧，该电弧被称为引导弧或小弧，如图 3.10 所示；然后切断钨极与喷嘴之间的回路，接通钨极与工件之间的回路，将电弧转移到钨极与工件之间。当使用混合气体作等离子气时，应先利用纯氩引弧，然后再将等离子气转变为混合气体，这样可降低对电源空载电压的要求。

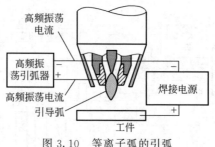

图 3.10　等离子弧的引弧

3-13　等离子弧焊机的控制系统起何作用？

控制系统的作用是控制焊接设备的各个部分按照预定的程序进入、退出工作状态。整个设备的控制电路通常由高频发生器控制电路、送丝电机拖动电路、焊接小车或专用工装控制电路以及程控电路等组成。程控电路控制等离子气预通时间、等离子气流递增时间、保护气预通时间、高频引弧及电弧转移、焊件预热时间、电流衰减熄弧、延迟停气等。图 3.11 给出了典型的等离子弧焊控制程序。

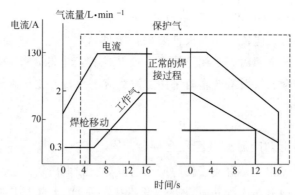

图 3.11　典型的等离子弧焊控制程序

3-14　等离子弧焊机的供气系统由哪几部分组成？

等离子弧焊设备的气路系统较复杂。由等离子气路、正面保护气路及反面保护气路等组成，而等离子气路还必须能够进行衰减控制。为此，等离子气路一般采用两路供给，其中一路可经气阀放空，以实现等离子气的衰减控制。采用氩气与氢气的混合气体作等离子气时，气路中最好设有专门的引弧气路，以降低对电源空载电压的要求。图 3.12 为采用混合气体作等离子气时等离子弧焊接的气路系统图。引弧时，打开气阀 DF_2，向等离子弧发生器中通以纯氩气，电弧引燃后，再打开电磁气阀 DF_1，使氢气也进入储气筒中，此时等离子气为 $Ar+H_2$，通过针阀 6 及电磁气阀 DF_6 可实现等离子气衰减。当焊接终了时，DF_6 打开，等离子气路中的气体经过针阀 6 及 DF_6 部分向大气中排放，通过调节针阀 6 可调节衰减速度。

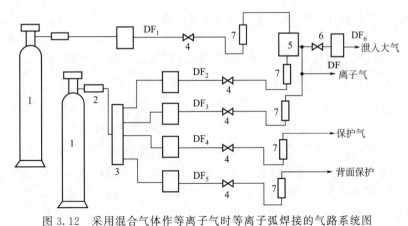

图 3.12 采用混合气体作等离子气时等离子弧焊接的气路系统图

1—气瓶；2—减压阀；3—气体汇流筒；4—调节阀；5—储气筒；6—针阀；7—流量计；$DF_1 \sim DF_6$—气阀

3-15 等离子弧焊枪由哪几部分组成？其关键部件是什么？

等离子弧焊枪是等离子弧发生器，对等离子弧的性能及焊接过程的稳定性起着决定性作用。其主要由电极、电极夹头、压缩喷嘴、中间绝缘体、上枪体、下枪体及冷却套等组成。

图 3.13 给出了等离子弧焊枪的典型结构。

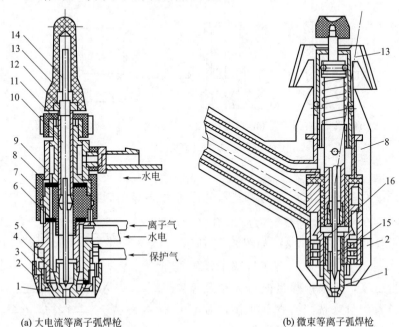

(a) 大电流等离子弧焊枪　　　　(b) 微束等离子弧焊枪

图 3.13 等离子弧焊枪的典型结构

1—喷嘴；2—保护外套；3,4,6—密封垫圈；5—下枪体；7—绝缘柱；8—绝缘套；9—上枪体；10—电极夹头；11—套管；12—小螺母；13—胶木套；14—钨极；15—瓷对中块；16—透气网

等离子弧焊枪中最关键的部件为喷嘴及电极。

3-16 等离子弧焊枪的压缩喷嘴有哪几种结构形式？各有何特点？

根据喷嘴孔道的数量，等离子弧压缩喷嘴可分为单孔型[图3.14(a)、(c)]和三孔型[图3.14(b)、(d)、(e)]两种。根据孔道的形状，喷嘴可分为圆柱形[图3.14(a)、(b)]及收敛扩散型[图3.14(c)、(d)、(e)]等两种。大部分焊枪采用圆柱形压缩孔道，而收敛扩散型压缩孔道有利于电弧的稳定。三孔型喷嘴除了中心主孔外，在主孔左右各有一个直径很小的小孔。从这两个小孔中喷出的等离子气对等离子弧有一附加压缩作用，使等离子弧的截面变为椭圆形。当椭圆的长轴平行于焊接方向时，可显著提高焊接速度，减小焊接热影响区的宽度。

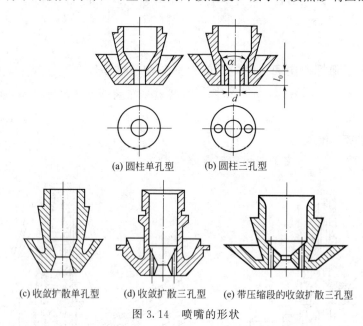

(a) 圆柱单孔型　　(b) 圆柱三孔型

(c) 收敛扩散单孔型　(d) 收敛扩散三孔型　(e) 带压缩段的收敛扩散三孔型

图 3.14　喷嘴的形状

3-17 压缩喷嘴的形状尺寸有哪些？对压缩效果有何影响？

最重要的喷嘴形状参数为压缩孔径 d、压缩孔道长度 l 及压缩角 α，如图3.15所示。

① 压缩孔径 d　d 决定了等离子弧的直径及能量密度，应根据焊接电流大小及等离子气种类及流量来选择。直径越小，对电弧的压缩作用越大，但过小时，等离子弧的稳定性下降，甚至导致双弧现象，烧坏喷嘴。表3.1列出了不同直径喷嘴的许用电流。

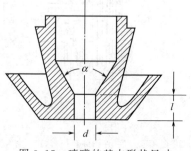

图 3.15　喷嘴的基本形状尺寸

表 3.1　不同直径喷嘴的许用电流

直径/mm	0.6	0.8	1.2	1.4	2.0	2.5	2.8	3.0	3.2	3.5
许用电流/A	≤5	1~25	20~60	30~70	40~100	约140	约180	约210	约240	150~300

② 压缩孔道长度 l　在一定的压缩孔径下，l 越长，对等离子弧的压缩作用越强，但过大的 l 会影响等离子弧的稳定。通常要求孔道比 l/d 在一定的范围之内，如表 3.2 所示。

表 3.2　喷嘴的孔道比及压缩角

喷嘴孔径 d/mm	孔径比 l/d	压缩角 $α/(°)$	等离子弧类型
0.6~1.2	2.0~6.0	25~45	联合型电弧
1.6~3.5	1.0~1.2	60~90	转移型电弧

③ 压缩角 $α$　对等离子弧的压缩角影响不大，30°~180°范围内均可，但最好与电极的端部形状相匹配，以确保将阳极斑点稳定在电极的顶端。$α$ 角常用的范围为 60°~75°。

3-18　等离子弧焊对电极有何要求？

等离子弧焊接一般采用钍钨极或铈钨极，有时也采用锆钨极或锆电极。需要满足如下要求。

① 一般都需要进行水冷，小电流时采用间接水冷方式，大电流时，钨极必须采用直接水冷方式。

② 小电流时采用棒状电极，棒状电极端头一般磨成尖锥形或尖锥平台形，电流较大时还可磨成球形，以减少烧损，如图 3.16 所示。表 3.3 给出了棒状电极的许用电流。大电流时采用镶嵌式结构，镶嵌式电极的端部一般磨成平面形，如图 3.17 所示。

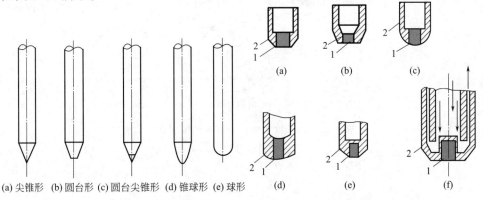

(a) 尖锥形　(b) 圆台形　(c) 圆台尖锥形　(d) 锥球形　(e) 球形

图 3.16　钨极的端部形状

图 3.17　直接水冷镶嵌式电极的结构

1—钨极；2—铜镶嵌套

表 3.3　不同直径棒状电极的许用电流

电极直径/mm	电流范围/A	电极直径/mm	电流范围/A
0.25	<15	2.4	150~250
0.50	5~20	3.2	250~400
1.0	15~80	4.0	400~500
1.6	70~150	5.0~9.0	500~1000

③ 钨极与喷嘴应保持尽可能高的同轴度,以保证电弧稳定,不产生双弧。

④ 钨极的内缩长度 l_g（图 3.18）影响电弧压缩程度,随着该长度的增大,压缩程度增大,但过大易导致双弧。因此,一般取 $l_g = l_0 \pm (0.2 \sim 0.5)$ mm,具体取值还要考虑电流大小和压缩孔道的形状等,如图 3.18 所示。

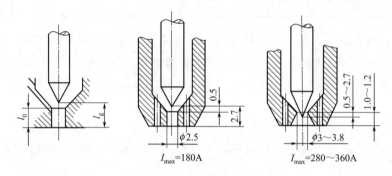

图 3.18　钨极的内缩长度

3-19　如何判断钨极与压缩喷嘴之间的同轴度?

使用过程中可通过观察高频放电火花在钨极上留下的痕迹来判断同轴度的好坏,如图 3.19 所示。当高频放电火花痕迹在钨极表面的分布范围占钨极表面的 80％以上时,同轴度良好,而小于 25％时同轴度很差。

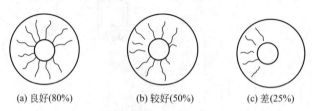

图 3.19　高频放电火花痕迹在钨极表面的分布
范围与同轴度好坏的关系

3-20　什么是双弧?有何危害?

正常条件下,转移型电弧在钨极与工件之间燃烧（图 3.20 中的电弧 1）,在某些情况下，会产生一个与正常电弧并联的、由两段电弧（一段燃烧在钨极与喷嘴之间，如图 3.20 中的电弧 2，另一段燃烧在喷嘴与工件之间，如图 3.20 中的电弧 3）串联起来的异常电弧，这种现象叫双弧。实际上，产生双弧后，三个电弧会连在一片，中间没有任何空隙。

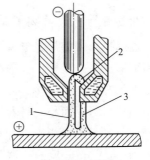

图 3.20　双弧
1—正常电弧；2—异常电弧的上半段；
3—异常电弧的下半段

双弧有如下危害性：

① 破坏了正常等离子弧的稳定性；

② 降低了正常等离子弧的功率，减小了熔深，恶化了焊缝成形质量；

③ 喷嘴受到强烈的加热作用，寿命急剧下降，严重时，双弧一产生就会烧坏喷嘴。

3-21　产生双弧的原因有哪些？如何防止双弧发生？

产生双弧的本质原因是电弧与压缩喷嘴内壁之间的冷气膜被击穿。转移弧正常燃烧时，电弧与喷嘴内壁之间有一层温度较低、电离度极小的气流，这层气流被称为冷气膜，起着保护喷嘴、压缩电弧的作用。如果由于某些原因，该层冷气膜温度升高，电离度变大，则被击穿形成双弧。

表 3.4 给出了双弧产生的常见原因及防止措施。

表 3.4　双弧产生的常见原因及防止措施

双弧产生原因	防止措施
在电流一定的条件下,喷嘴孔径太小或压缩孔道的长度过大	匹配正确规格的喷嘴,或减小焊接电流
等离子气体的流量过小	适当增大等离子气体的流量
钨极轴线与喷嘴轴线之间的偏差过大	使钨极轴线与喷嘴轴线对正
金属飞溅物堵塞喷嘴	定期清理喷嘴
电源的外特性不正确	选择陡降外特性的电源

3.3　离子弧焊工艺

3-22　等离子弧焊的焊缝成形方法有哪几种？

等离子弧焊的焊缝成形方法有三种：穿孔型等离子弧焊、熔入型等离子弧焊和微束等离子弧焊。

3-23 什么是穿孔型等离子弧焊？有何特点？

通过选择较大的焊接电流及等离子气流量，工件被完全熔透并在等离子流力的作用下形成一个贯穿工件的小孔，熔化金属被排挤在小孔周围，如图3.21所示。随着等离子弧在焊接方向移动，熔化金属沿小孔周围的熔池壁向熔池后方移动并结晶成焊缝；而小孔随着等离子弧向前移动。这种穿孔型焊接工艺特别适合于不开坡口、不加垫板、不加填充金属的单面焊双面成形，可焊接1~8mm厚的不锈钢、1~7mm厚的碳钢以及1~10mm厚的钛合金。

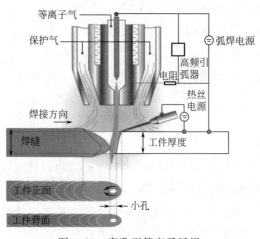

图 3.21 穿孔型等离子弧焊

3-24 什么是熔入型等离子弧焊？有何特点？

采用较小的等离子气流量时，等离子流力小，电弧穿透能力降低，只能熔化工件而不能形成小孔，焊缝成形方式类似于TIG焊，但熔深能力比TIG焊大。这种工艺方法适用于薄板、多层焊的盖面焊及角焊缝的焊接。

3-25 什么是微束等离子弧焊？有何特点？

微束等离子弧焊是一种小电流（通常小于30A）熔入型等离子弧焊工艺，为了保持小电流时电弧的稳定，通常采用联合型电弧，即焊接时存在两个电弧：一个是燃烧于电极与喷嘴之间的非转移弧；另一个为燃烧于电极与焊件间的转移弧。前者起着引弧和维弧作用，使转移弧在电流小至0.5A时仍非常稳定；后者用于熔化工件。与钨极氩弧焊相比，微束等离子弧焊的优点是：

① 可焊更薄的工件，最小可焊厚度为0.01mm；

② 弧长在很大的范围内变化时，也不会断弧，并能保持柱状特征；

③ 焊接速度快、焊缝窄、热影响区小、焊接变形小。

3-26 什么是脉冲等离子弧焊？有何特点？

穿孔型、熔入型和微束等离子弧焊均可采用脉冲电流进行焊接。与一般等离子弧焊相比，脉冲等离子弧焊的优点是：

① 焊接过程更加稳定；
② 焊接线能量易于控制，能够更好地控制熔池，保证良好的焊缝成形；
③ 焊接热影响区较小、焊接变形小；
④ 脉冲电弧对熔池具有搅拌作用，有利于细化晶粒，降低裂纹的敏感性；
⑤ 可进行全位置焊接。

3-27 为什么穿孔型等离子弧焊的焊接厚度有限？各种材料的厚度限值是多大？

小孔的产生依赖于等离子弧的能量密度，板厚越大，要求的能量密度越大。由于等离子弧的能量密度有限，因此焊接厚度有限。对于厚度更大的板材，穿孔型等离子弧焊只能进行第一道焊缝的焊接。各种材料的可焊厚度最大值见表 3.5。

表 3.5 穿孔型等离子弧焊可焊的最大厚度

材料	不锈钢	钛及钛合金	镍及镍合金	低合金钢	低碳钢	铜及铜合金
最大厚度/mm	8	12	6	8	8	2.5

3-28 薄板等离子焊常用的接头和坡口形式有哪些？

厚度在 0.05～1.6mm 之间时，等离子弧焊常用的接头形式有卷边对接、对接、卷边角接接头和端接接头，使用的坡口形式为 I 形，如图 3.22 所示。通常利用微束等离子弧进行焊接。板厚在 0.05～0.25mm 的工件一般采用卷边接头，卷边的高度 h 通常为 $(2\sim5)\delta$。

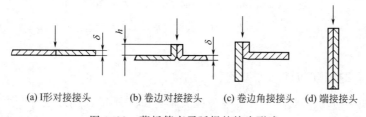

(a) I形对接接头　(b) 卷边对接接头　(c) 卷边角接接头　(d) 端接接头

图 3.22 薄板等离子弧焊的接头形式

板厚大于 1.6mm 但小于表 3.5 中给出的数值时，可在不开坡口（I 形坡口）、不加填充焊丝、不使用衬垫的情况下进行单面焊双面成形焊接。

3-29 厚板等离子弧焊的接头及坡口形式有哪些?

厚度大于表 3.5 中给出的数值时,等离子弧焊常用的接头形式为对接,偶尔也用角接接头和 T 形接头。坡口形式有 Y 形、X 形和 U 形等。图 3.23 给出了碳钢和低合金钢等离子弧焊坡口形状尺寸。

采用穿孔型等离子弧焊焊接第一道焊缝,采用熔入型等离子弧焊或其他电弧焊方法焊接其他焊道。由于等离子弧焊的熔透能力较大,与 TIG 焊相比,钝边可留得较大,而坡口角度可开得小一些,图 3.24 比较了 10mm 厚不锈钢 TIG 焊和等离子弧焊的坡口尺寸。

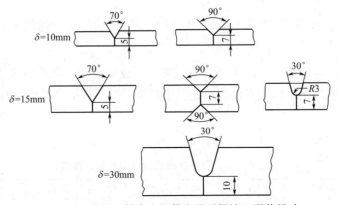

图 3.23 碳钢和低合金钢等离子弧焊坡口形状尺寸

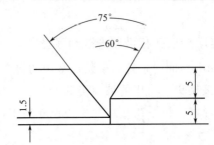

图 3.24 10mm 厚不锈钢 TIG 焊(左)和等离子弧焊(右)的坡口尺寸比较

3-30 薄板的装配应注意哪些问题?

薄板等离子弧焊时,工件极易发生变形,如果不能控制好这种变形,容易引起烧穿或未焊透等缺陷。为了解决该问题,应采用精密可靠的工装夹具,并且严格控制装配精度。装配间隙不得超过板厚的 10%,否则应填充焊丝。

图 3.25 和表 3.6 给出了厚度小于 0.8mm 的薄板 I 形坡口对接和卷边对接的装配要求。图 3.26 给出了厚度小于 0.8mm 的薄板端接的装配要求。

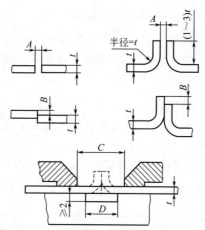

图 3.25　厚度小于 0.8mm 的薄板 I 形坡口对接和卷边对接的装配要求

表 3.6　厚度小于 0.8mm 的薄板 I 形坡口对接和卷边对接的装配要求

接头形式	间隙 A_{max} /mm	错边 B_{max} /mm	压板间距 C/mm		垫板凹槽宽度[①] D/mm	
			C_{min}	C_{max}	D_{min}	D_{max}
I 形坡口对接	0.2t	0.4t	10t	20t	4t	16t
卷边对接[②]	0.6t	1t	20t	30t	4t	16t

① 用于通保护气体 Ar 或 He。

② 板厚小于 0.025mm 时采用卷边对接。

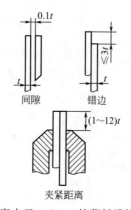

图 3.26　厚度小于 0.8mm 的薄板端接的装配要求

3-31　等离子弧焊的焊接工艺参数有哪些？

穿孔型等离子弧焊的工艺参数主要有：喷嘴孔径、焊接电流、电弧电压、焊接速度、等离子气种类及流量、保护气种类及流量等。

3-32　如何确定喷嘴直径和焊接电流？

喷嘴直径和焊接电流通常根据板厚或熔透要求首先选定焊接电流。随着焊接电流的增大，等离子弧穿透能力增大，但电流过大易引起双弧，破坏焊接过程的稳定性，甚至烧毁喷嘴；此外，过大的焊接电流使小孔直径增大，易使熔池金属坠落。电流过小，形不成稳定的小孔。喷嘴孔径通常根据电流大小按照表3.1选择。钨极直径按照表3.3来选定。

有时先选择喷嘴，其结构确定后，为了获得稳定的小孔焊接过程，焊接电流只能在某一个合适的范围内选择，而且这个范围与离子气的流量有关。

3-33 如何确定等离子气的种类及流量？

等离子气体种类通常根据被焊金属来选择。碳钢、低合金钢、铜及铜合金常采用Ar气，铜及铜合金也可采用纯N_2或He气；不锈钢和镍合金通常采用Ar气（板厚小于3.2mm时）或Ar+（5%～7.5%）H_2混合气体（板厚大于3.2mm时）；活泼型金属（Ti及Ti合金、Al及Al合金以及Mg及Mg合金）采用Ar气（板厚小于6.4mm时）或Ar+（50%～70%）He混合气体。

等离子气流量直接决定了等离子流力和穿孔能力。等离子气的流量越大，穿孔能力越大。但等离子气流量过大会使小孔直径过大而不能保证焊缝成形。为了形成稳定的穿孔效应，等离子气流量要与焊接电流适当匹配，图3.27(a) 给出了8mm厚不锈钢穿孔型等离子弧焊时焊接电流和等离子气流量的匹配关系。

3-34 如何确定焊接速度？

焊接速度应根据等离子气流量及焊接电流来选择。其他条件一定时，如果焊速增大，焊接热输入减小，小孔直径随之减小，直至消失。如果焊速太低，母材过热，熔池金属容易坠落。因此，焊接速度、等离子气流量及焊接电流这三个焊接工艺参数应适当匹配。图3.27(b) 给出了8mm厚不锈钢穿孔型等离子弧焊时

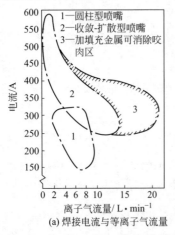
(a) 焊接电流与等离子气流量

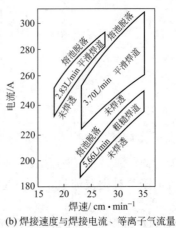
(b) 焊接速度与焊接电流、等离子气流量

图3.27 8mm厚不锈钢穿孔型等离子弧焊时主要焊接参数的匹配

焊接速度与焊接电流、等离子气流量的匹配关系。

3-35 如何确定喷嘴离工件的距离？

一般取 3~8mm。距离过大，熔透能力降低；距离过小则易造成喷嘴堵塞。和钨极氩弧焊相比，喷嘴离工件的距离变化对焊接质量的影响不太敏感。

3-36 如何确定保护气体流量？

保护气体流量应根据等离子气流量来选择。在一定的离子气流量下，保护气体流量太大会导致气流的紊乱，影响电弧稳定性和保护效果。而保护气流量太小，保护效果也不好，因此，保护气体流量应与等离子气流量保持适当的比例。小孔型等离子弧焊保护气体流量一般在 15~30L/min 范围内。

3-37 等离子弧焊时如何填丝？

如果焊缝要求有余高或要求留间隙，则需要填丝。通常采用自动送丝，自动送丝装置的送丝速度、送丝角度、位置及伸出长度均应可调。有冷丝和热丝两种送丝方式，热丝送丝法需要使用一个预热电源。不管是冷丝还是热丝，都需要从熔池的前沿将熔滴送入熔池，这与 TIG 焊是相同的。

等离子弧焊使用的焊丝直径一般为 1.0~1.6mm。送丝速度一般控制在 0.1~0.2m/min 的范围内，送丝速度大，余高增大；送丝速度过大还会导致焊丝不熔化现象。

3-38 什么是变极性等离子弧焊？

方波交流等离子弧焊常称为变极性等离子弧焊，是用来焊接铝及铝合金的一种等离子弧焊方法。为了保证较大的熔深并保护钨极，在保证足够的阴极清理作用下，正极性半波时间应尽量长，因此两个半波是不对称的，图 3.28 给出了变极性等离子弧焊的电流波形图。正极性半波维持时间为 2~6ms 时，需匹配 15~

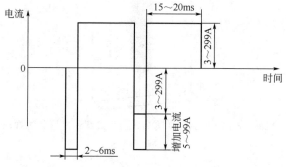

图 3.28 变极性等离子弧焊电流波形图

20ms 的反极性半波维持时间。负半波维持时间小于 2ms 时，焊缝中易出现气孔，负半波维持时间大于 6ms 时，容易出现双弧，且钨极烧损严重。负半波电流应大于正半波电流，通常要大 5~99A。

3-39 变极性等离子弧焊通常采用向上立焊来焊接铝及铝合金？

由于液态铝及铝合金的表面张力小、流动性好，因此平焊位置进行穿孔型等离子弧焊接时，小孔周围的液态金属易在重力和等离子流力作用下从背面流失，因此，可焊厚度受到很大限制，最大可焊厚度只有 6.4 mm。而采用向上立焊位置焊接时，熔池金属在重力作用下向熔池尾部流动，可在很大的焊接电流下保持小孔及熔池的稳定性，可焊厚度可达 15.9 mm，而且焊缝成形也比平焊位置要好。

3-40 为什么向上立焊位置的变极性等离子弧焊被称为零缺陷焊接工艺？

铝合金等离子弧焊接时的主要缺陷为气孔。向上立焊时，熔池中存在一个氢气逃逸的快捷路径，如图 3.29 所示。由于氢气密度小，在熔池中上浮，上浮到小孔中后被等离子气流冲刷，在等离子器冲刷作用下迅速从小孔尾部逃逸熔池，因此焊缝中的气孔率极低。另外，如果熔池中有氧化物等杂质，氧化物也同样被冲刷掉，焊缝中出现夹渣的可能性也显著降低。因此这种工艺被称为零缺陷工艺。

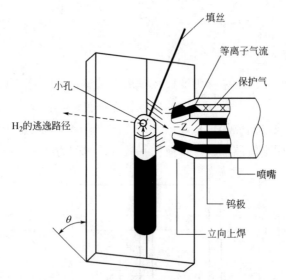

图 3.29 向上立焊位置的等离子弧焊过程中氢气的逃逸路径

第4章 熔化极气体保护焊

4.1 熔化极气体保护焊的基本原理及分类

4-1 什么是熔化极气体保护焊？

利用气体进行保护，以燃烧于工件与焊丝间的电弧作热源的一种焊接方法，其原理如图 4.1 所示。电弧燃烧在焊丝与工件之间，在送丝机的驱动下，焊丝盘上的焊丝通过软管和导电嘴不断送进到电弧上部，保持电弧弧长的稳定。电弧熔化焊丝和工件，熔化的焊丝作为填充金属进入熔池与熔化的母材熔合，电弧前移后熔池尾部结晶形成焊缝。而自喷嘴喷出的气体形成一保护气罩，对焊丝、电弧、熔池以及处于高温中的焊缝进行机械保护，以防止大气的污染。

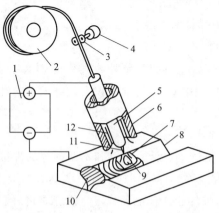

图 4.1 熔化极气体保护焊示意图

1—焊接电源；2—焊丝盘；3—送丝轮；4—送丝电机；5—导电嘴；6—喷嘴；
7—电弧；8—工件；9—熔池；10—焊缝金属；11—焊丝；12—保护气体

4-2 熔化极气体保护焊有哪几类?

根据采用的保护气体的不同,熔化极气体保护焊分为熔化极惰性气体保护焊(简称 MIG 焊)、熔化极活性气体保护焊(简称 MAG 焊)和二氧化碳气体保护焊(简称 CO_2 焊)。MIG 焊通常采用 Ar、He 或 Ar+He 混合气体作保护气体,MAG 焊通常采用 $Ar+CO_2$、$Ar+O_2$ 或 $Ar+CO_2+O_2$ 作保护气体;CO_2 焊采用 CO_2 作保护气体。

4-3 二氧化碳气体保护焊有何优点?

二氧化碳气体保护焊有如下工艺优点。

① CO_2 气体及 CO_2 焊焊丝价格便宜,焊接能耗低,因此,二氧化碳气体保护焊的使用成本很低,只有埋弧焊及手工电弧焊的 30%~50%。

② 二氧化碳气体保护焊抗锈能力强,对油污不敏感,焊缝含氢量低,抗裂性能好。

③ 二氧化碳气体保护焊的电弧集中,熔透能力强,熔敷速度快,且焊后无须进行清渣处理,因此生产效率高;半自动 CO_2 气体保护焊的效率比手工电弧焊高 1~2 倍,自动 CO_2 气体保护焊比手工电弧焊高 2~5 倍。

④ 适用于各种位置的焊接,而且既可用于薄板的焊接,又可用于厚板的焊接;还可进行全位置焊接。

⑤ CO_2 气体保护焊是明弧焊,便于监视及控制,而且焊后无须清渣,有利于实现焊接过程机械化及自动化。

4-4 二氧化碳气体保护焊有何缺点?

二氧化碳气体保护焊有如下缺点。

① 焊缝成形较粗糙,飞溅较大。

② CO_2 气体保护焊弧光强度及紫外线强度分别为手工电弧焊的 2~3 倍和 20~40 倍,而且操作环境中 CO_2 的含量较大,对工人的健康不利。

4-5 MIG/MAG 焊有何优点?

MAG 焊主要用于低碳钢、低合金钢和不锈钢等的焊接,MIG 焊主要用于铝及铝合金以及铜和铜合金等的焊接,这两种方法具有如下工艺特点。

① 与 CO_2 气体保护焊相比,电弧稳定、焊缝质量好、飞溅小。

② 与焊条电弧焊相比,由于使用焊丝作电极,允许使用的电流密度较高,因此熔深大、熔敷速度快、生产率高。

③ 与埋弧焊相比,熔化极氩弧焊的电弧是明弧,焊接过程参数稳定,易于

检测及控制，因此容易实现自动化。

④ 与 TIG 焊相比，由于熔化极氩弧焊一般采用直流反接，电弧具有很强的阴极雾化作用，因此焊前对去除氧化膜的要求很低。用于焊接厚度较大的铝、铜等金属及其合金时生产率比 TIG 焊高，焊件变形比 TIG 焊小。

4-6 MIG/MAG 焊有何缺点？

与 CO_2 焊相比，MIG/MAG 焊具有如下缺点：

① 对焊丝及工件表面的油污、铁锈等含氢物质很敏感，焊前必须严格去除。
② 惰性气体价格高，焊接成本高。
③ 熔透能力稍低，效率稍低。

4-7 二氧化碳气体保护焊焊接过程中有何冶金反应？这些反应有何不利影响？

在电弧热量作用下，二氧化碳发生分解，放出氧气，氧气又进一步分解为氧原子，因此，二氧化碳电弧具有很强的氧化性。焊接过程中，铁及合金元素（Si、Mn、Fe、、C 等）发生如下氧化反应：

$$[Fe]+CO_2 =\!=\!= (FeO)+CO\uparrow$$

$$[Fe]+O =\!=\!= (FeO)$$

$$[Si]+2O =\!=\!= (SiO_2)$$

$$[Mn]+O =\!=\!= (MnO)$$

$$[C]+O =\!=\!= CO\uparrow$$

[ ] 中的物质表示来自或进入液态金属中的物质，而（ ）中的物质为来自或进入到渣中的物质。这些氧化反应的不利后果是：

① 合金元素大量烧损，使焊缝力学性能下降。
② 残留在熔池尾部的 FeO 易导致夹渣，降低焊缝金属的力学性能；且 FeO 与 C 反应生成的 CO 易导致气孔。而熔滴中 FeO 与 C 反应生成的 CO 易导致飞溅。因此，CO_2 焊必须采用必要的措施进行脱氧。

4-8 二氧化碳气体保护焊采用何种措施进行脱氧？

CO_2 焊采用的脱氧方法是在焊丝中同时加入适量的 Si、Mn 作脱氧剂，Si、Mn 与 O 的亲和力比 Fe 及 C 高，因此可阻止 Fe、C 等与 O 发生不利的反应。脱氧剂在完成脱氧任务之余，剩余的部分作为合金元素留在焊缝中，起着提高焊缝金属力学性能的作用。CO_2 焊焊丝中 Mn 和 Si 的含量比需要控制在 2～4.5 之间，有些焊丝中还加少量的 Ti。Si、Mn 联合脱氧产物为（$MnO·SiO_2$），其熔点低、密度小且聚集成大块，易于浮出熔池，变成少量的渣壳覆盖在焊缝表面。

4-9 二氧化碳气体保护焊的熔滴过渡形式有哪些？

CO_2 焊的熔滴过渡方式主要有大滴排斥过渡、短路过渡、细颗粒过渡及混合过渡（短路过渡＋大滴排斥过渡＋颗粒过渡）三种。由于大滴排斥过渡的飞溅大、电弧不稳定，因此实际焊接生产中一般不用，通常采用短路过渡及细颗粒过渡进行焊接，图 4.2 示出了两种过渡形式产生的焊接电流和电弧电压范围。因此，CO_2 焊通常根据熔滴过渡方式分为短路过渡 CO_2 焊和细颗粒过渡 CO_2 焊两种。

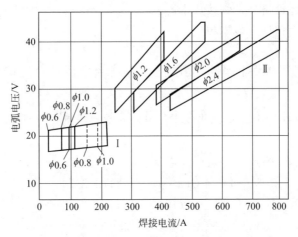

图 4.2 两种过渡形式产生的焊接电流和电弧电压范围
Ⅰ—短路过渡；Ⅱ—细颗粒过渡

4-10 什么是短路过渡？有何特点？

采用细丝，并配以小焊接电流及低电弧电压进行焊接时，熔滴在长大过程中就与熔池发生短路。短路后，熔滴金属在表面张力及电磁收缩力的作用下流散到熔池中，形成短路小桥，短路电流以一定的速度 di/dt 上升；同时短路小桥在不断增大的短路电流作用下快速缩颈，缩颈处的局部电阻迅速增大，在较大的短路电流作用下产生较大的电阻热；短路小桥达到临界缩颈状态时，电阻热使缩颈部位汽化爆断，将熔滴推向熔池，电弧重新引燃，完成短路过渡。

图 4.3 示出了短路过渡过程及电弧电流及电压的变化规律。

短路过渡特点如下。

① 熔池体积小、凝固速度快，因此适合于薄板焊接及全位置焊接。

② 短路过渡是一个电弧周期性的"燃烧—熄灭"的动态过程，短路过渡的稳定性取决于短路周期和熔滴的尺寸，短路周期越短（短路频率越大），熔滴尺寸越小，过渡越稳定。

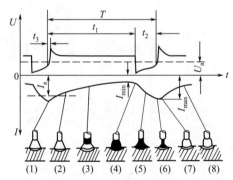

图 4.3　短路过渡焊接时电流及电压的变化规律

T—短路过渡周期；t_1—燃弧时间；t_2—短路时间；t_3—空载电压恢复时间；
U_a—电弧电压；I_{min}—最小电流；I_{max}—最大电流

4-11　什么是细颗粒过渡？有何特点？

采用粗丝（焊丝直径一般不小于 1.6mm）、大焊接电流、高电弧电压进行 CO_2 焊时，熔滴以细小的颗粒穿过电弧空间进入熔池，这种过渡称为细颗粒过渡。其特点是：电弧大半潜入或深潜入工件表面之下（取决于电流大小）、熔池较深、熔滴尺寸较小（其直径不大于焊丝直径）、过渡速度较大、基本沿焊丝轴向，如图 4.4 所示。由于没有短路过程，对电源的动特性没有特殊要求。这种过渡主要用于中等厚度及大厚度板材的水平位置焊接。

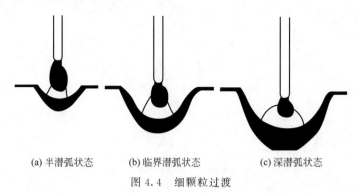

(a) 半潜弧状态　　(b) 临界潜弧状态　　(c) 深潜弧状态

图 4.4　细颗粒过渡

4-12　MAG 焊的熔滴过渡形式有哪些？常用的熔滴过渡方式是什么？

利用 MAG 焊焊钢时，根据采用焊接工艺参数的不同，熔滴过渡方式有短路过渡、大滴过渡和射流过渡三种，如图 4.5 所示。

MAG 焊的短路过渡与 CO_2 短路过渡特点类似，实际焊接生产中一般不用。大滴过渡一般出现在电弧电压较高、焊接电流较小的情况下。由于利用这种过渡

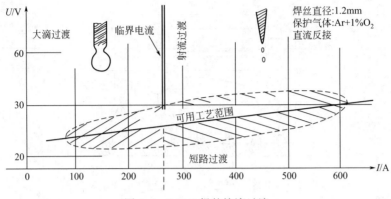

图 4.5 MAG 焊的熔滴过渡

工艺焊接的焊缝易出现熔合不良、未焊透、余高过大等缺陷,因此在实际焊接生产中一般也不用。MAG 焊通常采用射流过渡进行焊接。

4-13 什么是射流过渡,有何特点?

这种过渡形式主要出现在焊接电流大于喷射过渡临界电流的 MAG 焊中。焊丝端部熔化的液态金属呈铅笔尖状,熔滴以细小尺寸从该部位一个接一个地射向熔池,其直径远小于焊丝直径。由于熔滴过渡频率很高,看上去好像存在一个从焊丝端部指向熔池的连续束流,故称射流过渡,如图 4.6 所示。这种过渡形式具有电弧稳定、飞溅小、熔深大的特点,但在电流或干伸长度过大时,焊丝端部的液态金属容易发生旋转,导致严重的飞溅。

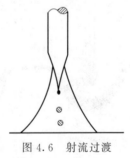

图 4.6 射流过渡

4-14 MIG 焊的熔滴过渡形式有哪些?常用的熔滴过渡方式是什么?

利用 MIG 焊焊铝及铝合金时,根据采用焊接工艺参数的不同,熔滴过渡方式有短路过渡、大滴过渡、亚射流和射滴过渡四种,如图 4.7 所示。

MIG 焊的短路过渡及大滴过渡的特点与 MAG 焊类似,实际焊接生产中一般不用。亚射流过渡是介于短路过渡与射流过渡之间的一种过渡形式,是铝及铝合金焊接中特有的一种熔滴过渡方式。MIG 焊广泛采用的熔滴过渡形式为射滴过渡。

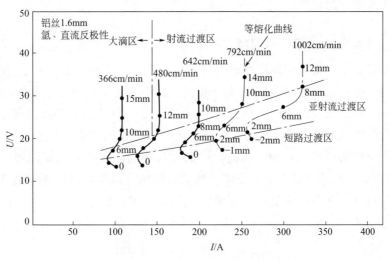

图 4.7 MIG 焊的熔滴过渡

4-15 什么是亚射流过渡，有何工艺特点？

亚射流过渡产生于弧长较短、电弧电压较小的大电流 MIG 焊中，由于弧长较短，尺寸细小的熔滴在即将以射滴形式过渡到熔池中时发生短路，然后在电磁收缩力的作用下完成过渡，见图 4.8。利用亚射流过渡工艺进行焊接时，电弧具有很强的固有自调节作用，采用等速送丝机配恒流特性的电源即可保持弧长稳定。亚射流过渡工艺具有如下特点：

图 4.8 亚射流过渡过程图像

① 电弧具有很强的固有自调节作用，采用等速送丝机配恒流特性的电源即可保持弧和稳定，焊缝外形及熔深非常均匀。

② 熔深呈碗形，可避免指状熔深。

③ 电弧呈蝴蝶形状，阴极雾化作用强。

④ 在电磁收缩力的拉断作用下过渡，无飞溅。

这种过渡形式的工艺窗口很窄，而且需要焊接电流和送丝速度严格匹配，因此实际生产中应用很少。

4-16 什么是射滴过渡，有何特点？

射滴过渡主要出现在焊接电流大于喷射过渡临界电流的铝及铝合金的 MIG 焊中。由于电流大，电弧包围了整个熔滴，熔滴受到的斑点力阻碍作用显著减小，焊丝与熔滴交界线上的表面张力 $F_σ$ 的阻碍作用也因此处温度升高而有所减小，同时，除了熔滴重力 F_g 之外，熔滴上的电磁收缩力 F_T 和等离子流力 F_p 也起着促进熔滴过渡的作用，因此，熔滴在较小的尺寸下就可脱离焊丝，见图4.9。脱离焊丝后的熔滴在等离子流力和重力作用下以很高的加速度沿着电弧轴线向熔池过渡，具有电弧稳定、飞溅小、熔深大的特点。

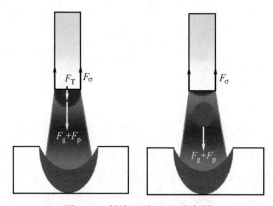

图 4.9 射滴过渡过程示意图

4-17 为什么普通 MIG/MAG 焊不适合于空间位置焊接和薄板焊接？

普通 MIG/MAG 焊通常采用喷射过渡进行焊接，选用的焊接电流必须大于喷射过渡临界电流，因此只能用于厚度较大工件的平焊及平角焊，不适合于薄板和空间位置的焊接。

4-18 什么是脉冲喷射过渡？有哪几种形式？

熔化极脉冲氩弧焊时，只要脉冲电流大于临界电流时，就可产生喷射过渡，这种过渡形式称为脉冲喷射过渡。根据脉冲电流及其维持时间的不同，熔化极脉冲氩弧焊有三种过渡形式：一个脉冲过渡一滴（简称一脉一滴）、一个脉冲过渡多滴（简称一脉多滴）及多个脉冲过渡一滴（多脉一滴），如图 4.10 所示。三种过渡方式中，一脉一滴的工艺性能最好，多脉一滴是工艺性能最差的一种过渡形式。然而，一脉一滴的工艺范围很窄，焊接过程中难以保证，因此，目前主要采用的是一脉多滴及一脉一滴的混合方式。

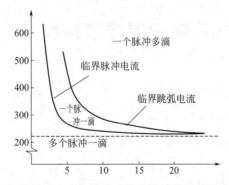

图 4.10 熔滴过渡方式与脉冲电流及脉冲持续时间之间的关系

4-19 脉冲 MIG/MAG 焊有何特点?

脉冲 MIG/MAG 焊具有如下特点。

① 在较小的平均电流下就可获得稳定的喷射过渡。拓宽了喷射过渡的工艺范围,这一范围覆盖了一般熔化极氩弧焊的短路过渡及射流过渡的电流范围,因此,熔化极脉冲氩弧焊利用射流过渡工艺既可焊厚板,又可焊薄板。

② 熔化极脉冲氩弧焊的可控参数较多,电流参数 I 由原来的一个变为四个:基值电流 I_b、脉冲电流 I_p、脉冲维持时间 t_p、脉冲间歇时间 t_b,通过调节这四个参数可在保证焊透的条件下,将焊接线能量控制在较低的水平,从而减小了焊接热影响区及工件的变形。这对于热敏感材料的焊接是十分有利的。

③ 由于可在较小的线能量下实现喷射过渡,熔池的体积小,冷却速度快,因此,熔池易于保持,不易流淌。而且焊接过程稳定,飞溅小,焊缝成形好。

④ 脉冲电弧对熔池具有强烈的搅拌作用,可改善熔池的结晶条件及冶金性能,有助于消除焊接缺陷,提高焊缝质量。

4-20 熔化极气体保护焊各种熔滴过渡方式在焊接生产中的适用性如何?

不同的熔滴过渡方式适用于不同的实际生产条件,表 4.1 给出了不同熔滴过渡工艺的适用性。

表 4.1 不同熔滴过渡工艺的适用性

过渡类型	Ar 或 Ar+He	$Ar+O_2$、$Ar+CO_2$ 或 $Ar+CO_2+O_2$	CO_2
短路过渡	一般不使用	宜用	最宜使用
射流/射滴过渡	最宜使用	最宜使用	宜使用
脉冲喷射过渡	最宜使用	最宜使用	不使用
滴状过渡	不使用	不使用	不使用
亚射流过渡	Al 焊丝时最宜使用	不使用	不使用

4.2 熔化极气体保护焊焊接材料

4-21 熔化极气体保护焊常用的保护气体有哪些？各有何特点？

熔化极气体保护焊常用的保护气体有 Ar、He 及 CO_2。气体对焊缝轮廓形状的影响见图 4.11 所示。

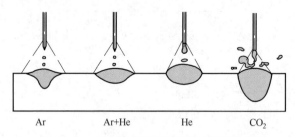

图 4.11 气体对焊缝轮廓形状的影响

表 4.2 列出了焊接时常用的几种混合气体及其工艺特点及应用范围。

表 4.2 常用混合气体的特点及应用范围

保护气体	化学性质	焊接方法	特点及应用范围	适用的范围
Ar+(20%～90%)He Ar+(10%～75%)He	惰性	MIG 焊、 TIG 焊	射流及脉冲射流过渡；电弧稳定，温度高，飞溅小，熔透能力大，焊缝成形好，气孔敏感性小；随着氦含量的增大，飞溅增大。适用于焊接厚铝板	铝及其合金
Ar+2%CO_2	弱氧化性	MAG 焊	可简化焊前清理工作，电弧稳定，飞溅小，抗气孔能力强，焊缝力学性能好	
Ar+(1%～2%)CO_2	弱氧化性	MAG 焊	提高熔池的氧化性，降低焊缝金属的含氢量，克服指状熔深问题及阴极漂移现象，改善焊缝成形，可有效防止气孔、咬边等缺陷。用于射流电弧、脉冲射流电弧	不锈钢及高强度钢
Ar+5%CO_2+2%O_2	弱氧化性	MAG 焊	提高了氧化性，熔透能力大，焊缝成形较好，但焊缝可能会增碳。用于射流电弧、脉冲射流电弧及短路电弧	
Ar+(1%～5%)O_2 或 Ar+20%O_2	氧化性	MAG 焊	降低射流过渡临界电流值，提高熔池的氧化性，克服阴极漂移及指状熔深现象，改善焊缝成形；可有效防止氮气孔及氢气孔，提高焊缝的塑性及抗冷裂能力，用于对焊缝性能要求较高的场合。宜采用射流过渡	碳钢及低合金钢
Ar+(20%～30%)CO_2	氧化性	MAG 焊	可采用各种过渡形式，飞溅小，电弧燃烧稳定，焊缝成形较好，有一定的氧化性，克服了纯氩保护时阴极漂移及金属黏稠现象，防止指状熔深；焊缝力学性能优于纯氩作保护气体时的焊缝	

续表

保护气体	化学性质	焊接方法	特点及应用范围	适用的范围
$Ar+15\%CO_2+5\%O_2$	氧化性	MAG焊	可采用各种过渡形式;飞溅小,电弧稳定,成形好,有良好的焊接质量,焊缝断面形状及熔深较理想。该成分的气体是焊接低碳钢及低合金钢的最佳混合气体	碳钢及低合金钢
$Ar+20\%N_2$	惰性	MIG焊	可形成稳定的射流过渡;电弧温度比纯氩电弧的温度高,热功率提高,可降低预热温度,但飞溅较大,焊缝表面较粗糙	铜及其合金
$Ar+(50\%\sim70\%)He$	惰性	MIG焊	采用射流过渡及短路过渡;热功率提高,可降低预热温度	
$Ar+(15\%\sim20\%)He$	惰性	MIG焊、TIG焊	提高热功率,改善熔池金属的润湿性,改善焊缝成形	镍基合金
$Ar+60\%He$	惰性	MIG焊	提高热功率,改善金属的流动性,抑制或消除焊缝中的CO气孔;焊缝美观,钨极损耗小、寿命长	
$Ar+25\%He$	惰性	MIG焊、TIG焊	可采用射流过渡、脉冲射流过渡及短路过渡;提高电弧热功率,改善熔池金属的润湿性	钛、锆及其合金
CO_2气体	氧化性	CO_2焊	采用短路过渡和细颗粒过渡;对锈蚀不敏感,简化焊前处理;焊缝较粗糙,飞溅较大;成本低	碳钢及低合金钢

4-22 为什么MIG/MAG焊通常采用混合气体而不是纯氩气进行焊接?

MIG/MAG焊采用的保护气体以氩气为主要成分,但不采用纯氩气,这是因为采用纯氩气保护时会产生以下问题。

① 在纯氩气保护下会产生强烈的喷射过渡,易导致指状熔深;

② 焊接低碳钢、低合金钢及不锈钢时,液态金属的黏度高、表面张力大,易导致气孔、咬边等缺陷;

③ 焊接低碳钢、低合金钢及不锈钢时,电弧阴极斑点不稳定,易于导致熔深及焊缝成形不均匀、蛇形焊道,而加入一定的活性气体氧气或二氧化碳后,可防止这种现象,如图4.12所示。

因此,熔化极氩弧焊一般不使用纯氩气体进行焊接,通常根据所焊接的材料采用适当比例的混合气体。

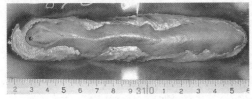
(a) 纯Ar

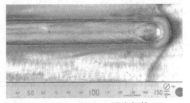
(b) Ar+2%O_2混合气体

图4.12 采用纯Ar与混合气体焊接的不锈钢焊缝形貌比较

4-23 二氧化碳焊对二氧化碳气体纯度有何要求？使用时应注意哪些问题？

焊接用 CO_2 气体要求具有很高的纯度，否则容易导致气孔，一般情况下纯度应不低于 99.5%。焊接接头质量要求较高时，其纯度应不低于 99.8%。使用过程中注意如下几点。

① 焊接时通常采用瓶装 CO_2 气体。标准气瓶的体积为 40L，可装 $25kgCO_2$，其中液态 CO_2 占气瓶容积的 80%，其余 20% 为气体。

② 气瓶的表压为液态 CO_2 的饱和蒸气压，该压力与温度有关。常温下，只要有液态 CO_2 存在，气体压力可保持 5.0～7.0MPa。当液态 CO_2 耗尽后，随着 CO_2 气体的不断消耗，气体压力将逐渐下降。

③ 当气体的压力小于 1MPa 时，其含水量显著增加，瓶中的气体不宜继续使用，应立即重新灌气。

4-24 碳钢和低合金钢焊丝型号是如何编制的？各个符号指示什么内容？

气体保护焊用碳钢、低合金钢焊丝的型号及化学成分。GB/T 8110—2020《熔化极气体保护电弧焊用非合金钢及细晶粒钢实心焊丝》规定，焊丝型号按熔敷金属力学性能、焊后状态、保护气体类型和焊丝化学成分等进行分类。焊丝型号由五部分组成：

① 第一部分　用字母"G"表示熔化极气体保护电弧焊用实心焊丝；

② 第二部分　表示在焊态、焊后热处理条件下，熔敷金属的抗拉强度代号；

③ 第三部分　表示冲击吸收能量（KV_2）不小于 27J 时的试验温度代号；

④ 第四部分　表示保护气体类型代号，保护气体类型代号按 GB/T 39255 的规定；

⑤ 第五部分　表示焊丝化学成分分类。

除以上强制代号外，可在型号中附加可选代号：

① 字母"U"，附加在第三部分之后，表示在规定的试验温度下，冲击吸收能量（KV_2）应不小于 47J；

② 无镀铜代号"N"，附加在第五部分之后，表示无镀铜焊丝。

焊丝型号举例：

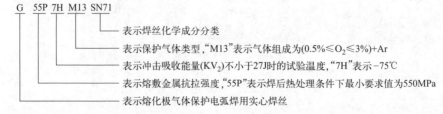

4-25 碳钢和低合金钢焊丝牌号是如何编制的？

焊丝牌号的首位字母为"H"，表示焊接用实芯焊丝；后面的一位或二位数字表示含碳量，其他合金元素含量的表示方法与钢材的表示方法大致相同。牌号尾部标有"A"表示硫、磷含量低的优质钢焊丝，标有"E"表示硫、磷含量特别低的特优质钢焊丝。

焊丝型号举例：

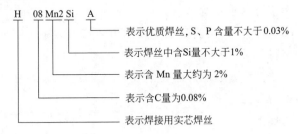

4-26 不锈钢焊丝焊丝牌号是如何编制的？

GB/T 29713—2013《不锈钢焊丝和焊带》规定，不锈钢焊丝和焊带按照化学成分进行划分，型号由两部分组成，第一部分为首字母，用"S"表示焊丝，用"B"表示焊带；第二部分为数字和字母组合，表示化学成分，"L"表示低碳，"H"表示高碳。该标准规定的焊丝型号既适用于气体保护焊，也适用于埋弧焊。

焊丝型号举例：

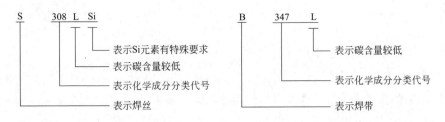

4-27 铝焊丝型号是如何编制的？各个符号指示什么内容？

铝焊丝按照化学成分分为纯铝、铝铜、铝硅、铝镁、铝锰等几种。按照GB/10858—2023《铝及铝合金焊丝》，焊丝型号由三部分组成：

第一部分：用字母 S 表示焊丝；

第二部分：Al 加四位阿拉伯数字，或加四位阿拉伯数字和一位字母，表示铝及铝合金焊丝分类的字符代号；

第三部分：可选部分，表示焊丝化学成分分类的化学成分代号。

焊丝型号实例如下：

4-28 铜焊丝型号是如何编制的？各个符号指示什么内容？

按照 GB/9460—2008《铜及铜合金焊丝》，铜焊丝型号由三部分组成：

第一部分：用字母 S 表示焊丝；

第二部分：Cu 加四位阿拉伯数字，或四位阿拉伯数字和字母，表示铜及铜合金焊丝分类的字符代号；

第三部分：可选部分，表示焊丝化学成分分类的化学成分代号，用 Cu 加主要合金元素的元素符号和公称含量。

焊丝型号实例如下：

4-29 熔化极气体保护焊常用焊丝规格有哪几种？

气体保护焊用低碳钢及低合金钢焊丝的包装形式有直条、焊丝盘、焊丝卷、焊丝桶四种。而 MIG 焊通常采用焊丝盘、焊丝卷和焊丝桶。常用的焊丝直径有 0.8mm、1.0mm、1.2mm、1.4mm、1.6mm、2.4mm 和 3.2mm 等多种。

4-30 什么是喷嘴防堵剂？如何使用？

喷嘴防堵剂是一种无毒、无味且耐高温的胶状油脂类物质。具有防止飞溅颗粒黏结在喷嘴或导电嘴上的作用。使用方法是，将有一定温度的喷嘴和导电嘴浸入防堵剂内，使防堵剂均匀地涂在喷嘴和导电嘴表面上。这样，即使喷嘴和导电嘴表面上堆积的飞溅颗粒较厚，也很容易去除。

4-31 什么是飞溅去除剂？如何使用？

CO_2 气体保护焊飞溅大，焊后清理工作量大。使用工件飞溅去除剂可便于去除工件表面上的飞溅颗粒。

飞溅去除剂是一种无色的液体，通常装在喷雾式塑料罐内以便于使用。焊接前，用手按下开关，罐内液体喷洒在焊道周围，形成一均匀的液态覆盖层，该覆盖层再变成致密的油状"薄膜"，阻挡飞溅颗粒与工件接触。这样，工件表面上

4-32 什么是陶质衬垫？有何特点？

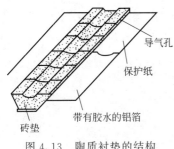

图 4.13 陶质衬垫的结构

利用氧化硅和氧化铝等作为主要原料，并加入少量的防氧化剂、脱渣剂和助熔剂，通过混合、压制、阴干、高温烧结等工艺制成的一种衬垫。它是一种可绕曲的砖式衬垫，衬垫上设有成形槽，用于控制焊缝的背面成形；两侧装有涂胶水的铝箔作为粘贴装置，用来将衬垫衬贴在工件背面，见图 4.13。主要用于单面焊双面成形及打底焊。具有使用方便、适用性强、允许坡口间隙具有较大误差等特点，可根据工件的外形进行弯曲，也可根据工件长度截取合适长度的衬垫进行衬贴。

4-33 半自动 CO_2 焊常用的陶质衬垫有哪些？如何使用？

表 4.3 给出了半自动 CO_2 焊常用陶质衬垫型号及适用范围。可利用铝箔上涂的胶水将陶质衬垫黏着在钢板上，无须其他装置。使用应注意如下几点。

表 4.3 陶质衬垫的型号及适用范围

型号	衬垫简图	适用范围
TSHD-1 型 JN-4 型 SB-41 型		平对接接头
TSHD-2 型 SB-41S 型		平对接接头（不同板厚）
TSHD-3 型 SB-41R 型		平对接接头（圆弧形）
SB-41C 型		平对接接头（十字形）

型号	衬垫简图	适用范围
JN-6 型	（横截面形状，成形槽半径 $R=3.5$mm）	角接

① 这些衬垫均为成袋供货，每袋 10 根。包装袋必须随用随拆，不可过早开封。

② 妥善保管，严禁受潮。受潮后不能使用，否则会产生飞溅和气孔。受潮后也不能烘干，因为烘干会破坏铝箔上的胶水。

③ 安装前首先用火焰加热工件，去除坡口内的水、油污等，待冷却后直接将陶质衬垫与钢板紧贴即可。

4.3 熔化极气体保护焊设备

4-34 熔化极气体保护焊设备由哪几部分组成?

熔化极气体保护焊设备又称熔化极气体保护焊机，由弧焊电源、控制箱、送丝机、焊枪及供气系统组成，见图 4.14。自动焊设备还配有行走小车或悬臂梁等，而送丝机构及焊枪均安装在小车上或悬臂梁的机头上。大电流熔化极气体保护焊机还配有水冷系统。

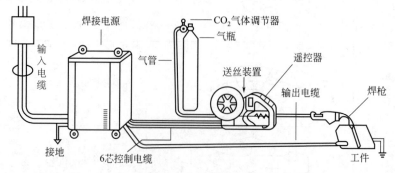

图 4.14 半自动熔化极气体保护焊机的典型配置图

4-35 熔化极气体保护焊机有哪几种？

按照操作方式，熔化极气体保护焊机可分为半自动焊机、自动焊机以及其他各种专用焊机（如螺柱焊、点焊）等。按照保护气体来分类，可分为 MIG/MAG 焊机、脉冲 MIG/MAG 焊机和 CO_2 焊机等几种。

根据 GB/T 10249—2010《电焊机型号编制方法》的规定，熔化极气体保护焊机（包括 CO_2 焊机与 MIG/MAG 焊机）的型号表示方法如下：

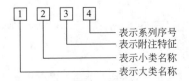

型号中的第1、2、3位用汉语拼音字母表示，第4位用阿拉伯数字表示，各字位所代表的意义见表4.4。

表 4.4 熔化极气体保护焊机型号代码

第 1 字位		第 2 字位		第 3 字位		第 4 字位	
大类名称	代表字母	小类名称	代表字母	附注特征	代表字母	系列序号	数字序号
熔化极气体保护焊	N	自动焊	Z	氩气及混合气体保护焊	省略	焊车式	省略
		半自动焊	B			全位置焊车式	1
		螺柱焊	C			横臂式	2
		点焊	D	氩气及混合气体保护脉冲焊	M	机床式	3
		堆焊	U			旋转焊头式	4
		切割	G	二氧化碳焊	C	台式	5
						机械手式	6
						变位式	7

4-36 熔化极气体保护焊机对弧焊电源和送丝机有何要求？

熔化极气体保护焊一般采用直径为 3.2mm 以下的焊丝，通过电弧的自调节作用就可保证弧长的稳定性，因此通常选用平特性或缓降特性的电源，配等速送丝机。这种匹配可保证在受到外界干扰时，弧长迅速恢复到原来的长度，保证焊接工艺参数的稳定。而且，利用这种匹配方法时，焊接参数调节非常方便。通过改变送丝速度可调节焊接电流，改变电源外特性可改变电弧电压。

图 4.15 示出了低碳钢焊丝和 SAl4043 焊丝送丝速度和焊接电流直径的关系。

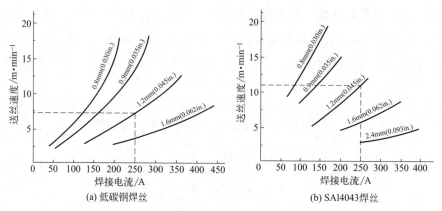

图 4.15 低碳钢焊丝和 SAl4043 焊丝送丝速度和焊接电流直径的关系

4-37 短路过渡对电源动特性有何要求？

由于短路过渡是一个电弧周期性的"燃烧—熄灭"的动态过程，为了保证该动态过程的稳定性并减少飞溅，CO_2 焊电源的动特性应满足如下要求。

① 电源的空载电压上升速度要快，以保证过渡完成后，电弧能够顺利引燃。

② 短路电流上升速度 di/dt 要适当。短路小桥的位置及爆破能量直接决定了飞溅的大小。当 di/dt 过小时，在很长的时间内短路小桥达不到临界缩颈状态，继续送进的焊丝与熔池底部的固态金属短路，导致焊丝弯曲爆断，形成大颗粒飞溅，甚至是固体焊丝飞溅；当 di/dt 过大时，熔滴与熔池一短路，短路电流就增长到一个很大的数值，使缩颈产生在熔滴与熔池的接触部位，该部位的爆破力使大部分熔滴金属飞溅出来。di/dt 可通过在焊接回路中加一适当的电感来调节。

4-38 熔化极气体保护焊所用的等速送丝机由哪几部分组成？其作用是什么？

熔化极气体保护焊所用的等速送丝机一般由焊丝盘、送丝电机、减速装置、送丝滚轮、压紧装置以及送丝软管等组成，此外，有些送丝机还配有焊丝校直装置。图 4.16 给出了等速推丝式送丝装置的局部示意图（未示出焊丝盘、送丝电机和减速装置）。从焊丝盘上出来的焊丝先经校直轮校直后经送丝轮送向软管。

送丝机的主要作用是，将焊丝输送到焊接区，并通过一定的控制方式保证弧长的稳定。

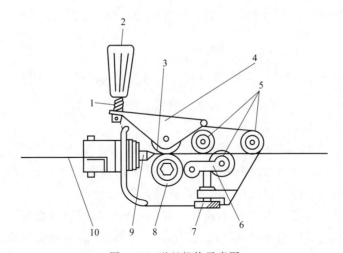

图 4.16 送丝机构示意图

1—加压弹簧；2—加压手柄；3—加压轮；4—加压杠杆；5—校直轮；
6—活动杠杆；7—压紧螺钉；8—送丝滚轮；9—焊丝导向套；10—焊丝

4-39 熔化极气体保护焊所用的等速送丝机有哪几种？各有何特点？

根据送丝滚轮与送丝软管的相对位置，送丝机构可分为推丝式、拉丝式及推拉丝式三种。

① 推丝式 推丝式送丝机构的送丝滚轮位于送丝软管之后，见图 4.17(a)。这是一种应用最广泛的送丝机构，其特点是结构简单、焊枪轻便。但焊丝进入焊枪前要经过一段较长的软管，阻力较大，因此主要使用于送丝距离小于 3m 的场合下。

② 拉丝式 拉丝式送丝机构的送丝滚轮和送丝电机均安装在焊枪上，如图 4.17(b)~(d) 所示。其特点是送丝稳定、可靠，但焊枪的重量增加，加重了焊工的劳动强度。

③ 推拉丝式 推拉丝式送丝机构同时采用推丝电机及拉丝电机，推丝电机提供主要动力，保证焊丝的稳定送进；拉丝电机的作用是将送丝软管内的焊丝拉直，减小焊丝通过焊丝软管时的摩擦阻力。这种

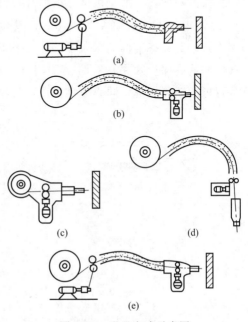

图 4.17 送丝方式示意图

送丝机构的送丝距离可达15m左右,但机构较复杂,目前应用较少。如图4.17(e)所示。

4-40 熔化极气体保护焊焊枪由哪几部分组成？各起什么作用？

焊枪本体主要组成部件是导电嘴、喷嘴、焊枪体、帽罩及冷却水套等,其中最重要的部件为喷嘴和导电嘴。

① 喷嘴 保护气体通过喷嘴流出,确保能形成一良好的保护气罩,覆盖在熔池及电弧上面。喷嘴通过绝缘套装在枪体上,所以即使它碰到工件也不会造成打弧。使用过程中应随时检查喷嘴是否被堵塞。

② 导电嘴 主要作用是将电流导入焊丝,采用紫铜或耐磨铜合金制成。导电嘴的孔径应比对应的焊丝直径稍大（大0.1~0.2mm）。喷嘴在焊接过程中不断与焊丝摩擦,因此容易受到磨损。磨损过大时会导致电弧不稳,应及时调换。导电嘴安装后,其前端应缩至喷嘴内2~3mm。

其作用是送丝、导通电流并向焊接区输送保护气体等。

4-41 熔化极气体保护焊焊枪有哪几种？各有什么特点？

按照操作方式,熔化极气体保护焊焊枪分为自动焊枪和半自动焊枪两类。

半自动焊枪又分为鹅颈式及手枪式两类,图4.18示出了这两种焊枪的典型结构。

按照冷却方式,熔化极气体保护焊焊枪可分为气冷式和水冷式两种,额定电流在400A以下的焊枪通常为气冷式,其典型结构见图4.19。400A以上的通常为水冷式,其典型结构见图4.20。对于大电流MIG焊或MAG焊,为了节省保护气体并提高保护效果,有时会采用有双层保护气流的焊枪,如图4.21所示,这种焊枪的喷嘴由两个同心喷嘴构成,气流分别从内、外喷嘴中喷出。

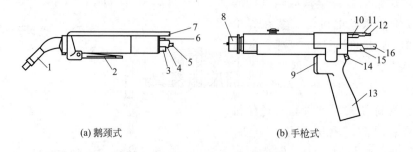

(a) 鹅颈式　　　　　(b) 手枪式

图4.18 熔化极气体保护焊的焊枪

1,8—喷嘴；2—杠杆开关；3—电缆；4,11—送丝导管；
5,12—焊丝；6—气体导管；7,14—控制电缆；9—扳机开关；
10—出水管和电缆；13—手柄；15—进水管；16—送气导管

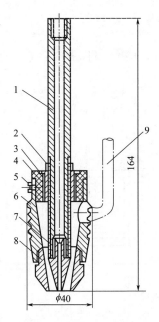

图 4.19 气冷式自动焊枪结构
1—导电杆；2—锁紧螺母；3—衬套；4—绝缘衬套；5—螺钉；6—枪体；7—导电嘴；8—喷嘴；9—通气管

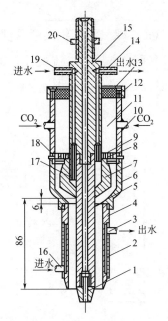

图 4.20 水冷式焊枪结构
1—导电嘴；2—喷嘴外套；3,14—出水管；4—喷嘴内套；5—下导电杆；6—外套；7—内套；8—绝缘衬套；9—出水连接管；10,16,19—进水管；11—气室；12—绝缘压块；13—背帽；15—上导电杆；17—进水连接管；18—节流装置（铜丝网）；20—螺母

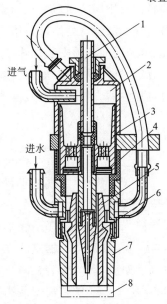

图 4.21 双层气流自动焊枪
1—铜管；2—镇静室；3—导流管；4—节流装置（铜网）；5—分流套；6—导电嘴；7—喷嘴；8—帽盖

4-42 CO_2 焊气路系统由哪几部分组成?

除气瓶、减压阀、流量计、软管及气阀以外,CO_2 焊机的气路系统还需安装预热器及干燥器,见图 4.22。

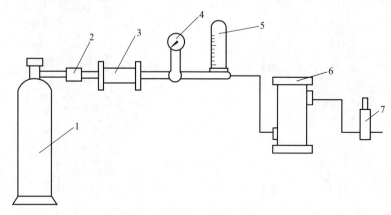

图 4.22 供气系统示意图

1—气瓶;2—预热器;3—高压干燥器;4—减压阀;5—气体流量计;6—低压干燥器;7—气阀

4-43 为什么 CO_2 焊气路系统中需要安装干燥气和预热器?

焊接过程中钢瓶内的液态二氧化碳不断气化,气化过程中要吸收大量的热,而且钢瓶中的高压二氧化碳经过减压阀减压后,气体温度也会下降;气体流量越大,温度下降越明显,容易引起气瓶出口处结冰,堵塞气路。因此,气体流量较大时(大于 10L/min),在减压阀之前必须安装加热器。通常采用电热式加热器,其结构比较简单,只需将套有绝缘瓷管的加热电阻丝套在通二氧化碳气体的紫铜管上即可。有些减压器中自带加热器,使用这种减压器时,可不用再装专门的加热器。

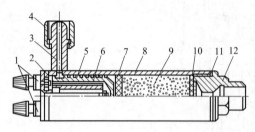

图 4.23 一体式预热干燥器的结构

1—电源接线柱;2—绝缘垫;3—进气接头;4—接头螺母;5—电热器;6—导气管;7—气筛垫;8—壳体;9—硅胶;10—毡垫;11—铅垫圈;12—出气接头

一般市售的二氧化碳气体中含有一定量的水分,因此需在气路中安装干燥器,以去除水分,减少焊缝中的含氢量。干燥器有两种:高压干燥器和低压干燥器。高压干燥器安装在减压阀前,低压干燥器安装在减压阀之后。一般情况下,只需安装高压干燥器即可。为了使结构紧凑,高压干燥器通常和预热器集成在一起,如图 4.23 所示。

4-44　MIG/MAG 焊气路系统与 CO_2 焊有何区别？

MIG/MAG 焊通常采用混合气体，需将两种或三种气体按照一定的配比混合好，然后再输送至焊枪的软管中。这要求在气路系统中增设一个配比器。配比器应能方便地调整混合气体的配比，以适应不同的工艺要求。由于 MIG 焊不使用 CO_2 气体，而 MAG 焊的 CO_2 气体用量很小，因此 MIG/MAG 焊气路系统通常不需要装预热器和干燥器。

4-45　熔化极气体保护焊机使用时应注意哪些问题？

使用时应注意以下几点。

① 应按随焊机提供的外部接线图进行安装。焊机外壳必须可靠接地，电缆接头要拧紧，否则易导致电弧不稳。焊机所接的网压应与铭牌上的输入电压相符。

② 焊机应安置于通风良好、干净整洁的地方，应离开墙壁至少 300mm；周围应无腐蚀性及爆炸性气体、易燃物品等。

③ 应根据焊丝直径更换导电嘴、送丝软管、送丝滚轮等；并调整送丝滚轮的压力，保证送丝的稳定性。

④ 不要将焊接电缆盘起来，因为盘绕起来的电缆相当于在焊接回路中加了一个电感。

⑤ 离开工作场所时，应关闭气路、水路并切断电源。

4-46　如何维护熔化极气体保护焊机？

为了减少设备故障率，延长其使用寿命，应定期对熔化极气体保护焊机进行维护保养。需要经常进行检查维护的是焊枪、送丝装置、焊接电源、电缆及气路等。

（1）焊枪

对于焊枪，需要对喷嘴、导电嘴和送丝软管进行定期维护。

① 定期检查焊枪上的喷嘴与导电嘴之间的绝缘情况，防止两者之间短路。

② 及时去除导电嘴上的飞溅颗粒。经常检查导电嘴的磨损情况，及时更换磨损严重的导电嘴，确保导电嘴和焊丝间的良好接触，以稳定焊接电流。

③ 定期清理送丝软管，去除其内部的铜屑、灰尘和其他污物，若发现局部曲折或磨损严重则应及时更换。

（2）送丝装置

对于送丝装置，应进行下列维护。

① 检查送丝滚轮的沟槽，及时清理其中的金属屑和油污。如果沟槽严重磨损，应予以更换。

② 检查焊丝导向管是否平直、是否有油污，如变形损坏应予以更换。

（3）弧焊电源

对于电源，应进行下列维护。

① 定期清理电源内外的灰尘。

② 检查各种接头是否牢固，发现松动应及时拧紧。

③ 定期检查各种继电器的触点是否完好，要及时修理或更换烧损或接触不良的触点。

（4）气路系统

经常检查气路系统的密封情况，不得有漏气现象发生；对焊枪上的分流器要及时地清理，防止堵塞，以保证保护气流的稳定性。经常检查减压流量调节器及电磁阀等的运行状况。

4-47 熔化极气体保护焊机有哪些常见故障？如何排除？

熔化极气体保护焊机的常见故障及排除方法见表4.5。

表4.5 CO_2 焊机的常见故障及排除方法

故障特征	产生原因	排除方法
不送丝或送丝电机不运转	①送丝滚轮打滑 ②送丝软管堵塞 ③焊丝与导电嘴熔合在一起 ④焊丝在送丝轮处卷曲 ⑤送丝电机故障 ⑥送丝电机调速回路故障 ⑦保险丝烧断	①增大送丝滚轮压力 ②清理软管 ③更换导电嘴 ④剪断并抽出焊丝，然后再重新插入焊丝 ⑤维修或更换电机 ⑥维修 ⑦更换保险丝
送丝速度不均匀	①送丝滚轮V形槽磨损，或与焊丝直径不符 ②送丝滚轮压力不足 ③送丝软管与焊丝不符、堵塞或有硬弯 ④导电嘴孔径不合适或被飞溅堵塞 ⑤焊枪开关接触不良或控制线路故障	①更换送丝轮 ②增大压力 ③清理或更换送丝软管 ④清理或更换导电嘴 ⑤检修或更换焊枪，修复控制线路
焊接过程中发生熄弧或焊接工艺参数不稳定	①导电嘴孔径过大或磨损严重 ②送丝轮压力过小或磨损 ③焊丝软管内径小或有硬弯 ④电感不合适	①更换导电嘴 ②更换送丝轮或调整其压力 ③更换焊丝软管 ④选择合适的电感值，将电缆拉直
焊丝在送丝滚轮和导电嘴进口处发生卷曲	①导电嘴孔径过大或损坏 ②导电嘴与焊丝粘连 ③导电嘴进口离送丝轮过远 ④焊丝软管内径小或有硬弯 ⑤送丝滚轮压力过大	①更换导电嘴 ②剪断并抽出焊丝，然后重新插入焊丝 ③调整距离 ④更换焊丝软管 ⑤调整送丝滚轮压力

续表

故障特征	产生原因	排除方法
气体保护效果不良	①电磁气阀故障 ②电磁气阀电源故障 ③气路堵塞 ④气路接头漏气 ⑤喷嘴被飞溅颗粒堵塞 ⑥减压表被冰堵塞	①修理电磁气阀 ②修理电磁气阀电源 ③检查气路导管 ④调紧接头 ⑤清理喷嘴上的飞溅颗粒 ⑥疏通减压表,并找出原因,可能是气体流量过大,也可能是加热器故障
焊接电流失调	①电缆接头松动 ②电缆与工件接触不良 ③焊枪导电嘴内孔过大 ④送丝电机转速不正常	①拧紧电缆接头 ②清理工件表面并使电缆夹头夹紧工件 ③更换导电嘴 ④检修送丝电机
空载电压过低	①电网电压过低 ②三相电源单相运行	①电网电压恢复正常后再焊接 ②检修电源

4.4 CO_2 焊焊接工艺

4-48 CO_2 焊时如何确定焊丝直径?

薄板焊接时采用短路过渡,通常采用的焊丝直径有 0.6mm、0.8mm、1.0mm、1.2mm 及 1.6mm 等几种,尽量选择细丝,以提高过渡频率,稳定焊接电弧,减少飞溅。图 4.24 示出了焊丝直径对熔滴过渡频率的影响,焊丝直径越大,短路过渡频率越低,焊接过程稳定性越低,飞溅越大。

中等厚度和大厚度板焊接时采用细颗粒过渡,采用的焊丝直径一般大于 1.2mm,通常采用的焊丝直径有 1.6mm、2.0mm、2.4mm 等几种。

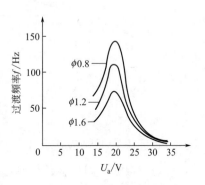

图 4.24 焊丝直径对熔滴过渡频率的影响

4-49 CO_2 焊通常采用何种电流及极性?

CO_2 焊通常采用直流反接。采用直流反接时,电弧稳定,飞溅小,熔深大。但在堆焊及焊补铸件时,应采用直流正接,这是因为直流正接时焊丝接产量热大的阴极,工件接产热量小的阳极,具有熔敷速度高和稀释率低的优点。

4-50 如何确定短路过渡 CO_2 焊的焊接电流和电弧电压?

对于短路过渡 CO_2 焊来说,电弧电压是最重要的焊接参数,因为它直接决定了熔滴过渡的稳定性及飞溅大小,进而影响焊缝成形及焊接接头的质量。对于一定的焊丝直径,有一最佳电弧电压范围,电弧电压小于该范围的下限时,短路小桥不易断开,易导致固体短路(未熔化的焊丝直接穿过熔池金属与未熔化的工件短路),导致很大的飞溅,甚至导致固体焊丝飞溅;电弧电压大于该范围的上限时,易产生大滴排斥过渡,飞溅颗粒很大,电弧不稳。

电流的大小要与电弧电压相匹配。表 4.6 给出了三种直径焊丝的最佳短路过渡焊接工艺参数。图 4.25 给出了实际生产中常用的电流及电压范围。

表 4.6 短路过渡焊接工艺参数

焊丝直径/mm	0.8	1.2	1.6
电弧电压/V	18	19	20
焊接电流/A	100～110	120～135	140～180

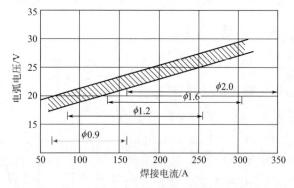

图 4.25 实际生产中常用的电流及电压范围

4-51 如何确定细颗粒过渡 CO_2 焊的焊接电流和电弧电压?

首先应根据被焊材料及板厚选择焊接电流和焊丝直径,然后根据焊接电流选择电弧电压,焊接电流越大,焊丝直径越大,选择的电弧电压也应越大。但电弧电压也不能太高,否则飞溅将显著增大。表 4.7 给出了采用不同焊丝直径时细颗粒过渡的最低电流值及电弧电压范围。

表 4.7 细颗粒过渡的最低电流值及电弧电压范围

焊丝直径/mm	电流下限值/A	电弧电压/V
1.6	400	
2.0	500	34～45
3.0	650	
4.0	750	

4-52 如何确定 CO_2 焊的焊接速度？

焊接速度要与焊接电流适当配合才能得到良好的焊缝成形。在热输入不变的条件下，焊接速度过大，熔宽、熔深减小，甚至产生咬边、未熔合、未焊透等缺陷。如果焊接速度过慢，不但直接影响了生产率，而且还可能导致烧穿、焊接变形过大等缺陷。

半自动短路 CO_2 焊的焊接速度一般为 $5\sim 60$m/h。

4-53 如何确定焊接回路电感大小？

焊接回路电感主要是控制短路电流上升速度及短路电流峰值。短路过渡 CO_2 焊要求具有合适的短路电流上升速度，从而将缩颈小桥控制在焊丝与熔滴之间，以保证爆破力将大部分熔滴金属过渡到熔池中。同时还要求具有合适的短路电流峰值，以使爆破能量适中，不至于产生很大的细颗粒飞溅。不同的焊丝直径要求不同的短路电流上升速度，焊丝越细，熔化速度越大，短路过渡频率越大，要求的短路电流上升速度就越大。因此，焊接回路中应根据焊丝直径选择适当的电感，表 4.8 列出了不同直径焊丝所要求的电感值。

表 4.8 不同直径焊丝所要求的电感值

焊丝直径/mm	焊接电流/A	电弧电压/V	电感/mH
0.8	100	18	0.04～0.30
1.2	130	19	0.08～0.50
1.6	160	20	0.30～0.70
2.0	175	21	不要求

实际焊接生产中，一般不需要焊工对焊接回路电感量进行设置。有些 CO_2 焊机上有电感量切换开关，只需根据焊丝直径切换不同的挡位即可。应注意的是不要盘绕电缆，盘绕起来的电缆相当于一个电感元件，使焊接回路的电感量发生变化，可能会导致飞溅过大或焊接过程不稳定。

对于细颗粒过渡 CO_2 焊，回路电感对抑制飞溅的作用不大，一般不要求在焊接回路中加电感元件。

4-54 如何确定喷嘴至工件的距离？

喷嘴至工件的距离根据焊丝直径来确定，一般应取焊丝直径的 12 倍左右（10～15 倍）。短路过渡 CO_2 焊时，喷嘴至工件的距离应尽量取得适当小一些，以保证良好的保护效果及稳定的过渡，但也不能过小。这是因为该距离过小时，飞溅颗粒易堵塞喷嘴，阻挡焊工的视线。

4-55 如何确定焊丝干伸长度?

焊丝干伸长度是指电弧稳定燃烧时伸出在导电嘴之外的焊丝长度 l_s，该参数影响一定送丝速度下焊接电流的大小。干伸长度并不是一个可独立设定的参数，也就是说，焊前不能直接设定其大小，需要通过设定导嘴到工件的距离 L_H 和电弧弧长 l_a 来间接确定。由图 4.26 可看出，$l_s = L_H - l_a$，L_H 可直接设定，l_a 可通过设定电弧电压来设定，设定了这两个参数后就间接地设定了 l_s。

短路过渡 CO_2 焊所用的焊丝很细，因此，焊丝干伸长度对熔滴过渡、电弧的稳定性及焊缝成形均具有很大的影响。干伸长度过大时，电阻热增大，焊丝容易因过热而熔断，导致严重飞溅及电弧不稳。此外，干伸长度过大时，实际焊接电流降低，电弧的熔透能力下降，易导致未焊透。而干伸长度过小时，喷嘴离工件的距离很小，飞溅金属颗粒易堵塞喷嘴。

短路过渡 CO_2 焊时，干伸长度一般应控制在 8～12mm 内。

细颗粒过渡 CO_2 焊所用的焊丝较

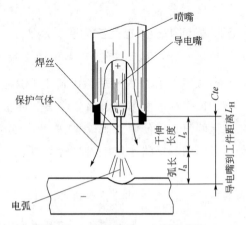

图 4.26 干伸长度、电弧长度和喷嘴到工件的距离之间的关系

粗，焊丝干伸长度对熔滴过渡、电弧的稳定性及焊缝成形的影响不像短路过渡那样大。但由于飞溅较大，喷嘴易于堵塞，因此，干伸长度应比短路过渡时选得大一些，一般应控制在 10～20mm 内。

4-56 如何确定保护气体流量?

保护气体的流量一般根据电流的大小、焊接速度、干伸长度等来选择。这些参数越大，气体流量也应适当加大。但也不能太大，以免产生紊流，使空气卷入焊接区，降低保护效果。

短路过渡 CO_2 焊的保护气体流量一般为 5～15L/min。

细颗粒过渡 CO_2 焊所用焊接电流比短路过渡大，焊接速度也大，因此采用的保护气体流量也应适当增大，一般为 10～20L/min。

4-57 CO_2 焊的常见焊接缺陷有哪些？如何预防？

CO_2 焊的常见焊接缺陷及其预防方法见表 4.9。

表 4.9 CO_2 焊焊接缺陷的原因及其预防方法

焊接缺陷的种类	可能的原因	检查项及其预防方法
气孔	①CO_2 气体流量不足 ②空气混入 CO_2 中 ③保护气被风吹走 ④喷嘴被飞溅颗粒堵塞 ⑤气体纯度不符合要求 ⑥被焊部位太脏 ⑦喷嘴与工件之间的距离过大 ⑧焊丝弯曲 ⑨焊接区卷入空气	①气体流量是否合适(15～25L/min);气管有无泄漏处;气管接头是否牢固 ②气瓶中气压是否大于1MPa ③风速大于 2m/s 处应采取防风措施 ④去除喷嘴上的飞溅颗粒(最好使用飞溅防堵剂) ⑤使用合格的 CO_2 气体 ⑥清理工件表面所黏附的油、锈、水、脏物和油漆 ⑦通常为 10～25mm,根据电流和喷嘴直径进行调整,使电弧在喷嘴中心燃烧 ⑧将焊丝校直 ⑨在坡口内焊接时,由于焊丝倾斜,气体向一个方向流动,空气容易从相反方向卷入;环焊缝时气体向一个方向流动,容易卷入空气,焊枪应对准环缝的圆心
电弧不稳	①导电嘴内孔尺寸不合适 ②导电嘴磨损 ③焊丝送进不稳 ④网路电压波动 ⑤导电嘴与工件间距过大 ⑥焊接电流过低 ⑦接地不牢 ⑧焊丝直径不合适	①应使用与焊丝直径相匹配的导电嘴 ②导电嘴内孔可能变大,导电不良 ③焊丝缠绕是否太乱,焊丝盘旋转是否平稳,送丝轮尺寸是否合适,加压滚轮压紧力是否太小,导向管曲率可能太小 ④一次侧电压变化不要过大 ⑤该距离应为焊丝直径的 10～15 倍 ⑥使用与焊丝直径相适应的电流 ⑦应可靠接地(由于母材生锈,有油漆及油污使得接触不好) ⑧按所需的熔滴过渡工艺选用合适直径的焊丝
焊丝与导电嘴粘连	①导电嘴与工件间距太小 ②起弧方法不正确 ③导电嘴不合适 ④焊丝端头有熔球时起弧不好	①该距离由焊丝直径决定 ②不得在焊丝与工件接触后进行引弧(应在焊丝与工件之间保持一定距离时按下启动按钮) ③按焊丝直径选择尺寸适合的导电嘴 ④剪去焊丝端头的熔球或采用带有去球功能的焊机
飞溅多	①焊接参数不合适 ②输入电压不平衡 ③对于短路过渡 CO_2 焊,焊接回路的电感量不合适 ④磁偏吹 ⑤焊丝直径不合适	①焊接参数是否合适,特别是电弧电压是否过高 ②一次侧各相的保险丝是否熔断 ③切换电感量设置开关,将盘绕的电缆拉直 ④改变一下工件的接地线位置,减少某一侧的空隙,设置工艺板 ⑤按所需的熔滴过渡工艺选用合适直径的焊丝
电弧周期性的波动	①送丝不均匀 ②导电嘴不合适 ③一次输入电压变动大	①焊丝盘是否平稳旋转,送丝轮是否打滑,导向管的摩擦阻力是否太大 ②导电嘴尺寸是否合适,导电嘴是否磨损过大 ③电源变压器容量够不够,附近有无过大负载(电阻点焊机等)
咬边	①焊接工艺参数不合适 ②焊枪操作不合理	①电弧电压是否过高,焊速是否过快 ②焊接方向是否合适,焊枪角度是否正确,焊枪指向位置是否正确;改进焊枪摆动方法

续表

焊接缺陷的种类	可能的原因	检查项及其防止方法
焊瘤	①焊接工艺参数不合适 ②焊枪操作不合理	①电弧电压是否过低、焊速是否过慢；焊丝干伸长度是否过大 ②焊枪角度是否正确，焊枪指向位置是否正确；改进焊枪摆动方法
焊不透	①焊接工艺参数不合适 ②焊枪操作不合理 ③接头形状不良	①是否电流太小、电压太高、焊速太大，焊丝干伸长是否太大 ②焊枪角度正确否(倾角是否过大)，焊枪指向位置是否正确 ③坡口角度和根部间隙可能太小，接头形状应适合于所用的焊接方法
烧穿	①焊接工艺参数不合适 ②坡口尺寸不合适	①是否电流太大、电压太低 ②坡口角度是否太大，钝边是否太小，根部间隙是否太大，坡口是否均匀
夹渣	焊接工艺参数不合适	正确选择焊接工艺参数(适当增加电流、焊速) 摆动宽度是否太大 焊丝干伸长是否太大

4.5 MIG/MAG 焊焊接工艺

4-58 MIG/MAG 焊焊前清理要求与 CO_2 焊有何不同？

CO_2 焊电弧气氛具有强烈的氧化性，具有较强的去氢效果，因此工件表面的氧化膜不严重时可以不用清理。但氧化膜严重时需要进行清理，通常采用机械清理方法。

MIG/MAG 焊焊前需要对工件进行严格的清理，特别是 MIG 焊焊铝和镁时。通常采用机械清理方法进行清理，参见 TIG 焊。

4-59 MIG/MAG 焊如何选择保护气体？

根据母材类型选择保护气体，一般采用混合气体。

焊接铝及铝合金时，一般选用 Ar 或 Ar+He；当板厚小于 25mm 时，采用纯氩气。当板厚为 25～50mm 时，采用添加 10%～35%氦气的氩氦混合气体。当板厚为 50～75mm 时，宜采用添加 10%～35%或 50%氦气的氩氦混合气体。当板厚大于 75mm 时，推荐使用添加 50%～75%氦气的氩氦混合气体。

低碳钢及低合金钢的熔化极氩弧焊可采用 Ar+(1%～5%)O_2、Ar+(10%～20%)CO_2 混合气体，一般采用 Ar+20%CO_2 混合气体。采用这类保护气体时，电弧气氛具有一定的氧化性，因此对于工件表面的锈、油污等污物不太敏感，对于一些不重要的焊件，如果表面的锈、油污不是很严重，可不进行焊前清理。对于重要的焊缝，仍应将坡口边缘及附近 20mm 范围内的锈、油污清理干净。

而焊接不锈钢时则采用 $Ar+CO_2+O_2$ 或 $Ar+CO_2$；混合气体的具体比例见表 4.2。

4-60 如何选择焊丝直径？

焊丝直径根据工件的厚度、施焊位置来选择，薄板焊接及空间位置的焊接通常采用细丝（直径≤1.6mm），平焊位置的中等厚度板及大厚度板焊接通常采用粗丝。表 4.10 给出了直径为 0.8～2.0mm 的焊丝的适用范围。在平焊位置焊接大厚度板时，最好采用直径为 3.2～5.6mm 的焊丝，利用该范围内的焊丝时焊接电流可用到 500～100A，这种粗丝大电流焊的优点是，熔透能力大、焊道层数少、焊接生产率高、焊接变形小。

表 4.10 焊丝直径的选择

焊丝直径/mm	工件厚度/mm	施焊位置	熔滴过渡形式
0.8	1～3	全位置	短路过渡
1.0	1～6	全位置、单面焊双面成形	短路过渡
1.2	2～12	全位置、单面焊双面成形	短路过渡
	中等厚度、大厚度	打底	
1.6	6～25	平焊、横焊或立焊	射流过渡
	中等厚度、大厚度		
2.0	中等厚度、大厚度		

4-61 MIG/MAG 焊通常采用何种熔滴过渡方式进行焊接？

薄板（2mm 以下铝材、3mm 以下的不锈钢）或全位置焊接通常选用脉冲喷射过渡或短路过渡进行焊接，而厚板通常选用喷射过渡（后者仅适用于铝及铝合金）进行焊接。

4-62 MIG/MAG 焊通常采用何种电流和极性接法？

MIG/MAG 焊只采用直流和脉冲直流进行焊接，不用交流。通常采用直流反极性接法。其优点是：过渡稳定，熔透能力大且阴极雾化效应大。

4-63 如何确定 MIG/MAG 焊焊接电流？

实际焊接过程中，应根据工件厚度、焊接方法、焊丝直径、焊接位置来选择焊接电流。需要注意的是，对于一定直径的焊丝，有一定的允许电流使用范围。

低于该范围或超出该范围，电弧均不稳定。表 4.11 给出了各种直径的低碳钢 MAG 焊所用的典型焊接电流范围。图 4.27 给出了各种直径不锈钢焊丝的典型焊接电流范围。图 4.28 给出了各种直径铝合金焊丝的典型焊接电流范围。图 4.29 给出了各种厚度铝板对接的常用焊接电流范围。

表 4.11　低碳钢 MAG 焊的典型焊接电流范围

焊丝直径/mm	焊接电流/A	熔滴过渡方式	焊丝直径/mm	焊接电流/A	熔滴过渡方式
1.0	40～150	短路过渡	1.6	270～500	射流过渡
1.2	80～180	短路过渡	1.2	80～220[①]	脉冲射流过渡
1.2	220～350	射流过渡	1.6	100～270[①]	脉冲射流过渡

① 指平均电流。

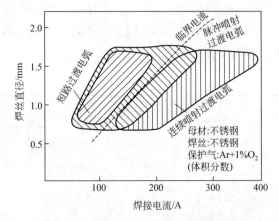

图 4.27　不锈钢焊丝的典型焊接电流范围

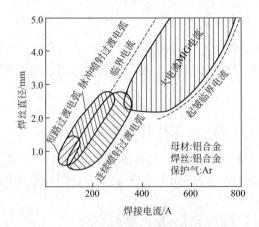

图 4.28　铝合金焊丝的典型焊接电流范围

脉冲氩弧焊机一般采用一元化调节方式，只需设置平均电流（或者设置工件

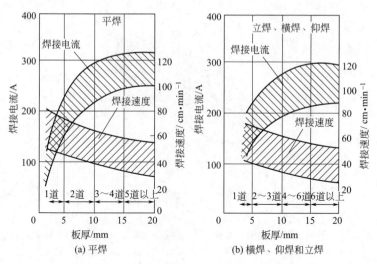

图 4.29　铝板对接的常用焊接电流范围

厚度),各种脉冲焊接参数自动根据固定的函数关系设置为最佳值。

4-64　如何确定 MIG/MAG 焊电弧电压?

电弧电压主要影响熔宽,对熔深的影响很小。电弧电压应根据保护气体的成分、电流的大小、被焊材料的种类、熔滴过渡方式等进行选择,见图 4.30。表 4.12 列出了不同保护气氛下的电弧电压。

表 4.12　利用不同保护气氛焊接时的电弧电压　　　　单位:V

金属	喷射或细颗粒过渡					短路过渡			
	Ar	He	Ar+75%He	Ar+(1%~5%)O_2	CO_2	Ar	Ar+(1%~5%)O_2	Ar+25%O_2	CO_2
铝	25	30	29	—	—	19	—	—	—
镁	26	—	28	—	—	16	—	—	—
碳钢	—	—	—	28	30	17	18	19	20
低合金钢	—	—	—	28	30	17	18	19	20
不锈钢	24	—	—	26	—	18	19	21	—
镍	26	30	28	—	—	22	—	—	—
镍-铜合金	26	30	28	—	—	22	—	—	—
镍-铬-铁合金	26	30	28	—	—	22	—	—	—
铜	30	36	33	—	—	24	22	—	—
铜-镍合金	28	32	30	—	—	23	—	—	—
硅青铜	28	32	30	28	—	23	—	—	—
铝青铜	28	32	30	—	—	23	—	—	—
磷青铜	28	32	30	23	—	23	—	—	—

注:焊丝直径为 1.6mm。

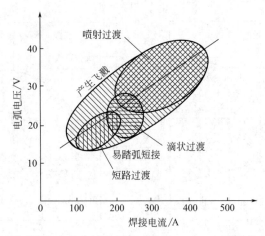

图 4.30 不同过渡方式的电弧电压可选范围（1.2mm 直径的低碳钢焊丝）

4-65 如何确定 MIG/MAG 焊焊接速度？

焊接速度是重要焊接工艺参数之一。焊接速度要与焊接电流适当配合才能得到良好的焊缝成形。在热输入不变的条件下，焊接速度过大，熔宽、熔深减小，甚至产生咬边、未熔合、未焊透等缺陷。如果焊接速度过慢。不但直接影响了生产率，而且还可能导致烧穿、焊接变形过大等缺陷。

自动熔化极氩弧焊的焊接速度一般为 25～150m/h；半自动熔化极氩弧焊的焊接速度一般为 5～60m/h。

4-66 如何确定 MIG/MAG 焊喷嘴至工件的距离？

喷嘴高度应根据电流的大小选择，见表 4.13。该距离过大时，保护效果变差；过小时，飞溅颗粒易堵塞喷嘴，且阻挡焊工的视线。

表 4.13 喷嘴高度推荐值

电流大小/A	<200	200～250	350～500
喷嘴高度/mm	10～15	15～20	20～25

4-67 如何确定 MIG/MAG 焊焊丝干伸长度？

焊丝的干伸长度影响焊丝的预热，因此对焊接过程及焊缝质量具有显著影响。其他条件不变而干伸长度过长时，焊接电流减小，易导致未焊透、未熔合等缺陷；干伸长度过短时，易导致喷嘴堵塞及烧损。

干伸长度一般根据焊接电流的大小、焊丝直径及焊丝电阻率来选择，表 4.14 给出了几种焊丝的干伸长度推荐值。

表 4.14　几种焊丝的干伸长度推荐值

焊丝直径/mm	H08Mn2Si	H06Cr19Ni9Ti	焊丝直径/mm	H08Mn2Si	H06Cr19Ni9Ti
0.8	6~12	5~9	1.2	8~15	7~12
1.0	7~13	6~11			

4-68　如何确定保护气体流量?

保护气体的流量一般根据电流的大小、喷嘴孔径及接头形式来选择。对于一定直径的喷嘴,有一最佳的流量范围,流量过大,易产生紊流;流量过小,气流的挺度差,保护效果均不好。气体流量最佳范围通常需要利用实验来确定,保护效果可通过焊缝表面的颜色来判断,如表 4.15 所示。

表 4.15　保护效果与焊缝表面颜色间的关系

母材	最好	良好	较好	不良	最差
不锈钢	金黄色或银色	蓝色	红灰色	灰色	黑色
钛及钛合金	亮银白色	橙黄色	蓝紫色	青灰色	白色氧化钛粉末
铝及铝合金	银白色有光亮	白色(无光)	灰白色	灰色	黑色
紫铜	金黄色	黄色	—	灰黄色	灰黑色
低碳钢	灰白色有光亮	灰色	—	—	灰黑色

某些情况下,例如利用大电流、粗焊丝,焊接铝及铝合金、钛及钛合金时,需要采用双层保护气流。

4.6　熔化极气体保护焊的操作技术

4-69　熔化极气体保护焊采用什么操作姿势及焊枪把持方式?

焊接时根据工件的位置及高度,采用站立或下蹲姿势,也可坐在高度合适的椅子上。上半身稍向前倾,肩部用力抬起臂膀,使手臂保持水平。右手握焊枪,左手拿面罩。焊枪要握得自然,不要握得太紧,并用食指控制焊枪上的启动开关。

4-70　熔化极气体保护焊如何引弧?

半自动 CO_2 焊通常采用爆裂引弧法。引弧前要选好适当引弧位置,使焊丝与工件保持一定的距离,按下焊枪上的启动按钮,焊丝送进并与工件接触,焊丝在较大的短路电流作用下熔化爆断,将电弧引燃起来。

4-71　熔化极气体保护焊引弧时需要注意哪些问题?

可靠引弧的关键是使焊丝与工件轻微接触,接触太紧或接触不良均会引起焊丝烧断长度过大,导致飞溅严重及起弧处熔深不足,因此,应注意以下几点。

① 引弧前必须将焊丝伸出长度调节适当，使焊丝端头与焊件之间保持2~3mm的距离，导电嘴至焊件间距为10~15mm，如图4.31(a)所示。操作方法是：点按焊枪上的控制开关，点动送丝，使焊丝伸出长度小于喷嘴与工件间距2~3mm。

② 如果焊丝端部有金属熔球，必须用钳子剪掉，否则易造成严重飞溅和起弧处焊缝缺陷，甚至难以实现可靠引弧。

③ 焊丝与工件接触后，焊枪有被焊丝顶起的趋势，因此要稍加用力向下压焊枪，防止电弧因拉长而熄灭。

④ 焊接重要焊缝或自动焊时，最好加上引弧板，在引弧板上引弧。

⑤ 如果不能加引弧板，半自动焊时一般在离始焊端10~20mm处引弧，电弧稳定后再将电弧移向始焊端，见图4.31(b)。一般情况下，始焊端易出现焊道过高、熔深不足等缺陷。为避免这些缺陷，先将电弧稍微拉长一些，对该端部进行适当的预热，然后再压缩电弧至正常长度，进行正常焊接。以避免焊缝起弧处出现未焊透、熔透、气孔等缺陷。

⑥ 如果不能加引弧板，自动焊时一般应在起弧处快速移动，得到较窄的焊道，为焊道接头创造条件，如图4.32所示。

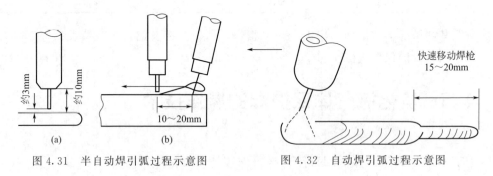

图4.31 半自动焊引弧过程示意图　　图4.32 自动焊引弧过程示意图

4-72　熔化极气体保护焊时运枪方式有哪些？各有何特点？

焊枪运行方式有直线移动法和横向摆动法两种。

直线移动法是指焊枪只沿焊缝轴线作直线运动而不做摆动的运枪方法，这种方法焊出的焊道宽度较窄。

横向摆动法是指焊枪沿焊缝轴线移动的同时，还以焊缝中心线为中心向两侧做横向交叉摆动的运枪方法。这种运枪方法的优点是焊道较宽，适合于不用衬垫的对接焊缝打底焊道或根部焊道的焊接，具有较好的搭桥能力。

4-73　直线移动法运枪时有哪些问题需要注意？

需注意以下问题。

① 运枪速度要均匀一致。

② 喷嘴与工件间的距离也要保持恒定。如果喷嘴与工件之间的间距波动大，则焊丝伸出长度会产生变化，焊丝的熔化速度变化，熔深不均匀，焊缝外观也高低不平。

③ 电弧中心线要始终对准熔池前端，如图 4.33 所示。若电弧中心线保持在熔池后端，向前流淌的液态金属使电弧熔透能力下降，易产生未焊透缺陷。

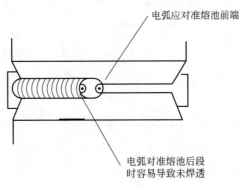

图 4.33　电弧应对准的部位

4-74　CO_2 焊的横向摆动法有几种？需要注意哪些问题？

根据 CO_2 气体保护焊的特点，常采用锯齿形、月牙形、正三角形、斜圆圈形等横向摆动方式，如图 4.34 所示。

(a) 锯齿形摆动　　　　　　(b) 月牙形摆动

(c) 正三角形摆动　　　　　(d) 斜圆圈形摆动

图 4.34　CO_2 焊焊枪的几种横向摆动方式

横向摆动时，要注意以下几点。

① 以手臂为主进行操作，手腕起辅助作用。

② 摆动幅度不要太大，比焊条电弧焊稍小。左右摆幅要大体相同。如果摆动幅度不同，则幅度较大的一侧容易出现未焊透缺陷。

③ 做锯齿形和月牙形摆动时，摆到中心时要稍微加快一点速度，以避免焊缝中心过热，而在两侧时应稍做停顿。

④ 为了降低熔池温度，避免液态金属漫流，焊枪也可做小幅度的前后摆动，要注意摆动幅度要均匀，焊枪向前运动的速度也要均匀。

4-75 什么是左焊法？什么是右焊法？

按焊枪的移动方向，熔化极气体保护焊的操作方法可分为左焊法和右焊法两种，见图4.35。

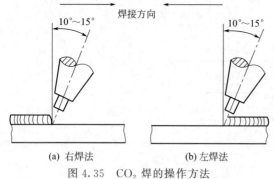

图 4.35 CO_2 焊的操作方法

① 右焊法 是从工件的左端向右端焊。这种方法的优点是熔池能得到良好的保护、熔深大、焊缝外形饱满。但是焊接时不便观察，不易准确掌握焊接方向，容易焊偏，尤其是焊接对接接头时。

② 左焊法 是从工件的右端向左端焊。这种方法的优点是电弧对焊件有预热作用，焊缝成形好。而且可方便地观察待焊部位，易掌握焊接方向，保证不会焊偏。因此，气体保护焊一般都采用左焊法。这种方法的缺点是观察熔池相对较困难。

4-76 左焊法和右焊法各有何特点？

表4.16给出了各种接头的左焊法及右焊法的特点。

表 4.16 各种接头的左焊法及右焊法的特点

接头形式	左焊法	右焊法
薄板 0.8～4.5mm	①能得到稳定的反面焊道 ②焊道低而宽 ③间隙大时通过摆动可覆盖焊道 ④接缝的可见性好	①易烧穿 ②难以得到稳定的反面焊道 ③焊道高而窄，成形不好 ④间隙大时难焊
中厚板的熔透焊接	①能得到稳定的熔透焊道 ②间隙大时依靠摆动能在一定程度上覆盖	①易烧穿 ②难以得到稳定的熔透焊道 ③间隙大时易烧穿
角焊缝，焊脚小于8mm	①焊接线可见性好，焊枪指向准确 ②易得到平角焊缝 ③易在焊道附近敷着细小的飞溅金属	①焊接线可见性不好，而余高形状可见 ②易得到凸角焊缝 ③飞溅少 ④根部熔深大

续表

接头形式	左焊法	右焊法
船形角焊缝,焊脚小于10mm 深坡口对接焊	①凹形角焊缝 ②熔化金属流到焊枪的前面而易产生咬边 ③根部熔深浅（可能产生未焊透） ④大焊脚焊道难以进行,(需要摆动、易产生咬边)	①平角焊缝 ②不易咬边 ③根部熔深大 ④余高的大小可见,余高和熔宽容易控制
横焊 I形坡口 或单边 V形坡口	①焊接线可见性好 ②间隙大时也可防止烧穿 ③焊道整齐	①电弧潜入母材,易烧穿 ②熔宽窄,呈出凸形焊道 ③少量飞溅 ④熔宽和余高不均匀 ⑤熔池金属易下淌
高速焊接 （平焊、立焊和横焊）	调整焊枪角度,易防止咬边	①易产生咬边 ②易产生窄焊道,呈凸形

4-77 熔化极气体保护焊熄弧时如何正确熄弧？

结束焊接时，切忌突然熄灭电弧，因为这样会在熄弧点处留下弧坑，而且弧坑处易产生裂纹和气孔等缺陷。为了克服这些缺陷，必须在熄弧过程中填满弧坑。一般采用如下几种方法。

① 逐渐拉长电弧法 首先在熄弧点稍做停留，然后慢慢地抬起焊枪，使电弧逐渐拉长，慢慢熄灭。这样可使弧坑填满，并使熔池金属在未凝固前仍受到良好的保护。最好还要配合使用图4.36中的示出的方法。

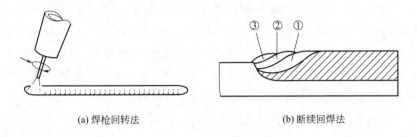

(a) 焊枪回转法　　　　　　(b) 断续回焊法

图 4.36　填满弧坑的方法

② 采用引出板　如果允许，最好在焊缝终端加引出板（熄弧板），在引出板上进行熄弧，如图4.37所示。

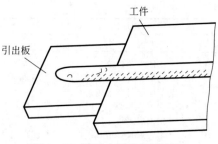

图 4.37 用引出板法填满弧坑

4-78 熔化极气体保护焊时如何进行焊道接头?

如果不能一次完成一条焊缝,就会出现焊道接头问题。焊道接头处易产生夹渣、气孔等缺陷。为了保证焊道接头位置的焊接质量,避免产生焊道过高、脱节、宽窄不一等缺陷,焊缝接头方法一般采用退焊法,即先在已焊焊道前面 10~20mm 处引弧,稍稍拉长电弧并移至原弧坑中部稍偏向原焊道的部位,压低电弧,填满弧坑后再向前移动进行正常焊接,如图 4.38 所示。

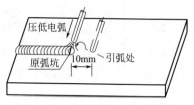

图 4.38 焊道接头方法示意图

4-79 利用熔化极气体保护焊进行平焊时如何操作?

用熔化极气体保护焊进行平焊时一般采用左焊法。焊枪倾斜角度(焊丝与焊缝轴线的垂直面之间的角度)一般控制在 10°~20°,焊枪与焊缝轴线夹角一般取 70°~80°。

薄板时采用 I 形坡口,进行单面焊双面成形或双面焊,焊枪以直线移动或做微小幅度的摆动(与坡口的间隙相同),采用左焊法。

厚板对接一般采用 V 形坡口的多层多道焊。打底层焊接时,如果坡口角度及间隙较小,焊枪做直线移动或做微小幅度的摆动(幅度与坡口的间隙相同),采用右焊法,如图 4.39(a) 所示。如果坡口角度及间隙较大,焊枪做横向摆动,采用左焊法,如图 4.39(b) 所示。其他各焊道较宽,摆动宽度视所焊焊层的厚度来决定。要求最后一层填充焊道高度应低于母材表面 1.5~2.5mm。焊接盖面层时,坡口边缘焊道的横向摆动应摆动到超出边缘 2mm 左右的部位。

横向摆动速度必须与焊丝熔化速度协调一致。过快的摆动速度会使焊缝中心过分下凹、焊缝根部熔合不良。过慢的摆动速度会使焊缝中心凸起、两边缘凹陷,这样焊渣难去除,且后续焊道易导致未焊透。打底层焊接时尤其要注意保持横向摆动速度与焊丝熔化速度的协调一致,否则两边缘很容易产生夹渣。

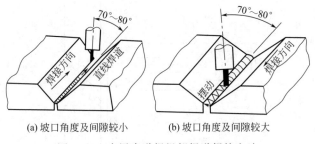

图 4.39 多层多道焊根部焊道焊接方法

4-80 利用熔化极气体保护焊进行横焊时如何操作？

横焊的主要问题是熔池金属易在重力作用下流淌，易导致咬边、焊瘤和未焊透等缺陷。因此，通常采用细丝短路过渡进行焊接，使用左焊法。此外，焊接时还需通过适当的焊枪角度来保证焊接过程稳定和良好的焊缝成形。焊枪与焊缝轴线的夹角为 $75°\sim85°$，与通过焊缝轴线的工件垂面之间的夹角为 $5°\sim15°$，如图 4.40 所示。

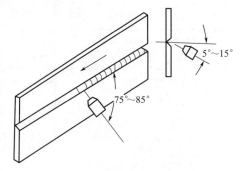

图 4.40 CO_2 气体保护焊横焊的焊枪角度示意图

① 薄板对接单道焊 对于薄板的单道焊，一般采用直线移动方式，也可作小幅度的前后往复摆动，以降低熔池温度，防止铁水下淌。

② 厚板对接多层多道焊 厚板对接多道焊时，通常在上板上开单边 V 形坡口。打底焊时，如果坡口间隙较小（5mm 以下），则采用直线移动法运枪，尽量焊成等焊脚焊道，如图 4.41(a) 所示。如果坡口间隙较大（5~8mm）则焊枪应横向摆动，可采取斜圆圈形或锯齿形摆动法，但摆幅比手弧焊要小，摆动到上下两侧时停留 0.5s 左右，尽量焊成等焊脚焊道，如图 4.41(b) 所示。如果坡口间隙很大（大于 8mm），则打底焊采用两个焊道，如图 4.41(c) 所示。填充层一般采用每层多道，先焊接下侧焊道，再焊上侧焊道，如图 4.42 所示。随着焊层的增加，每个焊道的熔敷金属量应递减，每层焊道数增多。最后一层填充层应低于工件表面 2~3mm，以进行盖面层的焊接。

横焊的焊接工艺参数为：盖面焊的焊接电流 150~200A，电弧电压 22~24V；其他各焊层的焊接电流 200~280A，电弧电压 23~25V，焊丝直径为 0.9~1.2mm。

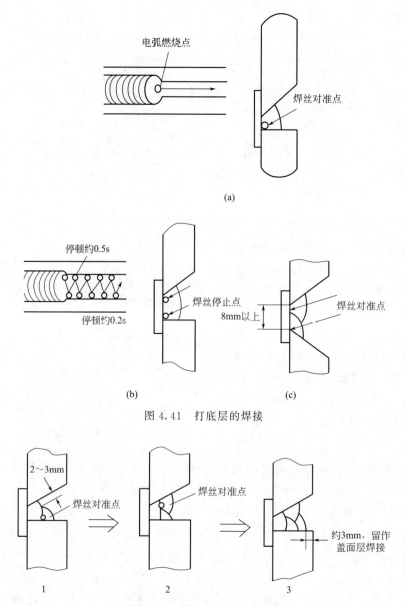

图 4.41 打底层的焊接

图 4.42 填充层的焊接顺序

4-81 仰焊时如何操作?

与横焊类似,仰焊时熔池金属也易于在重力作用下淌。因此,通常也采用细丝短路过渡法进行焊接(焊丝直径均小于1.2mm)。一般采用右焊法,并适当加大气体流量。焊枪与焊缝轴线的夹角一般取70°~90°,与工件表面上焊缝垂线之间夹角一般取90°,如图4.43所示。

① 薄板的单层焊　对于薄板的仰焊，焊枪可作直线移动法或小幅度摆动。注意随时调整焊接速度，防止熔池金属下淌。

② 厚板的多层多道焊　填充层及盖面层焊接时，焊枪应进行适当的横向摆动并在坡口两侧稍做停留。第二层以后，每层焊两道，第一道要过中心线，两道要有良好的搭接。最后一层填充层应低于工件表面1~2mm，以进行盖面层的焊接。

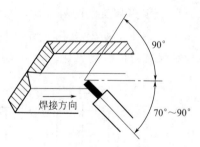

图4.43　CO_2气体保护焊仰焊的焊枪角度示意图

仰焊的焊接工艺参数为：焊接电流120~130A，电弧电压18~19V，焊丝直径为0.9~1.2mm。

4-82　立焊时如何操作？

立焊有两种方式：向上立焊和向下立焊。

① 向上立焊　向上立焊时焊枪自下而上移动。焊枪与焊缝轴线的夹角一般取70°~90°，与工件表面上的焊缝垂线之间的夹角一般取90°，如图4.44所示。这种方法的特点是熔深大、焊道窄，主要适合于中、厚板（厚度大于6mm）的焊接。为了防止熔池金属流淌，一般采用1.2mm以下的焊丝进行短路过渡焊接。

对接焊缝向上立焊的打底层和T形接头立焊的打底层焊接时，焊枪一般采用作直线移动或作微小幅度的摆动；对于开坡口的对接焊缝，如果不使用垫板，打底焊道则应采用月牙形，如图4.45所示，摆动速度要比平焊摆动速度快2~2.5倍。而填充层和盖面一般采用横向摆动法（三角形摆动法或向上弯曲的月牙形摆动法），否则，易导致焊缝凸起、咬边等缺陷。最后一层填充层应低于工件表面2~3mm，以进行盖面层的焊接。根据焊缝宽度，盖面层可焊接一道焊或两道。

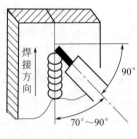

图4.44　向上立焊的焊枪角度

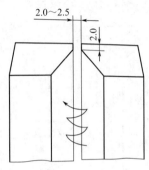

图4.45　向上立焊打底层焊枪的摆动

对于T形接头的焊缝,应根据焊脚尺寸选择摆动方式,单道焊的焊脚控制在12mm以下。如图4.46所示。图中的"·"表示此处停留0.5～1.0s。停留点应在弧坑与母材交界处,如图4.46(b)所示。通常情况下,l_1应小于l_2。

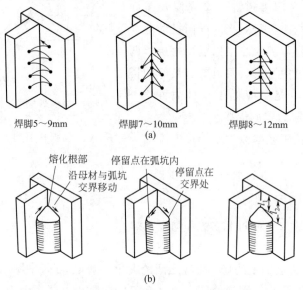

图4.46 T形接头焊枪的摆动

向上立焊的焊接工艺参数为:厚板的焊接电流150～200A,电弧电压22～25V;中等厚度板的焊接电流100～150A,电弧电压18～22V;焊丝直径为1.2mm。

② 向下立焊 向下立焊时焊枪自上而下移动。焊枪与焊缝轴线的夹角一般取70°～90°,与工件表面上焊缝垂线之间夹角一般取90°,如图4.47所示。这种方法主要适用于薄板的细丝短路过渡CO_2焊(板厚小于6mm)。其特点是焊缝成形好、操作简单、焊接速度快,但其熔深较小。向下立焊一般采用直线移动法运枪,有时轻微摆动。操作时必须十分小心,不要使铁水流到电弧前面去,如图4.48所示。这样易导致焊瘤和未焊透等缺陷。如发生这种情况,应当加快焊枪移动速度并使电弧指向已焊焊缝方向,依靠电弧力将熔池金属推上去。

有坡口(板厚大于6mm时)或厚板角接焊缝的向下立焊时,可进行月牙形摆动,如图4.49所示。但焊枪摆动时,如果操作不熟练,易发生熔池金属流淌和未焊透,所以,应当尽量避免摆动,如果需要较大熔宽,则可采用多道焊。

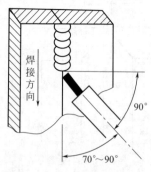

图4.47 向下立焊的焊枪角度

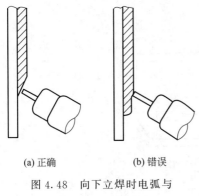

图 4.48 向下立焊时电弧与熔池的相对位置图

(a) 正确　　(b) 错误

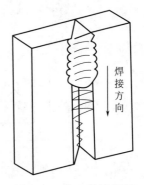

图 4.49 坡口焊缝向下立焊运枪方式

4-83 T形接头船形焊和平角焊如何操作？

① 船形焊时，焊丝处于竖直位置，熔池处于水平位置，如图 4.50 所示。这样最有利于焊缝成形，不易产生咬边或满溢等缺陷。而且可通过调整工件的倾斜角度来控制腹板和翼板的焊脚尺寸，要求焊脚相等时，两个工件与垂直位置成 45°。其他操作要求与平焊类似。

② 平角焊时，容易产生咬边、未焊透、焊缝下垂等缺陷。为了避免这些缺陷，需根据工件板厚和焊脚尺寸来调节焊枪的角度。工件的厚度相等时，焊枪与水平板件的夹角一般取 40°～50°，见图 4.51(a)，两个工件不等厚时，

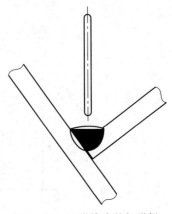

图 4.50 T形接头的船形焊

应调整焊枪，使电弧偏向厚板，以获得均匀的熔透，如图 4.51(c)（d）所示。而前倾角一般取 10°～15°，如图 4.51(b) 所示。厚度差越大，调节角度越大。

当焊脚尺寸 K 不大于 5mm 时，可使焊丝对准两工件内表面的交点，如图 4.52(a) 所示。这种情况下一般采用细丝短路过渡进行焊接，利用直线移动法匀速运枪。当焊脚尺寸为 5～8mm 时，即将焊枪水平偏移 1～2mm，如图 4.52(b) 所示。用左焊法进行焊接，焊枪的倾角为 10°～15°。通常采用斜圆圈形运枪法。

当焊脚尺寸为 8～14mm 时，应采用两层两道焊，见图 4.53(a)，第一道采用直线移动法运枪或作小幅度的摆动，焊丝指向偏离根部 2～3mm 的部位，左焊法或右焊法均可，形成中部熔敷金属稍有下凹的焊道。第二层则采用斜圆圈法

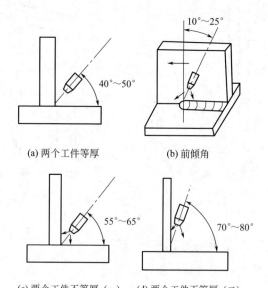

图 4.51 T形接头平角焊时焊枪与工件之间的夹角

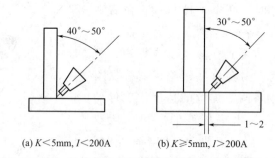

图 4.52 CO_2 气体保护焊 T形接头焊接时焊枪角度示意图

和直线移动法交叉进行焊接,焊丝对准第一层焊道的下凹部分,焊接速度稍微加快一些。

当焊脚高度大于 15mm 时,则应采用双层三道焊或更多焊道。当采用双层四道焊时,焊枪角度见图 4.53(b)。将第一层焊道焊在角焊缝的根部,作为底层焊缝;第二层的第一道与第一层焊道大部分重叠,但要稍微靠水平板一侧,见图 4.53(c);第二层第二道靠近腹板一侧,见图 4.53(d);为了防止咬边,该焊道的焊接电流和电弧电压应稍小。图 4.53(e)给出了二层四道焊时第二层各道焊缝的焊丝对准位置及角度。焊层和焊道更多时的焊接顺序见图 4.53(f)。

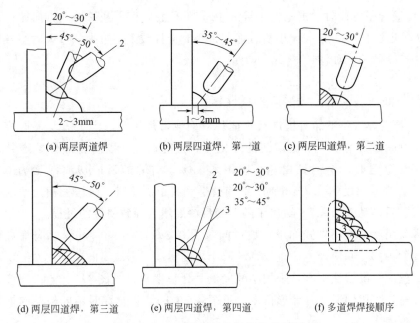

图 4.53 多层平角焊的焊枪角度及顺序

4-84 管子对接环焊缝时如何操作?

用 CO_2 焊焊接管子对接环焊缝时,通常采用管子旋转、焊枪固定的方法。薄壁管子焊接时,焊枪位于 3 点或 9 点位置,采用向下立焊进行焊接,见图 4.54

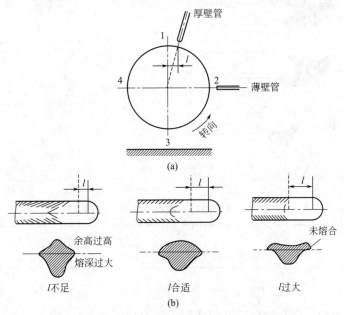

图 4.54 管子对接环焊缝焊接时焊丝的位置

(a)；厚壁管子焊接时，焊枪位于接近12点的位置，但要逆着转动方向偏移一定距离 l，见图4.54(a)。l 大小要合适，过小时会导致余高过大，过大时会导致焊瘤、未熔合缺陷，如图4.54(b)所示。

4-85 单面焊双面成形焊接时如何操作？

① 悬空焊法　不加衬垫进行单面焊双面成形焊接时，焊工需要根据熔池的形态来判断是否熔透，根据熔池的变化随时进行调整，以防止过分熔透导致烧穿。正常熔透时，熔池呈白色、椭圆形，熔池前端的弧形切痕深度为0.1~0.2mm。当其深度达0.3mm时，就有烧穿预兆了。此时，应增大横向摆动幅度或进行前后摆动。图4.55给出了随着切痕深度增大导致烧穿的过程。

焊丝角度及摆动方式如下：坡口间隙为0.2~1.4mm时，焊丝应垂直地对准熔池的头部，并使焊枪作直线移动或小幅度摆动。当坡口间隙为1.2~2.0mm时，焊丝应对准熔池中心，采用小幅度的月牙形摆动，见图4.56(a)；当坡口间隙更大时，采用倒退式月牙形摆动，见图4.56(b)。悬空焊时不同板厚的推荐根部间隙见表4.17。

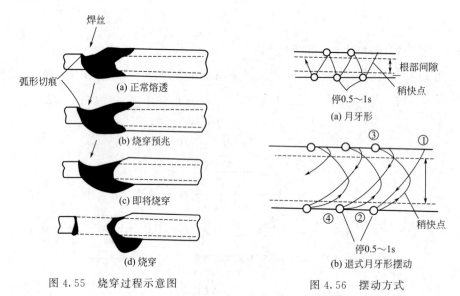

图4.55　烧穿过程示意图　　　　图4.56　摆动方式

表4.17　悬空焊时不同板厚的推荐根部间隙　　　　mm

板厚	0.8	1.6	2	3	4~5	6.0	10
根部间隙	<0.2	<0.5	<1.0	<1.6	<1.6	<1.8	<2.0

② 衬垫法　一般采用水冷的紫铜衬垫，如果要求有背面余高，则应采用带有沟槽的铜衬垫。焊接时，应防止将铜衬垫焊在工件上，如图4.57。

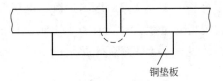

图 4.57 衬垫法单面焊双面成形

4.7 先进熔化极气体保护焊

4-86 什么是 CMT 焊?

CMT 焊即冷金属过渡焊,是一种无飞溅短路过渡气体保护焊,CMT 是 Cold Metal Transfer(冷金属过渡)的缩写。它是一种基于先进数字电源和送丝机的"冷态"焊接新技术。通过监控电弧状态,协同控制焊接电流波形及焊丝抽送,在很低的热输入下实现稳定的短路过渡,完全避免飞溅。

图 4.58 示出了 CMT 焊焊接过程中焊接电流波形与抽送丝的配合。电弧燃烧时,焊接回路中通以正常的焊接电流,焊丝送进,随着熔滴的长大和焊丝送进,熔滴与熔池短路,焊接回路中的电流被切换为接近零的小电流,焊丝回抽,将断路小桥拉断,熔滴过渡到熔池中。短路完成后,立即在焊接回路中通以较大的电流,将电弧引燃,焊丝送进;熔滴长大到足够的尺寸后,将焊接降低为一个较小的值。焊接过程中利用焊丝送进-回抽频率可靠地控制短路过渡频率。焊丝

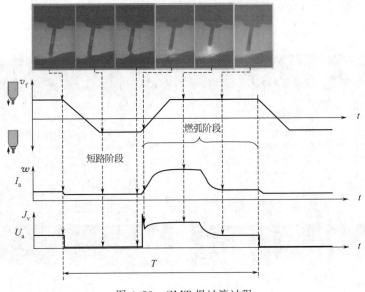

图 4.58 CMT 焊过渡过程

的"送进—回抽"频率为50～150次/s。熔滴过渡时电压和电流几乎为零，利用焊丝回抽的机械拉力实现熔滴过渡，完全避免了飞溅。整个焊接过程就是高频率的"热—冷—热"转换的过程，大幅降低了热输入量。

4-87 什么是交流CMT（CMT-A）电弧焊？

交流CMT电弧焊是焊丝极性周期性改变的CMT，如图4.59所示。EP（焊丝接阳极）半波和EN（焊丝接阴极）半波的CMT周期数、峰值电流及基值电流均可调。每个半波的CMT周期数一般为10个。EN半波的峰值电流和持续时间一般小于EP半波，两个半波的熔滴过渡均很稳定，没有任何飞溅，如图4.60所示。这种CMT模式具有热输入低、熔敷速度快、气孔敏感性和热裂纹敏感性低等特点。

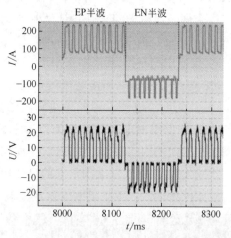

图4.59 交流CMT电弧焊的焊接电流波形

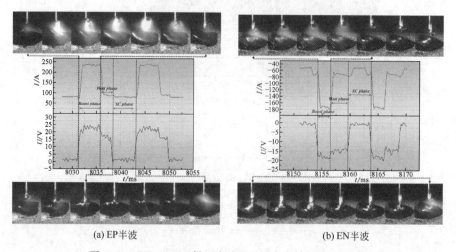

(a) EP半波　　　　　　　　　　　(b) EN半波

图4.60 ER5356Al焊丝交流CMT电弧焊的熔滴过渡

4-88 什么是脉冲 CMT（CMT-P）电弧焊?

脉冲 CMT 电弧焊是交替进行脉冲喷射过渡（或亚射流过渡）和 CMT 过渡的一种 CMT 电弧焊，其波形图如图 4.61 所示。脉冲阶段的亚射流过渡过程如图 4.62 所示。与 CMT 电弧焊相比，这种焊接工艺的熔深能力显著增大；与脉冲 MIG/MAG 相比，这种工艺的热输入显著减小，焊接过程稳定性提高，焊缝成形更好。

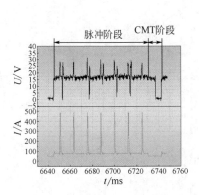

图 4.61　脉冲 CMT（CMT-P）电弧焊的电流及电压波形

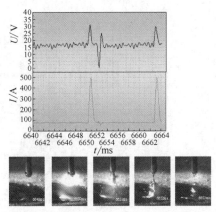

图 4.62　7075 焊丝脉冲 CMT（CMT-P）电弧焊脉冲阶段的亚射流过渡

4-89 什么是交流脉冲 CMT（CMT-P+A）电弧焊?

交流脉冲 CMT 电弧焊是一种 EP 半波进行脉冲过渡，而 EN 半波进行 CMT 过渡的电弧焊方法，其波形图如图 4.63 所示。与 CMT 电弧焊相比，这种焊接工艺的熔深能力显著增大、气孔敏感性低，与脉冲 MIG/MAG 相比，这种工艺的热输入显著减小，焊接过程稳定性提高，焊缝成形更好。

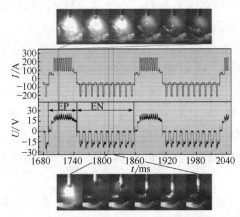

图 4.63　4043Al 焊丝交流脉冲 CMT 电弧焊电流波形及熔滴过渡过程

4-90 CMT电弧焊设备由哪几部分组成？

CMT电弧焊通常采用自动操作方式或机器人操作方式，也可采用手工操作方式。采用机器人操作方式的CMT电弧焊机由数字化焊接电源、专用CMT送丝机、带拉丝机构的CMT电弧焊枪、机器人、机器人控制器、机器人接口、冷却水箱（散热器）、遥控器、专用连接电缆以及焊丝缓冲器等组成，如图4.64所示。

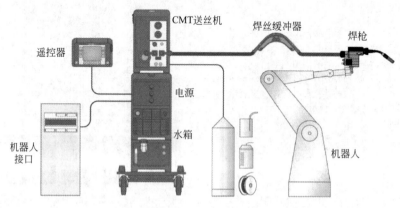

图4.64　CMT焊机组成

4-91 CMT电弧焊有何特点？

CMT焊具有如下特点。

① 电弧噪声小，熔滴尺寸和过渡周期的大小都很均匀，真正实现无飞溅的短路过渡焊接和钎焊。

② 精确的弧长控制，通过机械式监控和调整来调节电弧长度，电弧长度不受工件表面不平度和焊接速度的影响；这使得CMT电弧更稳定，即使在很高的焊接速度下也不会出现断弧。

③ 引弧的速度是传统熔化极电弧焊引弧速度的两倍（CMT焊为30ms，MIG为60ms），在非常短的时间内即可熔化母材。

④ 焊缝表面成形均匀、熔深均匀，焊缝质量高、可重复性强。结合CMT技术和脉冲电弧可控制热输入量并改善焊缝成形，如图4.65所示。

⑤ 低的热输入量，小的焊接变形，图4.66比较了不同熔滴过渡形式的熔化极电弧焊焊接参数使用范围，可看到CMT焊用最小的焊接电流和电弧电压进行焊接。

⑥ 更高的间隙搭桥能力，图4.67比较了CMT和MIG焊的间隙搭桥能力。

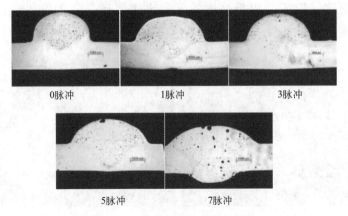

图 4.65 脉冲对焊缝成形的影响

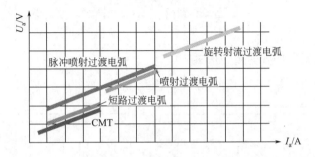

图 4.66 CMT 与普通熔化极电弧焊的焊接参数使用范围比较

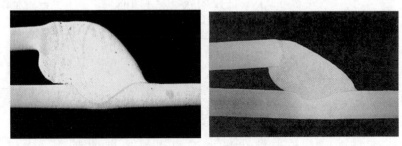

(a) CMT，板厚1.0mm，间隙1.3mm　　(b) MIG，板厚1.2mm，间隙1.2mm

图 4.67 CMT 和 MIG 焊的间隙搭桥能力比较

4-92　CMT 焊适合于焊接什么材料?

CMT 焊适用的材料有以下几种。

① 铝、钢和不锈钢薄板或超薄板的焊接（0.3～3mm），无须担心塌陷和烧穿。

② 可用于电镀锌板或热镀锌板的无飞溅 CMT 钎焊。

③ 用于镀锌钢板与铝板之间的异种金属连接。接头和外观合格率达到100%。这是一种熔钎焊工艺，铝一侧是熔化焊，而钢一侧是钎焊，如图4.68所示。

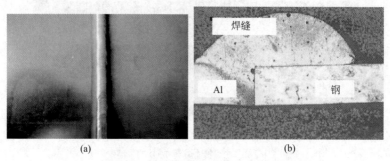

图 4.68　1mm 铝板和镀锌钢板的 CMT 接头及
焊缝横截面的宏观金相图

4-93　CMT 焊适用哪些接头形式？

CMT 焊适合于搭接、对接、角接和卷边对接，如图 4.69 所示。

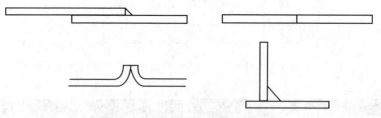

图 4.69　CMT 焊适用的接头形式

4-94　CMT 焊适用哪些焊接位置？

可用于平焊、横焊、仰焊、立焊等各种焊接位置，如图 4.70 所示。

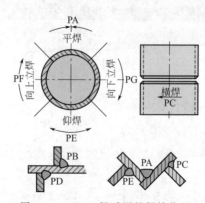

图 4.70　CMT 焊适用的焊接位置

4-95 什么是 T.I.M.E 高速焊？

T.I.M.E（Tranferred Ionized Molten Energy）高速焊是由加拿大 Weld Process 公司发明的一种高速 MAG 焊方法，这种方法利用大干伸长度、高送丝速度和特殊的四元混合气体进行焊接，可获得极高的熔敷速度和焊接速度。T.I.M.E 工艺对焊接设备具有很高的要求，需要使用高性能逆变电源、高性能送丝机及双路冷却焊枪。

4-96 T.I.M.E 高速焊使用的多元保护气体有哪些？

T.I.M.E 高速焊使用的气体为 $0.5\%O_2+8\%CO_2+26.5\%He+65\%Ar$。也可采用如下几种气体：

CorgonHe30：$30\%He+10\%CO_2+60\%Ar$

Mison8：$8\%CO_2+92\%Ar+300\times10^{-6}NO$

T.I.M.E Ⅱ：$2\%O_2+25\%CO_2+26.5\%He+46.5\%Ar$

4-97 T.I.M.E 焊机由哪几部分组成？有何特点？

T.I.M.E 高速焊机由逆变电源、送丝机、中继送丝机、专用焊枪、带制冷压缩机的冷却水箱和气体混合装置等组成。专用焊枪带有 up/down 功能，可在线调节焊接电流。由于焊接电流和干伸长均较大，T.I.M.E 焊工艺对喷嘴冷却和导电嘴均有严格要求，具有双路冷却系统和可调节导电嘴，如图 4.71 所示。混气装置可以准确混合 T.I.M.E 工艺所需多元混合气，每分钟可以提供 200L 的备用气体，可供至少 15 台焊机使用。若某种气体用尽混气装置便会终止使用，同时指示灯闪。与传统气瓶相比可省气 70%。

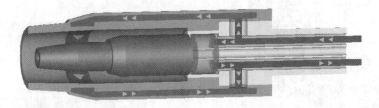

图 4.71 T.I.M.E 高速焊专业焊枪的水冷系统示意图

4-98 T.I.M.E 焊有何特点？

T.I.M.E 焊具有如下特点。

① 熔敷速度大。同样的焊丝直径，T.I.M.E 高速焊可采用更大的电流，以稳定的旋转射流过渡进行焊接，因此送丝速度高，熔敷速度大。平焊时熔敷速度

可达 10kg/h，非平焊位置也可达 5kg/h。

② 熔透能力大，焊接速度快。

③ 适应性强。T.I.M.E 焊的焊接工艺范围很宽，可以采用短路过渡、射流过渡、旋转射流过渡等熔滴过渡形式，适用于各种厚度的工件和各种焊接位置。

④ 稳定的旋转射流过渡有利于保证侧壁熔合，氦气的加入提高熔池金属的流动性和润湿性，焊缝成形美观。T.I.M.E 保护气体降低了焊缝金属的氢、硫和磷含量，提高了焊缝力学性能，特别是低温韧性。

⑤ 生产成本低。由于熔透能力大，可使用较小的坡口尺寸，节省了焊丝用量。而高的熔敷速度和焊接速度又节省了劳动工时，因此生产成本显著降低。与普通 MIG/MAG 焊性比，成本可降低 25%。

T.I.M.E 高速焊适用于碳钢、低合金钢、细晶粒高强钢、低温钢、高温耐热钢、高屈服强度钢及特种钢的焊接。应用领域有船舶、钢结构、汽车、压力容器和锅炉制造业等。

4-99 什么是 T.I.M.E Twin 双丝 MIG/MAG 焊（相位控制的双丝脉冲 MIG/MAG 焊）？

T.I.M.E Twin 双丝 MIG/MAG 焊是采用两根焊丝、两个电弧进行焊接的一种 GMAW 方法。两根焊丝按一定的角度放在一个专门设计的焊枪里，见图 4.72。两根焊丝分别各由一台独立的电源供电，形成两个可独立调节所有参数的电弧，两个电弧形成一个熔池，如图 4.73 所示。通过适当的匹配，可有效地控制电弧和熔池，得到良好的焊缝成形质量，并可显著提高熔敷速度和焊接速度。

图 4.72　典型双丝焊焊枪

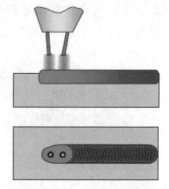

图 4.73　双丝焊示意图

焊接时，两个电弧可同时引燃，也可先后引燃，其焊接效果是相同的。与单丝焊相比，影响熔透能力的参数除焊接电流、电弧电压、焊接速度、保护气体、焊枪倾角、干伸长度和焊丝直径以外，焊丝之间的夹角及距离也具有重要的影响。

4-100　T. I. M. E Twin 双丝 MIG/MAG 焊机由哪几部分组成？

双丝 MIG/MAG 焊机由两台独立的数字化电源、一把双丝焊枪、两台独立的送丝装置单独送丝和同步器 SYNC 等组成。另外，焊机配有带制冷压缩机的专用冷却水箱，用于焊枪及电源的冷却。

图 4.74 比较了 TANDEM 双丝焊机和 T. I. M. E Twin 双丝焊机的结构组成，Twin 双丝焊机使用两台独立的送丝装置单独送丝，并通过同步器 SYNC 进行协调控制，协调焊丝的送进和熔化，保证熔滴周期性交替过渡，使焊接过程更加稳定。TANDEM 双丝焊机使用两台或一台送丝机，没有同步器。

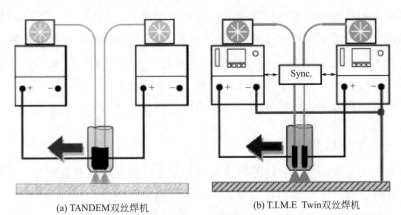

(a) TANDEM双丝焊机　　(b) T.I.M.E Twin双丝焊机

图 4.74　双丝 MIG/MAG 焊机的组成框图

4-101　T. I. M. E Twin 双丝 MIG/MAG 焊有何特点？

双丝焊由于具有两个可独立调节的电弧，而且两个电弧之间的距离可调，因此工艺可控性强，其优点如下。

① 显著提高了焊接速度和熔敷速度。两个电弧的总焊接电流最大可达 900A，焊薄板可显著提高焊接速度，焊厚板时熔敷速度高，可达 30kg/h。焊接速度比传统单丝 GMAW 可提高 1～4 倍。

② 焊接一定板厚的工件时，所需的热输入低于单丝 GMAW，焊接热影响区小、残余变形量小。

③ 电弧极其稳定，熔滴过渡平稳，飞溅率低。

④ 焊枪喷嘴孔径大，保护气体覆盖面积大，保护效果好，焊缝的气孔率低。

⑤ 适应性强。多层焊时可任意定义主丝和辅丝，焊枪可在任意方向上焊接。

⑥ 能量分配易于调节。通过调节两个电弧的能量参数，可使能量合理地分配，适于不同板厚和异种材料的焊接。

双丝 GMAW 可焊接碳钢、低合金高强钢、Cr-Ni 合金以及铝及铝合金。在汽车及汽车零部件、船舶、锅炉及压力容器、钢结构、铁路机车车辆制造领域具有显著的经济效益。

4-102 T.I.M.E Twin 双丝 MIG/MAG 焊时两个电弧之间应保持多大的相位差？

应根据焊接电流的大小适当地匹配两个脉冲电弧的相位差，以有效地控制电弧和熔池，在很高的焊接速度下得到良好的焊缝成形质量。焊接电流大小及相位差对电弧稳定性的影响如下。当焊接电流较小时，两个脉冲电弧之间的相位差对断弧次数有明显的影响，相位差越大，断弧次数越大。这是因为相位差越大，基值电流电弧因被峰值电流电弧吸引而拉长的时间越长，拉长到一定程度可能会熄灭，因此，小电流下两脉冲电弧应保持 0°相位差。焊接电流较大时，断弧次数与相位差无关，两个脉冲电弧之间应保持 180°相位差，当一个电弧作用在脉冲电流时，另一个电弧正处于基值电流，两个电弧之间的电磁作用力较小，有效降低了两个电弧间的电磁干扰和两个过渡熔滴间的相互干扰。

4-103 什么是 MIG-PA 复合焊？

MIG-PA 复合焊是一种将等离子电弧和熔化极惰性气体电弧复合起来的焊接方法。这种焊接方法使用两台电源，一台为等离子弧电源，一台为 MIG 焊电源，利用一特制的 MIG-PA 焊枪进行焊接，如图 4.75 所示。焊枪上有三个气体通路：中心气体、等离子气和保护气，均使用 Ar。焊接过程中同时存在两个电弧，钨极与工件之间的等离子弧，以及焊丝与工件之间的 MIG 电弧。焊丝、MIG 电弧以及熔池均被等离子体包围。提高了 MIG 电弧的刚直性。

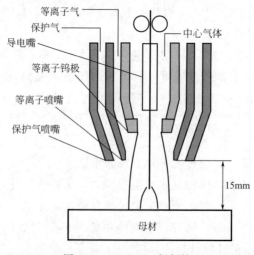

图 4.75 MIG-PA 焊焊枪

4-104 MIG-PA 复合焊有何特点?

MIG-PA 复合焊的优点如下。

① 由于等离子弧的存在,MIG 电弧燃烧非常稳定,一定焊丝直径下,电流可用范围增大,电流可从零点几安培调整到几百安培。保护效果好,因而气孔倾向比 MIG 焊小。

② 等离子弧稳定了焊丝端部及端部的熔滴,改善了熔滴过渡,稳定了 MIG 电弧的阳极斑点,克服了飘弧现象。

③ 通过适当选择等离子钨极的直径,可提高熔池的温度,改善熔池金属的润湿性,在焊接高强度钢时,即使采用纯 Ar 也可得到良好的焊缝成形,降低了焊缝含氧量,提高了焊缝性能,特别是冲击韧性。

④ 高温等离子弧对焊丝和工件都有较好的预热作用,适合于焊接铝合金等导热性能好的材料。焊缝区晶粒细小,焊接热影响区较小。

⑤ 熔敷速度大,例如使用 1.6mm 低碳钢焊丝进行大电流焊接时熔敷速度可达 500g/min,提高了焊接生产率。

MIG-PA 复合焊可用于各种材料的焊接,特别适合焊接接头韧性要求很高的高强钢的焊接,也可用于薄板高速焊接。

4-105 什么是激光-电弧复合焊?

激光-电弧复合焊是通过将物理性质和能量传输机制截然不同的激光束和电弧两种热源有机复合起来进行焊接的一种方法。两种热源同时作用于工件的同一位置,一般形成一个熔池,充分发挥两种热源各自的优势,弥补各自的不足,见图 4.76。激光束通常采用 Nd:YAG 激光或 CO_2 激光,而电弧通常采用 MIG/MAG 电弧,有时也采用 TIG 电弧以及等离子弧。

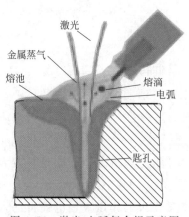

图 4.76 激光-电弧复合焊示意图

4-106 激光-电弧复合焊有哪些复合方式?

复合方式有同轴复合和旁轴复合两种复合方式。旁轴复合即激光束与电弧以一定的角度共同作用于工件的同一位置或不同位置,如图 4.77(a)、(b) 所示;同轴复合就是激光与电弧有共同的轴线并作用于工件的同一位置,如图 4.77(c) 所示。旁轴复合时,如果电弧与激光束间距较大,则形成两个熔池,如图 4.77(a) 所示;如果电弧与激光束间距较小,则工件上形成一个熔池,如图 4.77(b) 所示。

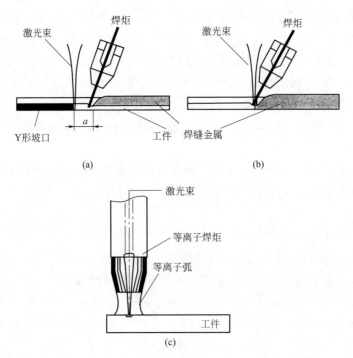

图 4.77 激光-电弧复合方式

4-107 激光-电弧复合焊有何特点?

激光-电弧复合焊可以充分地发挥两种热源的优势,弥补各自的不足,比激光束焊和电弧焊具有更强的适应性,是一种新型、优质、高效、节能的焊接方法。其优点如下。

① 装配精度要求低 与激光焊相比,激光-电弧复合焊对接头间隙的装配精度要求较低,可以在较大的接头间隙下进行焊接。

② 焊透能力增大 在激光束的作用下,电弧可深入到熔池的深处;而电弧的加热作用又增大了熔池金属对激光的吸收率,因此熔深显著增大。

③ 焊缝质量高，焊接变形小　大功率密度的激光提高了加热速度，减小了焊接热影响区并细化了热影响区和焊缝的晶粒尺寸，减小了焊接变形。而电弧的存在延长了熔池的凝固时间，使得熔池中的气体有时间溢出，有时间均匀地铺展在焊道上，从而有效地减少气孔、裂纹、咬边等焊接缺陷。

④ 焊接过程的稳定性提高　在激光的作用下，熔池中会形成小孔，小孔对电弧有吸引作用，使电弧的根部受到压缩，因此，提高了电弧的稳定性。

⑤ 提高了焊接生产率　与激光焊相比，对于同样的熔深，激光-电弧复合焊速度可提高大约50%；另外，由于焊接残余变形小，焊后纠正变形的工作量较小，因此，生产效率提高。

激光-电弧复合焊可焊接低碳钢、高碳钢、不锈钢、铝及铝合金以及Ni基合金。可进行平板对接、角接以及环焊缝的焊接。目前已广泛用于造船业、汽车工业、核工业、管道及油罐制造业中。

4-108　激光-电弧复合焊工艺参数有哪些？

影响激光-电弧复合焊焊缝成形质量的因素有电弧电流、激光功率、焊接速度、激光束离焦量以及激光与电弧的相对位置等。

① 电弧电流　其他参数一定的条件下，电流较小时熔深随着电流的增大而增大；但当电流较大时，熔深随着电流的增大变化不大，甚至有时会减小。

② 激光功率　激光功率增大，熔深和熔宽都会增大。相对而言，激光功率对熔宽的影响通常要小一些。电弧电流较小时，熔宽随激光功率的增大而增大；电弧电流较大时这种变化不明显。

③ 离焦量　激光束的焦点位于工件表面的状态称为零离焦量，焦点在工件之上的距离为正离焦量，在工件之下的距离为负离焦量。离焦量大小对熔宽和电弧的稳定性影响不大。但对熔深影响较大。通常离焦量为某一负值时熔深最大。

④ 激光与电弧的相对位置　激光束在前、电弧在后时焊缝上表面成形均匀饱满。而电弧在前、激光束在后时焊缝表面会出现倾斜沟槽。热源间距（焊丝与激光束间距）对焊缝成形也有重要的影响。但热源间距在一定的范围内（通常为2.5～5mm）时，激光与电弧才有稳定的耦合效应，当距离过近时，激光束直接作用在焊丝或熔滴上，降低了输入工件的能力，减弱了小孔效应和光致等离子体强度，致使激光对电弧的压缩和稳定作用减弱，熔深会显著减小，熔宽增大。当热源间距过大时，两者不能很好地耦合，激光对电弧的压缩和稳定作用消失，熔深和熔宽均减小。

⑤ 焊接速度　在一定激光功率和电弧电流下，随着焊接速度的增加，线能量减小，熔深、熔宽变小。

4-109 什么是STT（表面张力过渡）熔化极气体保护焊？

表面张力过渡（STT）熔化极气体保护焊是一种利用电流波形控制法抑制飞溅的短路过渡熔化极气体保护焊方法。短路过渡过程中，飞溅主要产生在两个时刻，一个是短路初期，另一个是短路末期的电爆破时刻。熔滴与熔池开始接触时，接触面积很小，熔滴表面的电流方向与熔池表面的电流方向相反，因此，两者之间产生相互排斥的电磁力。如果短路电流增长速度过快，急剧增大的电磁排斥力会将熔滴排出熔池之外，形成飞溅。短路末期，液态金属小桥的缩颈部位发生爆破，爆破力会导致飞溅。飞溅大小与爆破能量有关，爆破能量越大，飞溅越大。通过将这两个时刻的电流减小，可有效抑制飞溅，STT就是根据这种原理来抑制飞溅的，如图4.78所示。在熔滴刚与熔池短路时，降低焊接电流，使熔滴与熔池可靠短路；可靠短路后，增大焊接电流，促进颈缩形成；而在短路过程末期临界缩颈形成时，再一次降低电流，使液桥在低的爆破能量下完成爆破，这样就可获得极低飞溅的短路过渡过程。

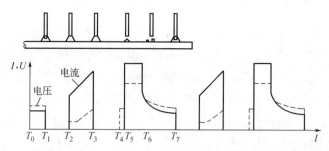

图4.78 STT（表面张力过渡）熔化极气体保护焊熔滴过渡的形态和电流、电压的波形图

4-110 STT（表面张力过渡）熔化极气体保护焊有何工艺特点？

STT（表面张力过渡）熔化极气体保护焊具有如下优点。

① 飞溅率显著下降，最低可控制在0.2%左右，焊后无须清理工件和喷嘴，节省了时间，提高了效率。

② 焊缝成形美观，焊缝质量好，能够保证焊缝根部可靠地熔合，因此特别适用于薄板的各种位置的焊接以及厚板或厚壁管道的打底焊。在管道焊接中可替代TIG焊进行打底焊，具有更高的焊接速度。

③ 在同样的熔深下，热输入比普通CO_2气体保护焊低20%，因此焊接变形小，热影响区小。

④ 具有良好的搭桥能力，这是由于低热输入下，熔池温度低，易于保持。例如，焊接3mm厚的板材，允许的间隙可达12mm。

⑤ 适用范围广。不仅可用CO_2气体焊接非合金钢，还可利用纯Ar气体焊

接不锈钢，也可焊接高合金钢、铸钢、耐热钢、镀锌钢等，广泛用于薄板的焊接以及油气管线的打底焊。

4-111 什么是双脉冲 MIG 焊？有何工艺特点？

双脉冲 MIG 焊是一种通过周期性地改变脉冲强弱来周期性地改变平均电流的 MIG 焊。二次脉冲（脉冲平均电流）的低频为 0.5～30Hz，占空比一般固定为 50%。具有如下工艺特点。

① 生产率高、焊缝表面美观，表面有漂亮的波纹，如图 4.79 所示。

② 搭桥能力强，坡口间隙允许范围大，装配精度要求低。低频调制脉冲在保证熔透和焊丝熔化的前提下，冷却了熔池。

③ 气孔敏感性低。二次脉冲 MIG 焊对熔池具有较强的搅拌作用。大约为 20Hz 时抑制气孔效果最佳。

④ 焊缝晶粒细化。二次脉冲 MIG 电弧对熔池的搅拌作用还能细化晶粒。频率为 30Hz 时细化晶粒效果最佳。调制频率过高，熔池振动难以跟随低频调制频率，熔池搅拌作用变弱，细化晶粒效果也相应减弱。

图 4.79 铝合金双脉冲 MIG 焊焊缝形貌

4-112 双脉冲 MIG 焊的二次脉冲是如何调制出的？

双脉冲 MIG 焊二次脉冲是通过周期性改变脉冲电流幅值或脉冲频率调制出二次脉冲的，如图 4.80 所示。

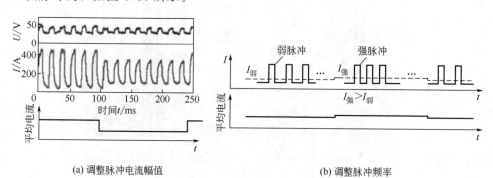

(a) 调整脉冲电流幅值　　(b) 调整脉冲频率

图 4.80 二次脉冲调制方法

第5章

药芯焊丝电弧焊

5.1 药芯焊丝电弧焊的工艺特点及应用

5-1 什么是药芯焊丝电弧焊?

药芯焊丝电弧焊是利用药芯焊丝与工件之间的电弧进行加热的一种焊接方法,英文名称的简写为FCAW。根据是否使用外部保护气体,药芯焊丝电弧焊分为两种:气体保护药芯焊丝焊和自保护焊,如图5.1所示。在焊接过程中,焊药中的组分有些发生分解,有些发生熔化。熔化的焊药形成熔渣,熔渣覆盖在熔滴与熔池表面,一方面对液态金属进行保护,另一方面与液态金属发生冶金反应,改善焊缝金属的成分,提高其力学性能。另外,覆盖的熔渣还能降低熔池的

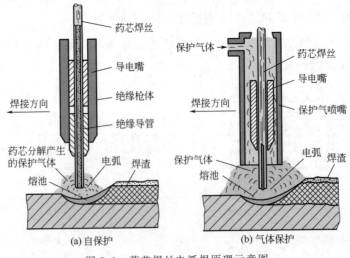

图 5.1 药芯焊丝电弧焊原理示意图

冷却速度，延长熔池的存在时间，有利于降低焊缝中有害气体的含量和防止气孔。分解的焊药会放出气体，放出的气体提供部分保护作用，因此，药芯焊丝电弧焊实际上是一种渣气联合保护的焊接方法。

5-2 什么是药芯焊丝？药芯有何特点？

药芯焊丝是将薄钢带卷成钢管或异形钢管，在管内填满一定成分的药粉，经拉制而成的一种焊丝。药芯的成分与焊条药皮的成分类似，主要由稳弧剂、造渣剂、造气剂、合金剂、脱氧剂等组成。

5-3 药芯焊丝中的焊药起何作用？

焊药起的作用与焊条药皮起的作用类似，主要有以下几种。

① 保护作用　焊药中的有些组分发生分解，有些发生熔化。焊药分解会放出气体，放出的气体提供部分或大部分保护作用。熔化的焊药形成熔渣，熔渣覆盖在熔滴与熔池表面，液态金属进行保护。

② 稳弧　药芯中的稳弧剂可稳定电弧，降低飞溅率。

③ 合金化作用　有些药芯中有合金元素，可使焊缝合金化。

④ 脱氧作用　熔渣的合金元素可与液态金属发生冶金反应，改善焊缝金属的成分，提高其力学性能。

另外，覆盖的熔渣还能降低熔池的冷却速度，延长熔池的存在时间，有利于降低焊缝中有害气体的含量和防止气孔。

5-4 气体保护药芯焊丝电弧焊通常采用什么保护气体？

药芯焊丝电弧焊通常使用纯 CO_2 气体或 CO_2+Ar 混合气体作保护气体。需要根据所用的药芯焊丝来选择气体的种类。

氩气容易电离，因此氩弧中容易实现喷射过渡。当混合气体中含氩量不小于75％时，药芯焊丝电弧焊可实现稳定的喷射过渡。随着混合气体中氩气含量的降低，熔深增大，但电弧稳定性降低，飞溅率增大。因此最佳混合气体为 75％Ar+25％CO_2。另外，混合气体还可采用 $Ar+2％O_2$。

选用纯 CO_2 气体时，CO_2 气体在电弧热量作用下分解，产生大量的氧原子，氧原子将熔池中的 Mn、Si 等元素氧化，导致合金元素烧损，因此需要配用 Mn、Si 含量较高的焊丝。

5-5 气体保护药芯焊丝电弧焊有何优点？

药芯焊丝电弧焊具有以下优点。

① 焊接生产率高　熔敷效率高（可达 85％～90％），熔敷速度快；平焊时，

熔敷速度为手工电弧焊的 1.5 倍,其他位置的焊接时,为手工电弧焊的 3~5 倍。

② 飞溅小、焊缝成形好　药芯中加入了稳弧剂,因此电弧稳定,飞溅小,焊缝成形好。由于熔池上覆盖着熔渣,焊缝表面成形显著优于 CO_2 焊。

③ 焊接质量高　由于采用了渣气联合保护,可更有效地防止有害气体进入焊接区,另外,熔池存在时间长,有利于气体的析出,因此焊缝含氢量低,抗气孔能力好。

④ 适应能力强　只需调整焊丝药芯的成分,就可满足不同钢材对焊缝成分的要求。

5-6　气体保护药芯焊丝电弧焊有何缺点?

药芯焊丝电弧焊有何缺点如下。

① 与气体保护焊相比,焊丝成本较高,制造过程复杂。

② 送丝较困难,需要采用夹紧压力能够精确调节的送丝机。

③ 药芯容易吸潮,因此需对焊丝严加保管。

④ 焊后需要除渣。

⑤ 焊接过程中产生更多的烟尘及有害气体,需采用加强通风。

5-7　气体保护药芯焊丝电弧焊常用于哪些材料的焊接?

气体保护药芯焊丝电弧焊主要用于非合金钢及细晶粒结构钢、热强钢、高强钢和不锈钢的焊接。

5-8　自保护药芯焊丝电弧焊有何优点?

自保护药芯焊丝电弧焊具有以下优点:

① 电流密度增大,熔敷速度快;

② 不用气路系统,且焊枪轻巧、灵活,特别适于野外作业及现场抢修;

③ 抗风能力优于 CO_2 焊,可在 4 级风下施焊,适于室外焊接;

④ 具有较低的稀释率,可节省大约 20% 的熔敷金属,因此堆焊成本低;

⑤ 不易产生未熔合,适用于厚、大焊件的焊接。

5-9　自保护药芯焊丝电弧焊有何缺点?

自保护药芯焊丝电弧焊具有以下缺点:

① 发尘量大,飞溅较大,不宜在室内使用;

② 药芯吸潮且不易烘干,因此冶金措施降低焊缝扩散氢含量就显得尤为重要,防止焊缝中形成扩散氢、气孔及裂纹;

③ 工艺参数可用范围小,接头塑性较差,不适于薄板的焊接;

④ 对坡口质量要求高，一般需要机械加工；
⑤ 药芯熔化滞后于铁皮，即产生"滞熔"现象。严重时使焊接过程不稳定，焊缝性能降低。

因此，自保护焊丝产量和品种都远不如气保护药芯焊丝。

5-10 自保护药芯焊丝电弧焊常用于哪些材料的焊接？

与手工电弧焊相比，自保护焊的焊缝强度稍高，但塑性及韧性低，故不适于焊接重要结构。自保护焊用于非合金钢、50kg级高强钢、不锈钢的焊接和耐磨堆焊。

5-11 什么是滞熔？有何不利影响？

滞熔是指因药芯熔化速度小于金属外皮而导致药芯外凸的现象。按其程度不同可分为：轻度滞熔、中度滞熔和严重滞熔等三种情况，如图 5.2 所示。

出现轻度滞熔时，未熔化药芯略微突出，熄弧后焊丝端部为球状且外层包有熔渣，无未熔化药芯存在，如图 5.2（a）所示；这种滞熔对焊接过程和焊接质量影响不大。出现中度滞熔时，熄弧前后都能明显看到突出的药芯，如图 5.2（b）所示。出现严重滞熔时，如图 5.2（c）所示，不仅药芯严重突出，且两侧钢皮出现不均衡熔化。滞熔药芯深入熔池底部过热爆炸，严重干扰熔滴过渡，造成大量飞溅，影响焊接过程的稳定性和焊接质量。

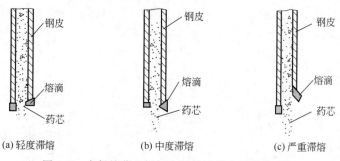

图 5.2 自保护药芯焊丝电弧焊过程中的滞熔现象

5.2 药芯焊丝电弧焊设备及材料

5-12 药芯焊丝电弧焊设备由哪几部分组成？

药芯焊丝电弧焊设备与实芯焊丝 CO_2 焊设备大体相同，由弧焊电源、送丝装置、冷却系统、控制系统、供气系统及水冷系统等组成。不同之处是自保护药芯焊丝电弧焊不需要供气系统。

5-13 药芯焊丝电弧焊对弧焊电源动特性及静特性有何要求？

与实芯焊丝 CO_2 焊相比，由于焊丝中药粉改善了电弧特性，因此药芯焊丝电弧焊对弧焊电源的动特性及静特性的要求均较低。焊接时既可采用直流电源，又可采用交流电源，采用直流电源时仍采用直流反极性接法。焊丝直径不超过 3.2mm 时，采用缓降外特性电源，配等速送丝机构；焊丝直径大于 3.2mm 时，采用下降特性的电源，配弧压反馈送丝机构。

5-14 药芯焊丝电弧焊对送丝机构有何要求？

由于药芯焊丝是由薄钢带卷成，焊丝较软，刚性较差，因此对送丝机构的要求较高。一方面，送丝滚轮的压力不能太大，以防止焊丝变形；另一方面，要保证送丝稳定性。因此，通常采用两对主动轮送丝滚轮进行送丝，以增加送进力。送丝滚轮的表面最好开圆弧形沟槽，如图 5.3 所示。

5-15 药芯焊丝电弧焊焊枪的结构有何特点？

气体保护药芯焊丝电弧焊焊枪与普通 CO_2 焊焊枪大体相同，大电流采用水冷，而小电流采用空冷。而自保护药芯焊丝电弧焊的焊枪则稍有不同，这种焊枪没有喷嘴，而且干伸长度较长，为了保持焊丝及电弧稳定，焊枪中通常安装一个绝缘导管，如图 5.4 所示。图 5.5 给出了两种焊枪自保护药芯焊丝电弧焊焊枪的典型结构。

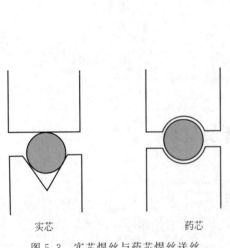

图 5.3 实芯焊丝与药芯焊丝送丝滚轮表面沟槽比较

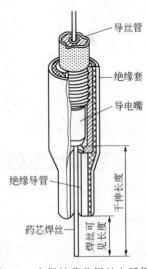

图 5.4 自保护药芯焊丝电弧焊焊枪导电嘴及绝缘导管

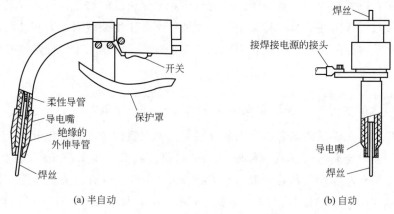

(a) 半自动　　　　　　　　　　　(b) 自动

图 5.5　自保护焊枪的典型结构

5-16　药芯焊丝结构有哪几种？各有何特点？

根据横截面形状，药芯焊丝结构有简单 O 形截面（图 5.6）和复杂截面（图 5.7）两大类。

直径在 2.0mm 以下的药芯焊丝通常采用简单 O 形截面。简单 O 形截面药芯焊丝又分为有缝和无缝两种。有缝 O 形截面药芯焊丝又有对接 O 形和搭接 O 形两种。有缝 O 形截面焊丝易于加工，因此目前大部分采用这种焊丝。无缝 O 形截面焊丝制造成本高，但可作镀铜处理，焊丝易于保存。

无缝 O 形　　　　对接 O 形　　　　搭接 O 形

图 5.6　简单 O 形截面药芯焊丝

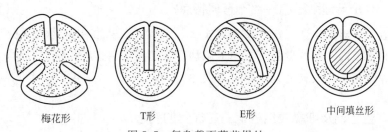

梅花形　　　　T 形　　　　E 形　　　　中间填丝形

图 5.7　复杂截面药芯焊丝

直径在 2.0mm 以上的药芯焊丝通常采用复杂截面。复杂截面的药芯焊丝有梅花形、T 形、E 形和中间填丝形等几种，见图 5.7。这种焊丝刚性好、送丝稳定可靠，具有电弧稳定性好、飞溅小等优点。截面形状越复杂，对称性越好，电弧越稳定，飞溅越少。随着焊丝直径的减小，电流密度的增加，药芯焊丝截面形状对焊接过程稳定性的影响将减小，因此细丝不采用复杂截面。大直径药芯焊丝主要用于平焊、平角焊，不适合于全位置焊接。而 3.0mm 以上的焊丝主要应用于堆焊。

5-17 气体保护焊药芯焊丝和自保护药芯焊丝有何区别？

自保护药芯焊丝的药芯中加入易挥发元素和大量的脱氧、脱氮元素，通过高温时的挥发的金属蒸气以及脱氧脱氮元素的脱氧脱氮作用来防止空气的不利影响。自保护药芯焊丝的药芯一般含有 CaF_2 和 BaF，起造渣、去氢作用。按照渣系，有氟-铝（$CaF-Al_2O_3$）型、氟-钛（$CaF-TiO$）型、氟-钙（$CaF-CaO$）型和氟-钛-钙（$CaF-CaO-TiO$）型等几种。

气体保护焊药芯焊丝不含或含有很少的易挥发元素、脱氧和脱氮元素。气体保护焊药芯焊丝有 CO_2 气体保护焊用、$Ar+25\%CO_2$ 混合气体保护焊用和 $Ar+2\%O_2$ 混合气体保护焊用药芯焊丝等几种。其中应用最多的为 CO_2 气体保护焊药芯焊丝。药芯成分通常根据配用的保护气体进行调配，因此适用于不同类型保护气体的焊丝是不能相互替代的。这类焊丝有氧化钛系、氧化钙系、钛钙系和金属粉系等几种。

5-18 有渣型药芯焊丝有哪几类？各有何特点？

有渣型药芯焊丝按熔渣的碱度分为钛型（酸性渣）、钛钙型（中性渣）和钙型（碱性渣）三种。CO_2 气体保护药芯焊丝电弧焊多采用钛型（酸性渣）系，自保护药芯焊丝电弧焊多采用高氟化物（弱碱性渣）系。钙型焊丝焊接的焊缝韧性和抗裂性好，但工艺性稍差；而钛型焊丝正好相反，工艺性良好，焊缝成形美观，但焊缝韧性和抗裂性较钙型焊丝差。而钙钛型焊丝性能介于两者之间。

5-19 什么是无渣型药芯焊丝？有何特点？

无渣型焊丝不含造渣剂，又称为金属粉芯焊丝，药芯中的主要组分是铁粉、脱氧剂和稳弧剂。其特点是可方便地施加合金元素。用这种焊丝焊接时，产渣量与实芯焊丝相当，故最适合于厚板多层焊。

5-20 非合金钢及细晶粒结构钢药芯焊丝的型号

国标 GB/T 10045—2018《非合金钢及细晶粒钢药芯焊丝》按照熔敷金属力学性能、使用特性、焊接位置、保护类型、焊后状态等对焊丝进行分类标识。型号的第一部分为"T"，表示药芯焊丝；第二部分为两位阿拉伯数字，指示多道焊时熔敷金属在焊态或焊后热处理状态下的抗拉强度，见表 5.1，或单道焊时焊接接头在焊态下的抗拉强度,见表5.2;第三部分为一位阿拉伯数字,指示对应于27J冲击吸收能量的试验温度,见表5.3所示,仅适用于单道焊的焊丝没有该部分;第四部分为T加一位或二位阿拉伯数字,表示使用特性,见表5.4;第五部分为一位阿拉伯数字,指示焊接位置,见表5.5;第六部分指示保护类型,N表示自保护,其他代号表示保护气体成分,见表5.6所示;对于仅适用于单道焊的焊丝,保护类型代号后面添加字母"S";第七部分指示焊后状态,"A"表示焊态,"P"表示焊后热处理状态,"AP"表示焊态和焊后热处理两种状态均可;第八部分指示熔敷金属化学成分分类,见表5.7;仅适用于单道焊的焊丝没有该部分。除了以上强制部分外,后面还有两个可选部分,第一部分用"U"表示在规定试验温度下冲击吸收能量不小于47J;第二部分用H加一位或二位阿拉伯数字来指示熔敷金属中扩散氢的最大含量,见表5.8。

非合金钢及细晶粒结构钢药芯焊丝型号示例如下:

多道焊焊丝牌号示例

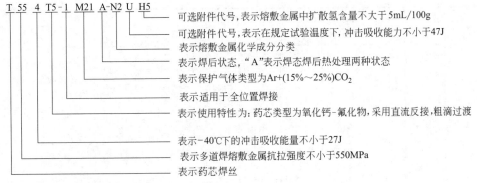

仅适用于单道焊的焊丝牌号示例

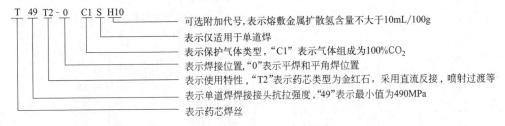

表 5.1 非合金钢及细晶粒结构钢药芯焊丝多道焊熔敷金属抗拉强度代号(摘自 GB/T 10045—2018)

抗拉强度代号	抗拉强度 σ_b/MPa	屈服强度 σ_s 或 $\sigma_{0.2}$/MPa	断后伸长率 δ_5/%
43	430~600	≥330	≥20
49	490~670	≥390	≥18
55	550~740	≥460	≥17
57	570~770	≥490	≥17

表 5.2 非合金钢及细晶粒结构钢药芯焊丝单道焊接接头
抗拉强度代号（摘自 GB/T 10045—2018）

抗拉强度代号	抗拉强度 σ_b/MPa	抗拉强度代号	抗拉强度 σ_b/MPa
43	≥430	55	≥550
49	≥490	57	≥570

表 5.3 冲击试验温度代号

冲击试验温度代号	冲击试验吸收能量不小于 27J 时的试验温度/℃	冲击试验温度代号	冲击试验吸收能量不小于 27J 时的试验温度/℃
Z	不要求冲击试验	5	−50
Y	+20	6	−60
0	0	7	−70
2	−20	8	−80
3	−30	9	−90
4	−40	10	−100

表 5.4 非合金钢及细晶粒结构钢药芯焊丝的使用特性代号（摘自 GB/T 10045—2018）

代号	保护气体	电流类型	熔滴过渡形式	药芯类型	焊接位置①	工艺特点	焊接类型
T1	要求	DCRP	喷射	金红石	0 或 1	飞溅少，平或微凸焊道、熔敷速度高；大直径焊丝用于平焊和横焊，小直径焊丝可用于全位置焊接	单道和多道焊
T2	要求	DCRP	喷射	金红石	0	与 T1 相似，高锰或/硅提高性能；用于平焊和横焊位置的角焊缝；可用于氧化严重的钢和沸腾钢	单道焊
T3	不要求	DCRP	大滴	不规定	0	焊接速度极高，适合于平焊、横焊和向下立焊；T 形和搭接接头时厚板不得超过 5mm，对接、角接和端接时板厚不得超过 6mm	单道焊
T4	不要求	DCRP	大滴	碱性	0	熔敷速度极高，抗热裂性能好，熔深小，对间隙变化不敏感	单道和多道焊
T5	要求	DCRP	大滴	氧化钙-氟化物	0 或 1	微凸焊道，薄渣不能完全覆盖焊道，冲击性能比 T1 好，抗冷裂和抗热裂性能均较好；用于平焊位置的多道或单道焊以及横焊位置的角焊缝，直流正接时可用于全位置焊接	单道和多道焊
T6	不要求	DCRP	喷射	不规定	0	冲击韧性好，焊缝根部熔透性好，深坡口中仍有优异的脱渣性，适用于平焊和横焊位置	单道和多道焊

续表

代号	保护气体	电流类型	熔滴过渡形式	药芯类型	焊接位置[①]	工艺特点	焊接类型
T7	不要求	DCSP[②]	细颗粒或喷射	不规定	0 或 1	熔敷速度高,抗热裂性能优异,大直径焊丝用于平焊和横焊,小直径焊丝可用于全位置焊接	单道和多道焊
T8	不要求	DCSP[②]	细颗粒或喷射	不规定	0	良好的低温冲击韧性,适合于全位置焊接	单道和多道焊
T10	不要求	DCSP[②]	细颗粒	不规定	0 或 1	任何厚度材料的平焊、横焊和立焊位置的高速单道焊	单道焊
T11	不要求	DCSP[②]	喷射	不规定	0 或 1	一些焊丝设计仅用于薄板焊接,制造商需要给出板厚限制,用于全位置单道焊和多道焊	单道和多道焊
T12	要求	DCRP	喷射	金红石	0 或 1	与T1相似,冲击韧性高,降低了对焊缝含锰要求,焊缝强度和硬度较低	单道和多道焊
T13	不要求	DCSP[②]	短路	不规定	0 或 1	用于有根部间隙焊道的焊接,用于各种壁厚管道的第一道焊缝的焊接,一般不用于其他焊道	单道焊
T14	不要求	DCSP[②]	喷射	不规定	0 或 1	适用于全位置焊接以及涂层、镀层钢的薄板的高速焊;T形和搭接接头时厚板不得超过4.8mm,对接、角接和端接时板厚不得超过6mm	单道焊
T15	要求	DCRP	细颗粒或喷射	金属粉型	0 或 1	药芯含有合金和铁粉、熔渣覆盖率低、熔敷速度高,主要采用Ar+CO_2混合气体进行平焊和平角焊;也可在直流正接焊下采用短路过渡或脉冲过渡进行其他位置焊接	单道和多道焊
TG	供需双方协定						

① 见表5.5。
② 采用DCSP(直流正接)时可用于全位置焊接,由制造商推荐电流类型。

表5.5 焊接位置代号

焊接位置代号	焊接位置
0	PA、PB
1	PA、PB、PC、PD、PE、PF 和/或 PG

PA=平焊、PB=平角焊、PC=横焊、PD=仰角焊、PE=仰焊、PF=向上立焊、PG=向下立焊

表 5.6 保护气体代号

保护气体符号代号		气体组成成分/%						一般应用条件	备注
组别	数字代号	氧化性		惰性		还原性	低活性		
		CO_2	O_2	Ar	He	H_2	N_2		
I	1			100				MIG、MAG、等离子焊,根部保护	
	2			其余	100				
	3				0.5~95				
M1	1	0.5~5	0.5~3	其余①		0.5~5			
	2	0.5~5	0.5~3	其余①					
	3	0.5~5		其余①					
	4			其余①					
M2	0	5~15		其余①				MAG	弱氧化性 ↓ 强氧化性
	1			其余①					
	2	15~25	3~10	其余①					
	3	0.5~5	3~10	其余①					
	4	5~15	0.5~3	其余①					
	5	5~15	3~10	其余①					
	6	15~25	0.5~3	其余①					
	7	15~25	3~10	其余①					
M3	1	25~50		其余①					
	2		10~15	其余①					
	3	5~50	2~10	其余①					
	4	5~25	10~15	其余①					
	5	25~50	10~15	其余①					
C	1	100							
	2	其余	0.5~30						
R	1			其余①		0.5~15		TIG 等离子焊根部保护	
	2			其余①		15~35			
N	1			其余①			100		
	2			其余①		0.5~50	0.5~5		
	3			其余①			5~50		
	4						0.5~5		
	5						其余		
O	1			100					
Z②		表中未列出了其他成分的气体							

① 可以使用氦气部分或全部替代氩气。
② 同为 Z 的两种保护气体不能相互替代。

表 5.7 非合金钢及细晶粒结构钢药芯焊丝熔敷金属化学成分代号

(摘自 GB/T 10045—2018)

化学成分分类	化学成分(质量分数)①/%										
	C	Mn	Si	P	S	Ni	Cr	Mo	V	Cu	Al②
无标记	0.18③	2.00	0.90	0.030	0.030	0.50④	0.20④	0.30④	0.08④	—	2.0
K	0.20	1.60	1.00	0.030	0.030	0.50④	0.20④	0.30④	0.08④	—	—
2M3	0.12	1.50	0.80	0.030	0.030	—	—	0.40~0.65	—		1.8

续表

化学成分分类	化学成分(质量分数)①/%									
	C	Mn	Si	P	S	Ni	Cr	Mo	V	Cu	Al②

化学成分分类	C	Mn	Si	P	S	Ni	Cr	Mo	V	Cu	Al②
3M2	0.15	1.25~2.00	0.80	0.030	0.030	—	—	0.25~0.55	—	—	1.8
N1	0.12	1.75	0.80	0.030	0.030	0.30~1.00	—	0.35	—	—	1.8
N2	0.12	1.75	0.80	0.030	0.030	0.80~1.20	—	0.35	—	—	1.8
N3	0.12	1.75	0.80	0.030	0.030	1.00~2.00	—	0.35	—	—	1.8
N5	0.12	1.75	0.80	0.030	0.030	1.75~2.75	—	—	—	—	1.8
N7	0.12	1.75	0.80	0.030	0.030	2.75~3.75	—	—	—	—	1.8
CC	0.12	0.60~1.40	0.20~0.80	0.030	0.030	—	0.30~0.60	—	—	0.20~0.50	1.8
NCC	0.12	0.60~1.40	0.20~0.80	0.030	0.030	0.10~0.45	0.45~0.75	—	—	0.30~0.75	1.8
NCC1	0.12	0.50~1.30	0.20~0.80	0.030	0.030	0.30~0.80	0.45~0.75	—	—	0.30~0.75	1.8
NCC2	0.12	0.80~1.60	0.20~0.80	0.030	0.030	0.30~0.80	0.10~0.40	—	—	0.20~0.50	1.8
NCC3	0.12	0.80~1.60	0.20~0.80	0.030	0.030	0.30~0.80	0.45~0.75	—	—	0.20~0.50	1.8
N1M2	0.15	2.00	0.80	0.030	0.030	0.40~1.00	0.20	0.20~0.65	0.05	—	1.8
N2M2	0.15	2.00	0.80	0.030	0.030	0.80~1.20	0.20	0.20~0.65	0.05	—	1.8
N3M2	0.15	2.00	0.80	0.030	0.030	1.00~2.00	0.20	0.20~0.65	0.05	—	1.8
GXª	其他协定成分										

① 如有意添加 B 元素,应进行分析;
② 只适用于自保护焊丝;
③ 对于自保护焊丝,C≤0.30%;
④ 这些元素如果是有意添加的,应进行分析。
注:表中单值均为最大值。表中未列出的分类可用相类似的分类表示,词头加字母"G"。化学成分范围不进行规定,两种分类之间不可替换。

表 5.8 熔敷金属扩散氢含量代号(可选的附加代号)

扩散氢代号	扩散氢含量/mL·(100g)⁻¹	扩散氢代号	扩散氢含量/mL·(100g)⁻¹
H15	≤15.0	H4	≤4.0
H10	≤10.0	H2	≤2.0
H5	≤5.0		

5-21 热强钢药芯焊丝的型号是如何编制的？

国标 GB/T 17493—2018《热强钢药芯焊丝》按照熔敷金属力学性能、使用特性、焊接位置、保护类型、焊后状态等对焊丝进行分类标识。

热强钢药芯焊丝的型号由六部分组成。第一部分为"T"，表示药芯焊丝；第二部分为两位阿拉伯数字，指示熔敷金属抗拉强度，见表5.9；第三部分为T加一位或二位阿拉伯数字，指示使用特性，见表5.10；第四部分为一位阿拉伯数字，指示焊接位置，见表5.5；第五部分指示保护类型，N表示自保护，其他代号表示保护气体成分，见表5.6所示；第六部分指示熔敷金属化学成分分类，见表5.11；除了以上强制部分外，后面还有一个可选部分，该部分为H加一位或二位阿拉伯数字，用于指示熔敷金属中扩散氢的最大含量，见表5.8。

热强钢药芯焊丝型号示例：

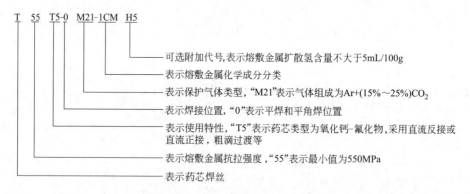

表 5.9 热强钢药芯焊丝熔敷金属抗拉强度（摘自 GB/T 17493—2018）

抗拉强度代号	抗拉强度 σ_b/MPa	抗拉强度代号	抗拉强度 σ_b/MPa
49	490～660	62	620～760
55	550～690	69	690～830

表 5.10 热强钢药芯焊丝的使用特性代号（摘自 GB/T 17493—2018）

代号	保护气体	电流类型	熔滴过渡形式	药芯类型	焊接位置①	工艺特点
T1	要求	DCRP	喷射	金红石	0 或 1	飞溅少，平或微凸焊道、熔敷速度高；大直径焊丝（直径不小于2mm）用于平焊和横焊，小直径焊丝（直径不大于1.6mm）可用于全位置焊接
T5	要求	DCRP 或 DCSP	大滴	氧化钙-氟化物	0 或 1	微凸焊道，薄渣不能完全覆盖焊道，冲击性能比T1好，抗冷裂和抗热裂性能均较好；用于平焊位置的多道或单道焊以及横焊位置的角焊缝，直流正接时可用于全位置焊接

续表

代号	保护气体	电流类型	熔滴过渡形式	药芯类型	焊接位置①	工艺特点
T15	要求	DCRP	细颗粒或喷射	金属粉型	0 或 1	药芯含有合金和铁粉、熔渣覆盖率低、熔敷速度高;主要采用 Ar+CO_2 混合气体进行平焊和平角焊位置;也可在直流正接焊接下采用短路过渡或脉冲过渡进行其他位置焊接
TG	供需双方协定					

① 见表 5.5。

表 5.11 热强钢药芯焊丝熔化金属化学成分代号(摘自 GB/T 17493—2018)

化学成分分类	化学成分(质量分数)①/%								
	C	Mn	Si	P	S	Ni	Cr	Mo	V
2M3	0.12	1.25	0.80	0.030	0.030	—	—	0.40~0.65	
CM	0.05~0.12	1.25	0.80	0.030	0.030	—	0.40~0.65	0.40~0.65	
CML	0.05	1.25	0.80	0.030	0.030	—	0.40~0.65	0.40~0.65	
1CM	0.05~0.12	1.25	0.80	0.030	0.030	—	1.00~1.50	0.40~0.65	
1CML	0.05	1.25	0.80	0.030	0.030	—	1.00~1.50	0.40~0.65	
1CMH	0.10~0.15	1.25	0.80	0.030	0.030	—	1.00~1.50	0.40~0.65	
2C1M	0.05~0.12	1.25	0.80	0.030	0.030	—	2.00~2.50	0.90~1.20	
2C1ML	0.05	1.25	0.80	0.030	0.030	—	2.00~2.50	0.90~1.20	
2C1MH	0.10~0.15	1.25	0.80	0.030	0.030	—	2.00~2.50	0.90~1.20	
5CM	0.05~0.12	1.25	1.00	0.025	0.030	0.40	4.0~6.0	0.45~0.65	
5CML	0.05	1.25	1.00	0.025	0.030	0.40	4.0~6.0	0.45~0.65	
9C1M②	0.05~0.12	1.25	1.00	0.040	0.030	0.40	8.0~10.5	0.85~1.20	
9C1ML②	0.05	1.25	1.00	0.040	0.030	0.40	8.0~10.5	0.85~1.20	
9C1MV③	0.08~0.13	1.20	0.50	0.020	0.015	0.80	8.0~10.5	0.85~1.20	0.15~0.30
9C1MV1④	0.05~0.12	1.25~2.00	0.50	0.020	0.015	1.00	8.0~10.5	0.85~1.20	0.15~0.30
GX⑤	其他协定成分								

① 化学分析应按表中规定的元素进行分析。如在分析过程中发现其他元素,这些元素的总量(除铁外)不应超过 0.50%。
② Cu≤0.50%。
③ Nb:0.02%~0.10%,N:0.02%~0.07%,Cu≤0.25%,Al≤0.04%,(Mn+Ni)≤1.40%。
④ Nb:0.01%~0.08%,N:0.02%~0.07%,Cu≤0.25%,Al≤0.04%。
⑤ 表中未列出的分类可用相类似的分类表示,词头加字母"G"。化学成分范围不进行规定,两种分类之间不可替换。
注:表中单值均为最大值。

5-22 高强钢药芯焊丝的型号是如何编制的？

标准 GB/T 36233—2018《高强钢药芯焊丝》按照熔敷金属力学性能、使用特性、焊接位置、保护类型、焊后状态等对焊丝进行分类标识。高强钢药芯焊丝的型号由八部分组成。第一部分为"T"，表示药芯焊丝；第二部分为两位阿拉伯数字，指示熔敷金属抗拉强度，见表 5.12；第三部分为一位阿拉伯数字，指示对应于 27J 冲击吸收能量的试验温度，见表 5.3 所示；第四部分为 T 加一位或二位阿拉伯数字，指示使用特性，见表 5.13；第五部分为一位阿拉伯数字，指示焊接位置，见表 5.5；第六部分指示保护类型，N 表示自保护，其他代号表示保护气体成分，见表 5.6 所示；第七部分指示焊后状态，"A"表示焊态，"P"表示焊后热处理状态，"AP"表示焊态和焊后热处理两种状态均可；第八部分指示熔敷金属化学成分分类，见表 5.14。除了以上强制部分外，后面还有两个可选部分，第一部分用"U"表示在规定试验温度下冲击吸收能量不小于 47J；第二部分用 H 加一位或二位阿拉伯数字来指示熔敷金属中扩散氢的最大含量，见表 5.8。

高强钢药芯焊丝型号示例如下：

高强钢药芯焊丝牌号示例

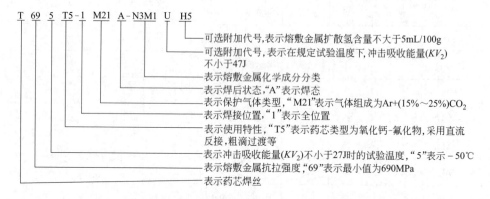

表 5.12 高强钢药芯焊丝多道焊熔敷金属抗拉强度代号（摘自 GB/T 36233—2018）

抗拉强度代号	抗拉强度 σ_b/MPa	屈服强度 σ_s 或 $\sigma_{0.2}$/MPa	断后伸长率 δ_5/%
59	590～790	≥490	≥16
62	620～820	≥530	≥15
69	690～890	≥600	≥14
76	760～960	≥680	≥13
78	780～980	≥680	≥13
83	830～1030	≥745	≥12

表 5.13 高强钢药芯焊丝的使用特性代号 (摘自 GB/T 36233—2018)

代号	保护气体	电流类型	熔滴过渡形式	药芯类型	焊接位置[①]	工艺特点
T1	要求	DCRP	喷射	金红石	0 或 1	飞溅少,平或微凸焊道、熔敷速度高;大直径焊丝用于平焊和横焊,小直径焊丝可用于全位置焊接
T5	要求	DCRP	大滴	氧化钙-氟化物	0 或 1	微凸焊道,薄渣不能完全覆盖焊道,冲击性能比T1好,抗冷裂和抗热裂性能均较好;用于平焊位置的多道或单道焊以及横焊位置的角焊缝
T7	不要求	DCSP[②]	细颗粒或喷射	不规定	0 或 1	熔敷速度高,抗热裂性能优异,大直径焊丝用于平焊和横焊,小直径焊丝可用于全位置焊接
T8	不要求	DCSP[②]	细颗粒或喷射	不规定	0	良好的低温冲击韧性和抗裂性,适合于全位置焊接
T11	不要求	DCSP[②]	喷射	不规定	0 或 1	一般用于全位置单道焊或多道焊;无预热和层间温度控制时不推荐用于厚度大于 19mm 的钢材
T15	要求	DCRP	细颗粒或喷射	金属粉型	0 或 1	药芯含有合金和铁粉、熔渣覆盖率低、熔敷速度高,主要采用 Ar+CO_2 混合气体进行平焊和平角焊;也可在直流正接焊接下采用短路过渡或脉冲过渡进行其他位置焊接
TG	供需双方协定					

① 见表 5.5。
② 采用 DCSP(直流正接)时可用于全位置焊接,由制造商推荐电流类型。

表 5.14 高强钢药芯焊丝熔敷金属化学成分代号 (摘自 GB/T 36233—2018)

化学成分分类	化学成分(质量分数)[①②]/%								
	C	Mn	Si	P	S	Ni	Cr	Mo	V
N2	0.15	1.00~2.00	0.40	0.030	0.030	0.50~1.50	0.20	0.20	0.05
N5	0.12	1.75	0.80	0.030	0.030	1.75~2.75	—	—	—
N51	0.15	1.00~1.75	0.80	0.030	0.030	2.00~2.75	—	—	—
N7	0.12	1.75	0.80	0.030	0.030	2.75~3.75	—	—	—
3M2	0.12	1.25~2.00	0.80	0.030	0.030	—	—	0.25~0.55	—
3M3	0.12	1.00~1.75	0.80	0.030	0.030	—	—	0.40~0.65	—
4M2	0.15	1.65~2.25	0.80	0.030	0.030	—	—	0.25~0.55	—
N1M2	0.15	1.00~2.00	0.80	0.030	0.030	0.40~1.00	0.20	0.50	0.05
N2M1	0.15	2.25	0.80	0.030	0.030	0.40~1.50	0.20	0.35	0.05
N2M2	0.15	2.25	0.80	0.030	0.030	0.40~1.50	0.20	0.20~0.65	0.05

续表

化学成分分类	化学成分(质量分数)①②/%								
	C	Mn	Si	P	S	Ni	Cr	Mo	V
N3M1	0.15	0.50~1.75	0.80	0.030	0.030	1.00~2.00	0.15	0.35	0.05
N3M11	0.15	1.00	0.80	0.030	0.030	1.00~2.00	0.15	0.35	0.05
N3M2	0.15	0.75~2.25	0.80	0.030	0.030	1.25~2.60	0.15	0.25~0.65	0.05
N3M21	0.15	1.50~2.75	0.80	0.030	0.030	0.75~2.00	0.20	0.50	0.05
N4M1	0.12	2.25	0.80	0.030	0.030	1.75~2.75	0.20	0.35	0.05
N4M2	0.15	2.25	0.80	0.030	0.030	1.75~2.75	0.20	0.20~0.65	0.05
N4M21	0.12	1.25~2.25	0.80	0.030	0.030	1.75~2.75	0.20	0.50	—
N5M2	0.07	0.50~1.50	0.60	0.015	0.015	1.30~3.75	0.20	0.50	0.05
N3C1M2	0.10~0.25	0.60~1.60	0.80	0.030	0.030	0.75~2.00	0.20~0.70	0.15~0.55	0.05
N4C1M2	0.15	1.20~2.25	0.80	0.030	0.030	1.75~2.60	0.20~0.60	0.20~0.65	0.03
N4C2M2	0.15	2.25	0.80	0.030	0.030	1.75~2.75	0.60~1.00	0.20~0.65	0.05
N6C1M4	0.12	2.25	0.80	0.030	0.030	2.50~3.50	1.00	0.40~1.00	0.05
GX	—	≥1.75③	≥0.80③	0.030	0.030	≥0.50③	≥0.30③	≥0.20③	≥0.10③

① 化学分析应按表中规定的元素进行分析,如在分析过程中发现其他元素,这些元素的总量(除铁外)不应超过0.50%;
② 对于自保护焊丝,Al(质量分数)≤1.8%;
③ 至少有一个元素满足要求,其他化学成分要求应由供需双方协定。
注:表中单值均为最大值。

5-23 不锈钢药芯焊丝的型号是如何编制的?

GB/T 17853—2018《不锈钢药芯焊丝》规定,不锈钢药芯焊丝型号是根据熔敷金属化学成分、焊丝类型、保护气体类型和焊接位置进行划分。不锈钢药芯焊丝的型号由五部分组成。第一部分为"TS",表示不锈钢药芯焊丝;第二部分指示熔敷金属化学成分分类,见表5.15~表5.18;第三部分指示焊丝类型,见表5.19;第四部分为指示保护类型,N表示自保护,其他代号表示保护气体成分,见表5.6所示;第五部分指示焊接位置,见表5.5。

不锈钢药芯焊丝型号示例如下：

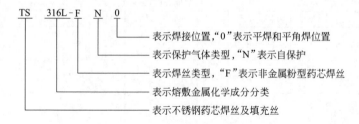

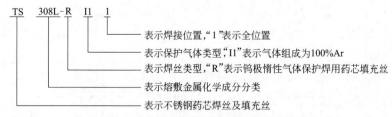

表 5.15 气体保护金属粉型不锈钢药芯焊丝熔敷金属化学成分（一）

（摘自 GB/T 17853—2018）

化学成分分类	化学成分（质量分数）/%										
	C	Mn	Si	P	S	Ni	Cr	Mo	Cu	Nb+Ta	N	其他
307	0.13	3.30~4.75	1.0	0.04	0.03	9.0~10.5	18.0~20.5	0.5~1.5	0.75	—	—	
308	0.08	0.5~2.5	1.0	0.04	0.03	9.0~11.0	18.0~21.0	0.75	0.75	—	—	
308L	0.04	0.5~2.5	1.0	0.04	0.03	9.0~12.0	18.0~21.0	0.75	0.75	—	—	
308H	0.04~0.08	0.5~2.5	1.0	0.04	0.03	9.0~11.0	18.0~21.0	0.75	0.75	—	—	
308Mo	0.08	0.5~2.5	1.0	0.04	0.03	9.0~11.0	18.0~21.0	2.0~3.0	0.75	—	—	
308LMo	0.04	0.5~2.5	1.0	0.04	0.03	9.0~12.0	18.0~21.0	2.0~3.0	0.75	—	—	
309	0.10	0.5~2.5	1.0	0.04	0.03	12.0~14.0	22.0~25.0	0.75	0.75	—	—	
309L	0.04	0.5~2.5	1.0	0.04	0.03	12.0~14.0	22.0~25.0	0.75	0.75	—	—	
309H	0.04~0.10	0.5~2.5	1.0	0.04	0.03	12.0~14.0	22.0~25.0	0.75	0.75	—	—	
309Mo	0.12	0.5~2.5	1.0	0.04	0.03	12.0~16.0	21.0~25.0	2.0~3.0	0.75	—	—	
309LMo	0.04	0.5~2.5	1.0	0.04	0.03	12.0~16.0	21.0~25.0	2.0~3.0	0.75	—	—	
309LNb	0.04	0.5~2.5	1.0	0.04	0.03	12.0~14.0	22.0~25.0	0.75	0.75	0.7~1.0	—	
09LNiMo	0.04	0.5~2.5	1.0	0.04	0.03	15.0~17.0	20.5~23.5	2.5~3.5	0.75	—	—	

续表

化学成分分类	化学成分(质量分数)/%										
	C	Mn	Si	P	S	Ni	Cr	Mo	Cu	Nb+Ta	N	其他
310	0.20	1.0~2.5	1.0	0.04	0.03	20.0~22.0	25.0~28.0	0.75	0.75	—	—	—
312	0.15	0.5~2.5	1.0	0.04	0.03	8.0~10.5	28.0~32.0	0.75	0.75	—	—	—
316	0.08	0.5~2.5	1.0	0.04	0.03	11.0~14.0	17.0~20.0	2.0~3.0	0.75	—	—	—
316L	0.04	0.5~2.5	1.0	0.04	0.03	11.0~14.0	17.0~20.0	2.0~3.0	0.75	—	—	—
316H	0.04~0.08	0.5~2.5	1.0	0.04	0.03	11.0~14.0	17.0~20.0	2.0~3.0	0.75	—	—	—
316LCu	0.04	0.5~2.5	1.0	0.04	0.03	11.0~16.0	17.0~20.0	1.25~2.75	1.0~2.5	—	—	—
317	0.08	0.5~2.5	1.0	0.04	0.03	12.0~14.0	18.0~21.0	3.0~4.0	0.75	—	—	—
317L	0.04	0.5~2.5	1.0	0.04	0.03	12.0~14.0	18.0~21.0	3.0~4.0	0.75	—	—	—
318	0.08	0.5~2.5	1.0	0.04	0.03	11.0~14.0	17.0~20.0	2.0~3.0	0.75	8×C~1.0	—	—
347	0.08	0.5~2.5	1.0	0.04	0.03	9.0~11.0	18.0~20.0	0.75	0.75	8×C~1.0	—	—
347L	0.04	0.5~2.5	1.0	0.04	0.03	9.0~11.0	18.0~21.0	0.75	0.75	8×C~1.0	—	—
347H	0.04~0.08	0.5~2.5	1.0	0.04	0.03	9.0~11.0	18.0~21.0	0.5	0.75	8×C~1.0	—	—
409	0.10	0.80	1.0	0.04	0.03	0.6	10.5~13.5	0.75	0.75	—	—	Ti:10×C~1.5
409Nb	0.10	1.2	1.0	0.04	0.03	0.6	10.5~13.5	0.75	0.75	8×C~1.5	—	—
410	0.12	1.2	1.0	0.04	0.03	0.6	11.0~13.5	0.75	0.75	—	—	—
410NbMo	0.06	1.0	1.0	0.04	0.03	4.0~5.0	11.0~12.5	0.4~0.7	0.75	—	—	—
410NiTi	0.04	0.70	0.50	0.03	0.03	3.6~4.5	11.0~12.0	0.5	0.50	—	—	Ti:10×C~1.5
430	0.10	1.2	1.0	0.04	0.03	0.6	15.0~18.0	0.75	0.75	—	—	—
430Nb	0.10	1.2	1.0	0.04	0.03	0.6	15.0~18.0	0.75	0.75	0.5~1.5	—	—

续表

化学成分分类	化学成分(质量分数)/%										
	C	Mn	Si	P	S	Ni	Cr	Mo	Cu	Nb+Ta	N	其他
16-8-2	0.10	0.5~2.5	0.75	0.04	0.03	7.5~9.5	14.5~17.5	1.0~2.0	0.75	—	—	Cr+Mo:18.5
2209	0.04	0.5~2.0	1.0	0.04	0.03	7.5~10.0	21.0~24.0	2.5~4.0	0.75	—	0.08~0.20	—
2307	0.04	2.0	1.0	0.03	0.02	6.5~10.0	22.5~25.5	0.8	0.50	—	0.10~0.20	—
2553	0.04	0.5~1.5	0.75	0.04	0.3	8.5~10.5	24.0~27.0	2.9~3.9	1.5~2.5	—	0.10~0.25	—
2594	0.04	0.5~2.5	1.0	0.04	0.03	8.0~10.5	24.0~27.0	2.5~4.5	1.5	—	0.20~0.30	W:1.00
GX[①]	其他协定成分										

[①] 表中未列出的分类可用相类似的分类表示,词头加字母"G"。化学成分范围不进行规定,两种分类之间不可替换。

注:表中单值均为最大值。

表 5.16 自保护非金属粉型不锈钢药芯焊丝熔敷金属化学成分

(摘自 GB/T 17853—2018)

化学成分分类	化学成分(质量分数)/%										
	C	Mn	Si	P	S	Ni	Cr	Mo	Cu	Nb+Ta	N	其他
307	0.13	3.30~4.75	1.0	0.04	0.03	9.0~10.5	19.5~22.0	0.5~1.5	0.75	—	—	—
308	0.08	0.5~2.5	1.0	0.04	0.03	9.0~11.0	19.5~22.0	0.75	0.75	—	—	—
308L	0.04	0.5~2.5	1.0	0.04	0.03	9.0~12.0	19.5~22.0	0.75	0.75	—	—	—
308H	0.04~0.08	0.5~2.5	1.0	0.04	0.03	9.0~11.0	19.5~22.0	0.75	0.75	—	—	—
308Mo	0.08	0.5~2.5	1.0	0.04	0.03	9.0~11.0	18.0~21.0	2.0~3.0	0.75	—	—	—
308LMo	0.04	0.5~2.5	1.0	0.04	0.03	9.0~12.0	18.0~21.0	2.0~3.0	0.75	—	—	—
308HMo	0.07~0.12	1.25~2.25	0.25~0.80	0.04	0.03	9.0~10.7	19.5~21.5	1.8~2.4	0.75	—	—	—
309	0.10	0.5~2.5	1.0	0.04	0.03	12.0~14.0	23.0~25.5	0.75	0.75	—	—	—
309L	0.04	0.5~2.5	1.0	0.04	0.03	12.0~14.0	23.0~25.5	0.75	0.75	—	—	—
309Mo	0.12	0.5~2.5	1.0	0.04	0.03	12.0~16.0	21.0~25.0	2.0~3.0	0.75	—	—	—
309LMo	0.04	0.5~2.5	1.0	0.04	0.03	12.0~16.0	21.0~25.0	2.0~3.0	0.75	—	—	—
309LNb	0.04	0.5~2.5	1.0	0.04	0.03	12.0~14.0	23.0~25.5	0.75	0.75	0.7~1.0	—	—

续表

化学成分分类	化学成分(质量分数)/%										
	C	Mn	Si	P	S	Ni	Cr	Mo	Cu	Nb+Ta	N	其他
310	0.20	1.0~2.5	1.0	0.03	0.03	20.0~22.5	25.0~28.0	0.75	0.75	—	—	—
312	0.15	0.5~2.5	1.0	0.04	0.03	8.0~10.5	28.0~32.0	0.75	0.75	—	—	—
316	0.08	0.5~2.5	1.0	0.04	0.03	11.0~14.0	18.0~20.5	2.0~3.0	0.75	—	—	—
316L	0.04	0.5~2.5	1.0	0.04	0.03	11.0~14.0	18.0~20.5	2.0~3.0	0.75	—	—	—
316LK	0.04	0.5~2.5	1.0	0.04	0.03	11.0~14.0	17.0~20.0	2.0~3.0	0.75	—	—	—
316H	0.04~0.08	0.5~2.5	1.0	0.04	0.03	11.0~14.0	18.0~20.5	2.0~3.0	0.75	—	—	—
316LCu	0.03	0.5~2.5	1.0	0.04	0.03	11.0~16.0	18.0~20.5	1.25~2.75	1.0~2.5	—	—	—
317	0.08	0.5~2.5	1.0	0.04	0.03	13.0~15.0	18.5~21.0	3.0~4.0	0.75	—	—	—
317L	0.04	0.5~2.5	1.0	0.04	0.03	13.0~15.0	18.5~21.0	3.0~4.0	0.75	—	—	—
318	0.08	0.5~2.5	1.0	0.04	0.03	11.0~14.0	18.0~20.5	2.0~3.0	0.75	8×C~1.0	—	—
347	0.08	0.5~2.5	1.0	0.04	0.03	9.0~11.0	19.0~21.5	0.75	0.75	8×C~1.0	—	—
347L	0.04	0.5~2.5	1.0	0.04	0.03	9.0~11.0	19.0~21.5	0.75	0.75	8×C~1.0	—	—
409	0.10	0.80	1.0	0.04	0.03	0.6	10.5~13.5	0.75	0.75	—	—	Ti:10×C~1.5
409Nb	0.12	1.0	1.0	0.04	0.03	0.6	10.5~14.0	0.75	0.75	8×C~1.5	—	—
410	0.12	1.0	1.0	0.04	0.03	0.6	11.0~13.5	0.75	0.75	—	—	—
410NiMo	0.06	1.0	1.0	0.04	0.03	4.0~5.0	11.0~12.5	0.4~0.7	0.75	—	—	—
410NiTi	0.04	0.70	0.50	0.03	0.03	3.6~4.5	11.0~12.0	0.5	0.50	—	—	Ti:10×C~1.5
430	0.10	1.0	1.0	0.04	0.03	0.6	15.0~18.0	0.75	0.75	—	—	—
430Nb	0.10	1.0	1.0	0.04	0.03	0.6	15.0~18.0	0.75	0.75	0.5~1.5	—	—
16-8-2	0.10	0.5~2.5	0.75	0.04	0.03	7.5~9.5	14.5~17.5	1.0~2.0	0.75	—	—	Cr+Mo:18.5
2209	0.04	0.5~2.0	1.0	0.04	0.03	7.5~10.0	21.0~24.0	2.5~4.0	0.75	—	0.08~0.20	—

续表

化学成分分类	化学成分(质量分数)/%										
	C	Mn	Si	P	S	Ni	Cr	Mo	Cu	Nb+Ta	N	其他
2307	0.04	2.0	1.0	0.03	0.02	6.5~10.0	22.5~25.5	0.8	0.50	—	0.1~0.20	—
2553	0.04	0.5~1.5	0.75	0.04	0.03	8.5~10.5	24.0~27.0	2.9~3.9	1.5~2.5	—	0.10~0.20	—
2594	0.04	0.5~2.5	1.0	0.04	0.03	8.0~10.5	24.0~27.0	2.5~4.5	1.5	—	0.20~0.30	W:1.0
GX[①]	其他协定成分										

① 表中未列出的分类可用相类似的分类表示，词头加字母"G"。化学成分范围不进行规定，两种分类之间不可替换。

注：表中单值均为最大值。

表 5.17 气体保护金属粉型不锈钢药芯焊丝熔敷金属化学成分（二）
（摘自 GB/T 17853—2018）

化学成分分类	化学成分(质量分数)/%										
	C	Mn	Si	P	S	Ni	Cr	Mo	Cu	Nb+Ta	N	其他
308L	0.04	1.0~2.5	1.0	0.03	0.03	9.0~11.0	19.0~22.0	0.75	0.75	—	—	—
308Mo	0.08	1.0~2.5	0.30~0.65	0.03	0.03	9.0~12.0	18.0~21.0	2.0~3.0	0.75	—	—	—
309L	0.04	1.0~2.5	1.0	0.03	0.03	12.0~14.0	23.0~25.0	0.75	0.75	—	—	—
309LMo	0.04	1.0~2.5	1.0	0.03	0.03	12.0~14.0	23.0~25.0	2.0~3.0	0.75	—	—	—
316L	0.04	1.0~2.5	1.0	0.03	0.03	11.0~14.0	18.0~20.0	2.0~3.0	0.75	—	—	—
347	0.08	1.0~2.5	0.30~0.65	0.04	0.03	9.0~11.0	19.0~21.5	0.75	0.75	10×C~1.0	—	—
409	0.08	0.8	0.8	0.03	0.03	0.6	10.5~13.5	0.75	0.75	—	—	Ti:10×C~1.5
409Nb	0.12	1.2	1.0	0.04	0.03	0.6	10.5~13.5	0.75	0.75	8×C~1.5	—	—
410	0.12	0.6	0.5	0.03	0.03	0.6	11.5~13.5	0.75	0.75	—	—	—
410NiMo	0.06	1.0	1.0	0.03	0.03	4.0~5.0	11.0~12.5	0.4~0.7	0.75	—	—	—
430	0.10	0.6	0.5	0.03	0.03	0.6	15.5~18.0	0.75	0.75	—	—	—
430Nb	0.10	1.2	1.0	0.04	0.03	0.6	15.0~18.0	0.75	0.75	0.5~1.5	—	—
430LNb	0.04	1.2	1.0	0.04	0.03	0.6	15.0~18.0	0.75	0.75	0.5~1.5	—	—
GX[①]	其他协定成分										

① 表中未列出的分类可用相类似的分类表示，词头加字母"G"。化学成分范围不进行规定，两种分类之间不可替换。

注：表中单值均为最大值。

表 5.18 TIG 焊用不锈钢药芯焊丝熔敷金属化学成分代号（摘自 GB/T 17853—2018）

化学成分分类	化学成分(质量分数)/%										
	C	Mn	Si	P	S	Ni	Cr	Mo	Cu	Nb+Ta	N	其他
308L	0.03	0.5~2.5	1.2	0.04	0.03	9.0~11.0	18.0~21.0	0.5	0.5	—	—	
309L	0.03	0.5~2.5	1.2	0.04	0.03	12.0~14.0	22.0~25.0	0.5	0.5	—	—	
316L	0.03	0.5~2.5	1.2	0.04	0.03	11.0~14.0	17.0~20.0	2.0~3.0	0.5	—	—	
347	0.08	0.5~2.5	1.2	0.04	0.03	9.0~11.0	18.0~21.0	0.5	0.5	8×C~1.0	—	
GX[a]	其他协定成分										

① 表中未列出的分类可用相类似的分类表示，词头加字母"G"。化学成分范围不进行规定，两种分类之间不可替换。

注：表中单值均为最大值。

表 5.19 不锈钢药芯焊丝类型代号（摘自 GB/T 17853—2018）

焊丝类型代号	特性
F	非金属粉型药芯焊丝
M	金属粉型药芯焊丝
R	钨极惰性气体保护焊用药芯填充丝

5-24 药芯焊丝的牌号是如何编制的？

药芯焊丝的牌号以字母"Y"开头；第二个字母及第一、二、三位数字与焊条编制方法相同；"-"后面的数字表示焊接时的保护方法。药芯焊丝有特殊性能和用途时，在牌号后面加注起主要作用的元素或主要用途的字母（一般不超过两个）。药芯焊丝的编制方法如下：

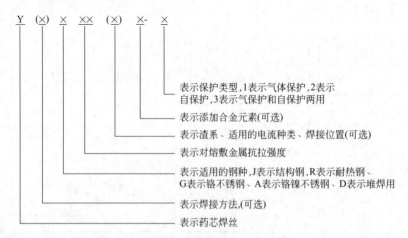

例如：YJ422-1 表示熔敷金属抗拉强度≥420MPa、用于焊接结构钢的钛钙型药芯焊丝，交、直流两用，"-"后面的 1 表示焊接时采用气体保护。

5.3 药芯焊丝气体保护焊工艺

5-25 药芯焊丝电弧焊采用哪些接头及坡口形式?

药芯焊丝电弧焊的接头及坡口形式与 CO_2 气体保护焊基本相同。

5-26 药芯焊丝电弧焊焊丝直径有哪几种? 如何选择?

药芯焊丝的焊丝直径通常有 1.2mm、1.4mm、1.6mm、2.0mm、2.4mm、2.8mm、3.2mm 等几种。焊丝直径根据板厚来选择,焊丝直径应随着板厚的增大而适当增大。

5-27 如何确定焊接电流及电弧电压?

焊接电流根据板厚、焊接位置和坡口形式来确定。与普通熔化极气体保护焊相比,可采用较大的焊接电流。电弧电压要与焊接电流适当配合。由于药芯中含有稳弧剂,因此与普通 CO_2 焊相比,同样焊接电流下,电弧电压可适当减小。采用纯 CO_2 作保护气体时,要求的电弧电压为 25～35V,焊接电流为 200～700A。焊接时通常根据熔透要求、焊接位置选用适当直径的焊丝和焊接电流并配以合适的电弧电压,表 5.20 给出了不同直径药芯焊丝可用的焊接电流范围。

表 5.20 不同直径药芯焊丝可用的焊接电流范围

焊丝直径 /mm	平焊		横焊		立焊	
	焊接电流 /A	电弧电压 /V	焊接电流 /A	电弧电压 /V	焊接电流 /A	电弧电压 /V
1.2	150～225	22～27	150～225	22～26	125～200	22～25
1.6	170～300	24～29	175～275	25～28	150～200	24～27
2.0	200～400	25～30	200～375	26～30	175～225	25～29
2.4	300～500	25～32	300～450	25～30	—	—
2.8	400～525	26～33	—	—	—	—
3.2	450～650	28～34	—	—	—	—

5-28 如何确定焊接速度?

焊接速度必须与焊接电流相匹配才能保证一定的熔深。焊速过大会导致未焊透、飞溅增大、烟尘增多、熔渣包敷不均匀、咬边等;焊速过低,易导致烧穿、焊缝金属过热等缺陷。焊接速度一般在 30～76mm/min 的范围内。

5-29 如何确定焊丝干伸长度?

药芯焊丝电弧焊所用的焊丝干伸长度比普通 CO_2 焊稍大,一般为 15～

20mm，喷嘴到工件的距离一般取 19～25mm，喷嘴内部焊丝伸出导电嘴的长度一般为 1～2mm。干伸长增大会导致焊接电流减小，易导致未焊透和熔合不良等缺陷，如图 5.8 所示。同时干伸长过大还会导致电弧不稳、飞溅增大和气孔。干伸长度减小则会导致焊接电流增大，熔深变大，但过小时喷嘴易被飞溅颗粒堵塞，甚至烧毁。

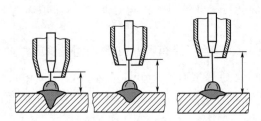

图 5.8 干伸长度对焊缝形状尺寸的影响

5-30 如何确定外加气体流量？

对于 CO_2 气体保护焊药芯焊丝电弧焊，CO_2 气体流量一般应取 14～26L/min。流量过小，气体的挺度小，焊缝易出现气孔。流量过大会产生紊流，保护效果也不好。有侧向风时，应采取挡风措施，并适当提高保护气体流量。具体流量应根据保护气体成分、焊接电流、焊接速度及接头形式来选择。

5-31 药芯焊丝电弧焊的前倾焊有何特点？

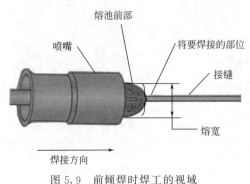

图 5.9 前倾焊时焊工的视域

前倾焊操作方法的特点如下。

① 可观察到熔池前部和将要焊接的接缝，便于将电弧对准接缝，不易发生焊偏现象，如图 5.9 所示。

② 可看到干伸长度，便于对干伸长度进行调节和控制。

③ 适合于薄板的焊接，由于熔深较浅，焊接薄板时不容易发生烧穿缺陷。

④ 熔池金属易于控制，因此适合于向上立焊、仰焊等焊接位置的焊接。

这种操作方法的缺点如下。

① 焊缝厚度小。由于熔深浅，余高小，因此焊缝厚度较小，不适合厚板焊接。

② 熔敷速度较小，焊接速度不能太大。焊接速度大时易于导致焊道不均匀

和弯曲现象。

③ 易于引起夹渣。熔渣易于被电弧力吹到熔池前部,卷到熔池的底部,结晶过程中浮不出来,形成夹渣。

④ 飞溅较大。

5-32 药芯焊丝电弧焊的后倾焊有何特点?

后倾焊操作方法的优点如下。

① 可直接观察熔池的尾部,易于控制焊道形状。

② 焊缝成形均匀,熔深大,焊道较窄。

③ 飞溅较小,保护效果好,气孔敏感性低。

这种操作方法的缺点如下。

① 焊接速度慢时,余高容易过大。

② 焊枪挡住了将要焊接的接缝,如图 5.10 所示,因此难以对准接缝,容易焊偏。

5-33 对接接头平焊时如何操作?

薄板时采用前倾焊,焊丝倾斜角度(焊丝轴线与焊缝轴线之间的夹角)保持在 70°左右,焊丝轴线与工件表面上的焊缝轴线之垂线之间的夹角保持 90°,如图 5.11 所示。厚板时,采用后倾焊,倾斜角度保持在 60°~70°,焊丝轴线与工件表面上的焊缝轴线之垂线之间的夹角保持 90°,如图 5.12 所示。

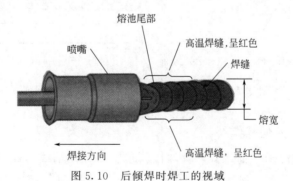

图 5.10 后倾焊时焊工的视域

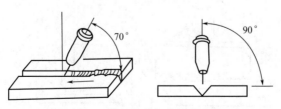

图 5.11 薄板的前倾焊操作方式

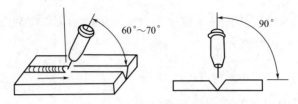

图 5.12 厚板的后倾焊操作方式

坡口窄时,采用直线运枪法;坡口宽时采用横向摆动法,如图 5.13 所示。如果工件较厚,坡口较宽,采用多层多道焊,第二层以上需要每层多道,焊接两侧的焊道时焊丝要对准坡口侧部并采用横向摆动运枪法,如图 5.14 所示。

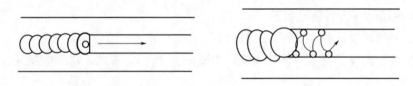

图 5.13 平对接单道焊时的运枪方法

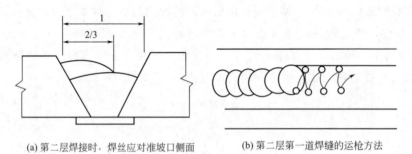

图 5.14 多层多道平对接焊

5-34 平角焊时如何操作?

薄板时平角焊采用前倾焊,焊丝倾斜角度(焊丝轴线与焊缝轴线之间的夹角)保持在 60°~70°,焊丝轴线与腹板之间的夹角保持在 45°,如图 5.15 所示。

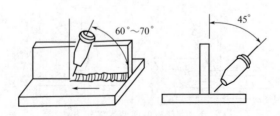

图 5.15 薄板的平角焊操作方式

厚板的平角焊采用后倾焊，倾斜角度保持在 60°～70°，焊丝轴线与腹板之间的夹角保持在 45°。

对于单道焊，焊脚长度为 4～5mm 时，焊丝对准两个板的交点；焊脚为 6～8mm 时，焊丝中心离腹板的距离保持在 1mm 左右，如图 5.16 所示。

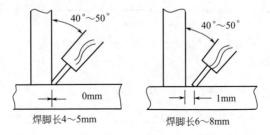

图 5.16　单道平角焊操作技术

对于多层多道焊，第一道焊缝焊接时，焊丝中心离腹板的距离保持在 0～1mm，第二道焊缝焊接时，焊丝对准第一道焊缝的下焊趾，并将焊丝与腹板的夹角缩小为 20°～30°；第三道焊缝焊接时，焊丝对准第一道焊缝上焊趾，如图 5.17 所示。

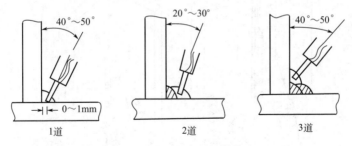

图 5.17　多道平角焊操作技术

如果根部必须保持 1～2mm 间隙，则需要采用摆动技术，并减小焊丝与腹板之间的夹角，焊丝端部对准两板交点前方的 1～2mm 处，如图 5.18 所示。

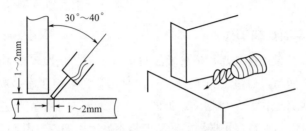

图 5.18　保留 1～2mm 间隙时的操作技术

如果根部必须保持 2mm 以上间隙，为了防止高温裂纹，通常采用多道焊技术，而且，第一道焊缝仅仅焊在水平板上，如图 5.19 所示。

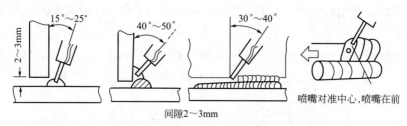

图 5.19　保留 2mm 以上间隙时的操作技术

5-35　向上立焊时如何操作？

向上立焊通常采用前倾焊，电弧的向上的推力有利于保持熔池并获得满意的熔深，而且也不容易产生夹渣。焊接时，焊丝轴线与工件表面的法线保持10°左右的夹角，如图 5.20 所示。平板对接时，第一层采用月牙形摆动，填充或盖面则做三角形摆动 [图 5.20（a）]。对于角接焊缝，采用图 5.20（b）所示的摆动技术。

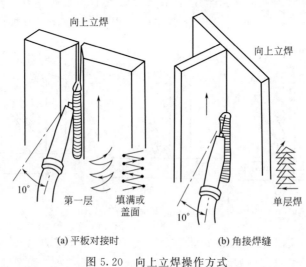

图 5.20　向上立焊操作方式

5-36　向下立焊时如何操作？

向下立焊通常采用后倾焊，焊丝轴线与工件表面的法线保持 10°～20°的夹角，单层焊时通常不摆动，如图 5.21 所示。对接时，常常采用多层多道焊，第一道焊缝不摆动，其他焊道作三角形摆动，见图 5.21（a）。对于角接焊缝，无论是多层焊还是单层焊，电弧通常都不摆动，摆动电弧容易产生夹渣 [图 5.21（b）]。

5-37　仰焊时如何操作？

仰焊时，焊丝轴线与工件之间尽量垂直，为了便于观察熔池，防止飞溅颗粒

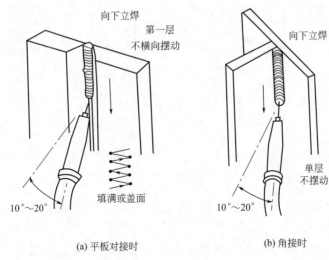

图 5.21 向下立焊操作方式

堵塞喷嘴，也可采用较小的前倾角（10°～20°），如图 5.22 所示。

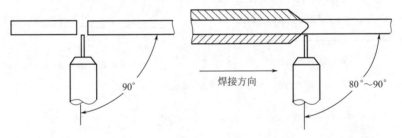

图 5.22 仰焊时焊枪的角度及位置

5-38 横焊时如何操作？

横焊一般采用后倾焊时，焊丝向上倾斜 0°～10°，后倾角 70°～80°，如图 5.23 所示。采用单边 V 形坡口时，焊丝角度为坡口角度的一半。通常不采用焊丝向下倾斜的方式，因为焊丝下倾易引起上侧咬边，如图 5.24 所示。

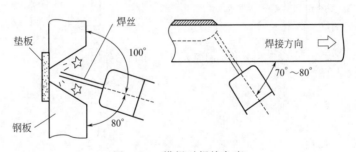

图 5.23 横焊时焊枪角度

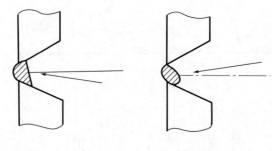

(a) 上倾时不产生咬边　　　　(b) 下倾时产生咬边

图 5.24　横焊时焊丝倾斜方向对咬边的影响

根部间隙较大时需要采用摆动运枪法，图 5.25 为根部间隙小于 7mm 时采用的运枪方法。

如果间隙宽度大于 8mm，则第一层也要采用两道焊缝来焊接。焊接第一道焊缝时，不焊上侧工件，留出 2～3mm 的间隙，如图 5.26 所示。

(a) 间隙为3～4mm时　　　　(b) 间隙为5～7mm时

图 5.25　根部间隙为 3～7mm 时的运枪方法

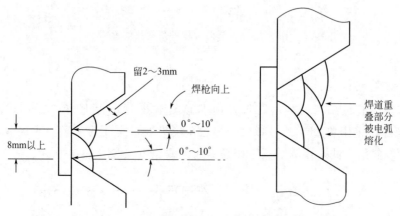

图 5.26　根部间隙大于 8mm 时的焊接方法

第6章 气体保护焊安全技术

6.1 用电安全

6-1 什么是安全电压?

安全电压是指有效值小于36V的电压,危险电压通常指有效值大于36V的电压。熔化极气体保护焊电源的输入端电压一般为50Hz的220V或380V电压,输出端的空载电压一般也在60V以上,均属于危险电压,因此焊工在操作过程中,要遵守操作规程,防止触电。

6-2 什么是电击?电击对人体的危害程度取决于哪些因素?

所谓电击是指人体中有电流流过。电击会对人体造成伤害,其伤害程度取决于以下几个因素。

① 电流大小　不大于1mA的电流仅使触电者有微弱的刺痛感;1~5mA的电流会使人很难受但不痛;6~30mA的电流会引起疼痛,使人失去对肌肉的控制、不能行走,还可能会引起烧伤;50~150mA的电流引起严重疼痛,导致严重的肌肉收缩、深度烧伤、击倒并可能会导致死亡;1000~4300mA的电流会引起心室纤维性颤动(心电图节奏被打乱,心脏跳动激烈,且由于心室失去同步,不能送出血液),可能会导致死亡;电流为10000mA时,心脏停搏,严重烧伤,死亡可能性很大。

② 电击持续时间　电击持续时间越长,电击伤害程度就越严重。这是因为随着通电时间的延长,人体电阻因出汗或其他原因而下降,导致电流增大,触电危险性增加。此外,人的心脏每收缩扩张一次,中间约有0.1s的间歇时间,人体在这0.1s的间歇时间内对电流最为敏感。如果电流在这一瞬间通过心脏,即

使电流只有几十毫安，也会引起心脏震颤。电流不在该瞬间通过心脏时，即使电流达10A，也不会引起心脏停搏。由此可知，如果电流持续时间超过1s，则必将与心脏最敏感的间歇时刻重合，造成重大危险。

③ 电流种类（DC或AC）、交流电流的频率　对于人体来说，最危险的频率为25～300Hz，2000Hz以上的高频对人体的影响很小，因为高频有集肤效应。直流电压的危害也小于工频交流电压。

④ 电流在人体中的流通路径　从手到脚的流通路径是最危险的，因为沿这条路径流通的电流有较多的机会通过心脏、肺部和脊髓等重要器官；然后是从手到手的流通路径；而脚到脚的电流路径危险性最小。

⑤ 人体电阻　在外加电压一定时，人体电阻越大，危险性越小。人体电阻主要由体内电阻和皮肤电阻组成。体内电阻基本上不受外界条件的影响，其数值不低于500Ω。皮肤电阻受很多外界因素的影响，例如皮肤上的汗液、损伤、黏附的粉尘等都会降低皮肤电阻，增大危险性。

6-3　电击事故的常见原因有哪些？

因具体情况的不同，发生触电的原因很多，但大致可分为两类：一类是直接电击，即直接接触正常运行设备的带电部件所发生的电击；另一类为间接触电，即触及意外带电体所发生的电击。意外带电体是指正常情况下不带电，由于绝缘损坏或电气元部件故障而带电的物体，如漏电的焊机外壳、绝缘外皮破损的电缆等。

① 直接电击事故　进行以下操作时易发生这类事故：a. 焊接开始前更换电极或整理焊枪上的焊丝时，不小心接触到焊枪上的导电部位；b. 在接线、调节焊接电流或移动焊接设备时，手或身体碰到接线柱、极板等带电体；c. 在登高焊接时触及低压线路或靠近高压线路。

② 间接电击事故　焊接发生间接电击事故的主要原因是触及漏电的焊机外壳或绝缘破损的电缆。焊机外壳漏电的主要原因有：线圈潮湿、焊机长期超负荷运行、短路发热、安装地点和方法不符合安全要求、因振动或撞击而使线圈或引线的绝缘受到机械性损伤、金属物（如铁丝、铁屑、铜线或钢管头）进入焊机外壳内。

6-4　电击触电类型有哪几种？

电击触电可分为以下几种情况。

① 低压单相触电　人体某一部位触及连接单相电压的带电体。大部分触电事故都是单相触电事故。

② 低压两相触电　即人体两处同时触及两相带电体。此时，人体所受到的

电压可高达380V,危险性很大。

③ 跨步电压触电　电气设备发生接地故障时,接地电流通过接地导体流向大地,人在接地点周围,两脚之间的电位差称为跨步电压。过大的跨步电压也会引起触电事故。高压设备的接地故障处或有大电流流过的接地装置附近,都可能出现较高的跨步电压。

6-5 焊接触电事故的预防措施有哪些?

通常情况下,设备在出厂前就采取了许多安全措施,如隔离防护措施、绝缘措施等。为了确保用电安全,在设备安装及焊接操作过程中还有采取如下措施。

① 焊机外壳的保护接地。
② 保护接零。
③ 采用接地故障断路器。

6-6 为什么焊机需要接地?焊机如何正确接地?

如果焊机不接地,变压器初级绕组由于某种原因与外壳短路后,将带有很高的电压,人触及外壳后就会导致电击。因此所有焊机外壳均必须接地。所谓接地就是用导线将焊机外壳与大地连接,提供一条连接地面的低电阻路径。这样,在焊机外壳漏电时,将有很大的对地短路电流产生,从而使保险丝烧断或断路器跳闸,将整个电路切断并同时用户发出报警信号,如图6.1所示。

焊机的外壳上大部分设有专用的接地螺钉(有些采用三相四线制供电的焊机没有该螺钉,四根电缆线中有一根线要接到电网的地线上),应利用导线将该螺钉连接到接地极上,而且接地电阻应小于4Ω。可采用专用接地极或自然接地极。

一般可利用插入地下深度超过1m的铜棒或无缝钢管做专用接地极(或称人

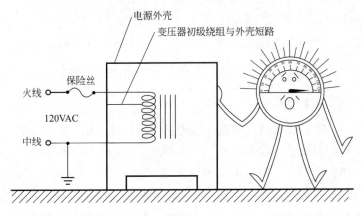

图 6.1

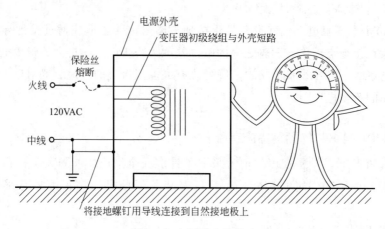

图6.1 电源外壳的接地

工接地极)。自然接地极是指现成的可靠接地的装置,例如已可靠接地的建筑物金属结构件(建筑规程通常要求金属结构件接地)、地下水管等。经常移动的焊机一般采用自然接地极。注意:不得使用氧气管道或易燃易爆气体管道作为接地极,也不得利用避雷针作为接地极。因为避雷针经长久的风吹日晒后,接地电阻会变大。

6-7 焊机接地线须满足什么要求?

焊机接地线须满足如下几个要求。

① 要有足够的截面积,不得小于相线截面积的 1/3～1/2。

② 接地线必须是整根的,中间不得有任何接头。焊机与接地线的连接必须牢固可靠,对于经常移动的焊机,应利用螺栓拧紧,最好使用弹簧垫圈、防松螺母以防变松;对于固定安装的焊机,接地线最好采用焊接方式进行连接。

③ 多台焊机共用一个接地极时,只能采用并联连接,不得串联到接地极上。

④ 接地线上不准设置熔断器或开关,以保证接地的永久性和可靠性。

⑤ 连接接地线时,应先接到接地极上,再接到焊机外壳;拆除时顺序正好相反。

6-8 什么是保护接零?

所谓保护接零,就是通过连接零线进行保护,即利用一根导线将焊机的金属外壳与电源线的零线连接起来,如图6.2所示。这是三相四线制供电电源的正确连接方法,四根线中有一根是用来将焊机的金属外壳与电源线的零线连接起来。当某一相与焊机外壳短路时,焊机外壳将该相与零线短路,产生很大的单相短路电流,使该相保险丝熔断,该相电源被切除,外壳带电现象立刻终止。

第6章 气体保护焊安全技术

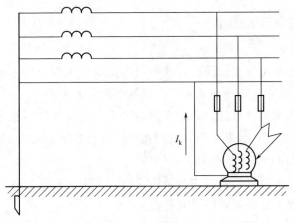

图 6.2 保护接零

6-9 保护接零应注意哪些事项？

应注意如下两点。

① 不得用外壳接地来代替零线的连接，这是不正确的。这是因为某一相的绝缘被破坏而导致漏电时，外壳可能产生相当于相电压一半的电压，不能保证安全。

② 在焊机二次绕组一端接地或接零时，焊件不得接地，也不得接零。焊机二次绕组和焊件同时接地或接零时，如果电焊机二次回路接触不良，接地线或接零线上就可能会产生很大电流，将地线或零线熔断，失去接地或接零保护功能。这不但危及焊工的人身安全，而且易引起火灾；因此，在焊接已牢固接地的工件时，必须将焊机的二次绕组的接地线或接零线暂时拆除，焊接后再恢复。图 6.3 比较了几种正确接地或接零方法。

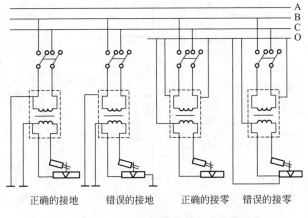

图 6.3 接地或接零正误方法比较

6-10 接零线需满足哪些要求?

接零线需满足以下要求。

① 按零线要有足够的截面积,其需用电流应大于焊机的主电源熔断器额定电流的 2.5 倍,或者大于对应自动开关跳闸电流的 1.2 倍。

② 接零线必须是整根的,中间不得有接头。焊机外壳与接零线的连接应利用螺栓拧紧,最好使用弹簧垫圈、防松螺母以防长时间使用时变松;对于固定安装的焊机,可采用焊接方式连接。

③ 多台焊机不得以串联方式连接到零线上,只能采用并联方式。

④ 接零线上不准设置熔断器或开关。

⑤ 连接时,先将接零线接到零线上,再接到焊机外壳上;拆除时顺序正好相反。

6-11 什么是接地故障断路器?

接地故障断路器是一种通过测量并比较弧焊电源的一次侧流入电流和流出电流,来进行保护的装置,如图 6.4 所示。如果这两个电流有明显的差别,接地故障断路器将在几毫秒的时间内断开弧焊电源与电网间的连接。流入电源的电流与流出电源的电流之间的不平衡一般是因为对地短路造成的。接地故障断路器以很快的速度断开电源与电网的连接,因此流向地面的短路电流不会造成人身伤害。应同时采用接地故障断路器、设备接地和合适的保险丝来提供最好的保护。即使焊机不接地,接地故障断路器仍然能进行保护,见图 6.4。

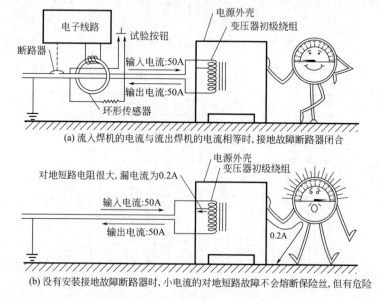

(a) 流入焊机的电流与流出焊机的电流相等时,接地故障断路器闭合

(b) 没有安装接地故障断路器时,小电流的对地短路故障不会熔断保险丝,但有危险

图 6.4

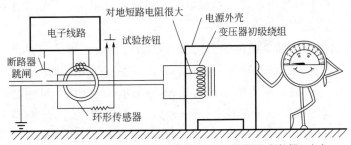

(c) 故障断路器检测到很小的短路故障电流后立即跳闸, 保护焊工安全

图 6.4 接地故障断路器 (FFI) 的保护原理

在潮湿环境（如多雨的施工现场）中工作时，仅仅采用接地或接零是不能保证焊工安全的，还必须采用接地故障断路器进行保护。

6-12 气体保护焊电气安全要点有哪些？

气体保护焊电气安全要点如下。

① 确保所有设备均可靠地接地或接零，在电源的输入侧最好使用接地故障断路器进行保护，并定期检查它们的可靠性。

② 焊机持续工作时间应符合其铭牌的规定值，不得长时间超时运行。

③ 焊工操作时必须按劳动保护规定穿戴防护工作服、绝缘鞋和焊工手套。

④ 不要在雷雨天施焊，特别是焊接高度大的钢结构时；雷电击中焊接电缆将有生命危险。

⑤ 确保电源和电缆保持良好的工作状态。

⑥ 在焊接过程中、维护弧焊电源时或操作开关时不要站在湿地上或水泥地上。

⑦ 救助不幸被电击的人时一定要小心，以免自己成为另一个受害者。救助方法见"触电抢救措施有哪些"一节。

⑧ 了解应急用断路器及熔断器的位置。

⑨ 维修设备前应关断焊接设备的外部电源。光线不足时，应使用电压不高于 36V 安全电压的照明灯。

⑩ 在狭小空间或容器内进行焊接时，须两人轮换操作，并互相照应，一人留在外面监护，以便于在发生意外时及时切断电源进行抢救。

6-13 触电抢救措施有哪些？

万一有焊工触电，应采取如下抢救措施。

① 最好应先迅速地将电源切断。如果因某种原因（例如离开关较远）来不及切断电源，则应利用干燥的手套、木棒等绝缘物拉开触电者或挑开电线或带电

部件。切勿用赤手或导电物体去拉触电者，以防自己触电。尽量单手操作，因为单手操作比双手操作要安全些。

② 切断电源后，如果触电焊工仍呈昏迷状态，应立即将其平卧，并进行口对口人工呼吸和胸外心脏按压等复苏措施，同时拨打120电话求助。

③ 对触电造成的局部电灼伤，其处理原则同一般烧伤，可用盐水棉球洗净创口。外涂"蓝油烃"或覆盖凡士林油纱布。为预防感染，应到医院注射破伤风抗毒血清，并及早选用抗生素；另外，应仔细检查有无内脏损伤，以便及早处理。

6.2 用气安全

6-14 不同气体的气瓶用什么方法标识？

气体保护焊用的保护气体（如氩、氦、氧气及二氧化碳）是分别盛放在气瓶中的，焊接时，通过软管以一定的流量和压力将单一气体或混合气体导入到焊接区。每种气瓶都有醒目的标志，如表 6.1 所示。不同的气瓶不能混用。

表 6.1 各种气瓶的标识方法

气体		氩气	氦气	氧气	二氧化碳	氢气
标识	表面颜色	银灰色	银灰	天蓝	黑黄	深绿
	字样	绿色"氩气"	绿色"氦气"	黑色"氧气"	黄色"二氧化碳"	"氢气"

6-15 焊接常用气体的使用注意事项有哪些？

盛放气体的气瓶属于高压容器，如操作不当容易导致火灾或爆炸事故，因此焊工必须了解并掌握有关气瓶使用的安全技术知识，使用过程中应注意以下几点。

① 防止气瓶受到强烈冲击与振动，不得被重物挤压，以免引起损伤或因内压升高而发生爆裂。

② 防止氧气或 CO_2 气瓶的减压阀冻结；冻结时，禁止用火去烤，以免烤坏瓶阀密封件或引起火灾或爆炸；只能用热水或蒸汽来解冻。

③ 气瓶应远离热源和明火，与明火的距离一般不得小于 10m，以防止瓶内气体受热膨胀，因压力升高而发生爆炸。

④ 严禁用电磁式起重机搬运气瓶。

⑤ 尽量不要将气瓶放置在完全露天的地方，防止日光曝晒，以免气瓶内压升高。

⑥ 瓶内气体不得用尽，必须留有一定的剩余压力，防止空气进入气瓶。

⑦ 不使用标识不清的气瓶。

⑧ 开关瓶阀时应缓慢操作。

6-16 焊接过程中如何防火防爆？

焊接过程中，飞溅的颗粒如果飞到可燃物品上，易导致火灾，因此应采取如下措施防止火灾。

① 焊前应先检查焊接现场周围是否有易燃、易爆物品（如油漆、煤油、木屑等）。如有，则应将这些物品搬离，或利用绝热材料进行可靠的覆盖。

② 在对储存容器、管道等进行修复焊时，应检查该容器内是否存放过易燃、易爆物。如果是，则必须先将容器内残留的介质放干净，并用碱水清洗内壁，再用压缩空气吹干，确认安全可靠后方可进行焊接。

③ 在压力容器、筒体、管道上进行焊接作业时，必须先将压力释放后才能开始工作，防止发生爆炸。

6-17 万一出现明火应采用什么灭火措施？

作业现场应配有灭火器。万一发生火灾，应首先切断电源，最好将气瓶移走，然后采取灭火措施。常用的灭火器材有四氯化碳灭火器、二氧化碳灭火器和干粉灭火器等。

6.3 辐射的危害及防护措施

6-18 弧光辐射有何危害？

弧光包含红外线、可见光、紫外线三种射线。紫外线对焊工的危害最大，尤其对眼睛和皮肤，其主要危害如下。

① 眼睛受到长时间的弧光紫外线辐射后，会严重影响视力，引起电光性眼炎。电光性眼炎的主要症状为疼痛、有砂粒感、多泪、怕风吹等。

② 皮肤经常受到紫外线照射，会导致发红、触痛、变黑、脱皮等，严重的还会导致皮肤癌。

③ 紫外线对纤维织物还有破坏和褪色作用。

熔化极气体保护焊电弧温度高达 8000～30000K，其电弧光辐射比手工电弧焊强得多，例如，熔化极气体保护焊的紫外线辐射强度是手工电弧焊的 13 倍，因此更应加强防护措施。

6-19 如何防护弧光辐射？

应采取下列弧光辐射防护措施。

① 引弧前应戴好专用头盔或面罩，保护好面部（特别是眼睛），还要注意周围是否有其他人员，以免强烈弧光灼伤别人的眼睛。

② 焊前应穿戴好高领帆布工作服和专用手套（最好是白色的），防止弧光灼伤皮肤。

③ 多人利用多台焊机同时进行焊接作业时，弧光辐射源较多，应使用防护屏相互遮挡，避免受其他焊机弧光的伤害。防护屏可用玻璃纤维布及薄钢板等制作，并涂上灰色或黑色的无光漆。

6-20 高频磁场辐射有何危害？

钨极氩弧焊采用高频振荡引弧，因此引弧时焊工易受到高频磁场的辐射，磁场强度大概为 140～190V/m。人体长时间地受高频磁场辐射时，会使各种器官的温度升高，出现头晕、乏力、多梦、脱发和记忆力下降等症状。

6-21 如何防护高频磁场辐射？

通常采用如下防护措施。

① 提高高频振荡引弧的可靠性，减少引弧次数及时间；可靠引弧时，引弧时间只有 0.2s 左右，影响较小，但是如果频繁引弧则影响较大。

② 工件可靠地接地　工件接地能够显著降低高频辐射强度。

③ 降低工作环境的温度和湿度　环境温度和湿度越高，人体对高频辐射的敏感性越大，因此加强通风、降低工作环境温度和湿度是减少高频辐射的重要手段。

④ 屏蔽高频振荡器　将高频振荡器用金属外壳屏蔽起来，可降低高频磁场辐射强度；最好将焊枪内的电缆、连接焊枪至焊机的电缆也利用铜质软编织层屏蔽起来。

6-22 放射性辐射有何危害？

钨极氩弧焊经常采用钍钨极，这种钨极中含有少量的 ThO_2，具有轻微的放射性。对焊工的危害主要是体外照射和体内照射。体外照射就是钨极发射出的放射性射线所产生的照射。在正常焊接中，由于钍钨极本身放射性并不大，焊接持续时间不长，体外照射是无须进行屏蔽的。所谓体内辐射，即钍及其衰变产物以气溶胶的形式进入人体，这种气溶胶具有很高的生物活性，很难被排出，长期作用于体内，从而形成体内照射，引起放射性疾病。主要表现为免疫力降低、体重减轻、衰弱无力、造血系统受到破坏。

6-23 如何防护放射性辐射?

采取如下措施进行放射性辐射防护。

① 尽量不采用钍钨极,而选用铈钨极;铈钨极放射性比钍钨极低两个数量级。

② 焊接时务必戴上头盔,防止蒸发出的钨极进入体内。

③ 根据电流选择合适直径的钨极,防止钨极的过量烧损。

④ 钍钨极应利用铅或铁质箱子盛放,存放在独立的地下储存室中;储存室应配置排气系统,随时将被放射性物质污染的空气排出。

⑤ 打磨钨极时务必穿上专用工作服,并戴上口罩和手套;砂轮必须安装在通风良好的地方。

⑥ 对打磨场地或焊接场地及时进行湿式清理;对收集的含有放射性粉尘应作深埋处理。

⑦ 接触钍钨棒后应利用流动的水和肥皂洗手,工作服和手套应经常清洗,口罩最好使用一次性口罩。

6.4 焊接烟尘的危害及防护措施

6-24 焊接烟尘的主要成分是什么?

焊接过程会放出烟尘,主要由金属、氧化物和氟化物等微粒以及臭氧、氧化氮和一氧化碳等有害气体组成,具体成分和数量主要取决于使用的焊接方法、焊接参数等。

6-25 焊接烟尘有何危害?

焊接烟尘各种组分的危害性见表 6.2。

表 6.2 气体保护焊焊接烟尘各组分的危害性

烟尘成分		来源	危害	症状
粉尘	铝、氧化铝	铝的焊接及切割	铝尘肺	气短、胸闷、咳嗽、咳痰、无力、神经衰弱症状等
	铬、氧化铬	钢,特别是不锈钢的焊接及切割	慢性非特异性肺病、支气管炎、癌症	气短、胸闷、咳嗽、咳痰、无力、气喘、神经衰弱症状等
	铁、氧化铁	钢的焊接、切割	铁尘肺	气短、胸闷、咳嗽、咳痰、无力、神经衰弱症状等
	锰、氧化锰	钢的焊接,特别是 CO_2 焊	锰中毒、肺炎	头疼、乏力、失眠、神经功能紊乱
	氧化硅	钢的焊接,特别是 CO_2 焊	尘肺	气短、胸闷、咳嗽、咳痰、无力、神经衰弱症状等

续表

烟尘成分		来源	危害	症状
有毒气体	臭氧	主要是钨极氩弧焊和熔化极氩弧焊	支气管炎	咳嗽、胸闷、乏力、食欲不振、头晕、全身疼痛
	氮氧化合物	各种气体保护焊	慢性中毒、慢性支气管炎	头疼、失眠、食欲不振；呼吸困难、虚脱、全身软弱无力等
	一氧化碳	各种气体保护焊	一氧化碳中毒	头疼、全身乏力、脉搏增快、呕吐、头昏等

6-26 如何防护焊接烟尘？

焊接烟尘是焊接过程中影响面最大的有害因素。因此应采取有效的措施来进行防护，特别是在通风情况欠佳的环境，如在密闭容器、船舱或管道里中进行焊接时。目前采用的主要措施是通风和个人防护等。

6-27 通风措施有哪些？

通风是焊接烟尘最常用、最有效的防护方法，而且通风还是降低焊接热污染的主要措施。在室内、各种容器及管道内进行焊接作业时，均应采取通风措施，以保证操作人员的身体健康。根据通风的动力源的不同，通风分为自然通风和机械通风两种。

① 自然通风　自然通风依靠焊接工作场所与外界的温差及自然风力将焊接烟尘排出，这种方式的特点是通风量小、不够稳定、受外界条件影响大。由于焊接车间内的温度高于外界，在温度差的作用下，室内空气和室外空气之间自然会发生交换，形成自然通风。在车间设计过程中，通过适当改善车间结构可改善自然通风条件；通过合理安排车间内的设备布局也可改善自然通风。自然通风只能作为辅助通风措施。

② 机械通风　机械通风是利用风机产生的压力来进行换气，具有通风量大，通风稳定的特点。根据通风范围，机械通风分为局部机械通风和全面机械通风两种。而根据风机类型，机械通风分为机械送风与机械排风两种方式。机械排风的效果较好，是目前焊接通风采用的主要方法。

6-28 什么是全面机械通风？有何特点？

全面机械通风利用通风系统对整个车间进行通风换气。根据通风方向可分为上抽排烟、下抽排烟和侧抽排烟等几种，表6.3对这三种全面机械通风方式进行了比较。

全面通风时，应保持每个焊工有一定的通风量，但很难保证各个焊工均有良好的效果，因此，全面机械通风一般也仅仅作为辅助的通风措施。

表 6.3 三种全面机械通风方式的比较

通风方式	简图	特点	效果
上抽排烟		室外空气从地表送入,室内污染空气从房顶排出,烟流与新鲜空气的流动方向相同,消耗能量小	焊工作位置仍有一定污染,排烟效果一般
下抽排烟		室外空气从房顶送入,室内污染空气从地表排出,烟流与新鲜空气的流动方向相反,消耗能量大	排烟效果好
侧抽排烟		室外空气从一侧送入,从另一侧送出,上风口的效果好于下风口	排烟效果差

6-29 什么是局部机械通风?有何特点?

所谓局部机械排风,就是利用近距离安装的排风装置将刚产生的焊接烟尘和有害气体迅速吸走的方法。其特点是所需风量小,且不污染环境,不影响焊工,通风效果好,是目前焊接所采用的主要通风措施。

6-30 机械式局部通风装置有哪几种?各有何特点?

机械式局部通风装置由排气罩、风管、净化装置和风机等四部分组成。它可分为固定式排烟除尘机、移动式排烟除尘机和多吸头排烟除尘机等三类。

① 固定式排烟除尘机 在焊工工作区安装固定的通风排气管路,进行局部性的排烟除尘处理。适用于焊接工作区和焊接工作台固定的情况。固定式排烟除尘机分上抽、下抽和侧抽三种形式,如图 6.5 所示,其中下抽式效果最好,而且其安装位置不影响焊工

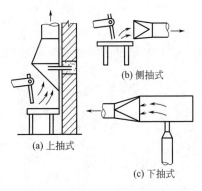

图 6.5 固定式排烟除尘机

的操作。

② 移动式排烟除尘机　这类通风装置具有结构简单、轻便的特点，可随工作地点和操作位置移动而移动，主要用在密闭容器或管道内施焊时。使用时，只需将吸风头放置在电弧附近，开动风机，就可有效地将有毒气体和粉尘吸走。

移动式排烟除尘机通常带有净化器，如图6.6所示。

③ 多吸头排烟除尘机　这种排烟除尘机用于焊接大而长的工件。每个排气支管可根据焊件的大小和高低作适当的调整，排气口的数量的也可根据焊件长短进行调整，如图6.7所示。

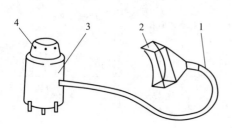

图6.6　移动式排烟除尘机

1—软管；2—吸风头；3—净化器；4—出气孔

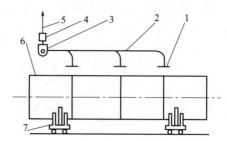

图6.7　多吸头排烟除尘机

1—排烟罩；2—排烟管；3—风机；
4—净化器；5—排出口；
6—焊件；7—转动轮

6-31　焊接烟尘个人防护装置有哪些？

在某些通风不易解决的特殊作业场合，例如封闭容器内的进行焊接作业时，个人防护措施是最行之有效的手段，主要防护装置是通风头罩和送风口罩等。

参 考 文 献

[1] 陈茂爱. 熔化极气体保护焊. 北京：化学工业出版社，2014.
[2] 陈茂爱. 现代焊接技术. 北京：化学工业出版社，2009.
[3] 钱在中. 焊接技术手册. 太原：山西科学技术出版社，1999.
[4] 殷树言，张九海. 气体保护焊工艺. 哈尔滨：哈尔滨工业大学出版社，1989.
[5] 傅积和，等. 焊接数据资料手册. 北京：机械工业出版社，1994.
[6] 机械工业职业技能鉴定指导中心. 初级焊工技术. 北京：机械工业出版社，1999.
[7] 陈倩清. 船舶焊接工艺学. 哈尔滨：哈尔滨工业大学出版社，2005.
[8] 美国焊接学会. 美国焊接手册. 第二卷. 黄文静等译. 北京：机械工业出版社，1986.
[9] 国家机械工业委员会. 焊接材料产品样本. 北京：机械工业出版社，1987.
[10] 邹增大，等. 焊接材料、工艺及设备手册. 北京：化学工业出版社，2001.
[11] 曾乐. 现代焊接技术手册. 上海：上海科学技术出版社，1993.
[12] 顾层迪. 有色金属焊接. 北京：机械工业出版社，1987.
[13] 陈年荣. 钨极氩弧焊. 北京：机械工业出版社，1984.
[14] 许小平，陈长江. 焊接实训指导. 武汉：武汉理工大学出版社，2003.
[15] 机械电子工业部. 焊工技能培训理论. 北京：机械工业出版社，1987.
[16] 程汉华. 焊接工艺学. 北京：机械工业出版社，1995.
[17] 徐初雄. 焊接工艺 500 问. 北京：机械工业出版社，1997.
[18] 韩林生. 电焊工操作技术指南. 北京：中国计划出版社，1999.
[19] 张应立，张莉. 焊接安全与卫生技术. 北京：中国电力出版社，2003.
[20] 杨春利，林三宝. 电弧焊基础，哈尔滨：哈尔滨工业大学出版社，2003.
[21] 中国机械工程学会焊接分会. 焊接词典. 北京：机械工业出版社，1985.
[22] 威廉 L. 加尔维里，弗兰克 M. 马洛. 焊接技能问答. 李亚江，等译. 北京：化学工业出版社，2004.
[23] 胡玉文. 电焊工操作技术要领图解. 济南：山东科技出版社，2004.
[24] 杨泗霖. 电气焊安全. 北京：电子工业出版社，1988.
[25] 郝纯孝，等. 二氧化碳气体保护焊. 北京：机械工业出版社，1982.
[26] 王俊昌译. 电焊工安全操作. 北京：中国劳动出版社，1992.
[27] 张静政. 高级电焊工应知应会问答. 上海：上海交通大学出版社，1990.
[28] 上海市焊接技术协会. 电焊工实践. 上海：上海科技出版社，1990.
[29] 朱玉义. 焊工. 南京：江苏科技出版社，2004.
[30] 大庆油田焊接研究与培训中心. 最新手工电弧焊技术培训. 北京：机械工业出版社，1995.
[31] 袁建国. 焊接工操作指南. 长沙：湖南科学技术出版社，2002.
[32] 彭友禄. 焊接工艺. 北京：人民交通出版社，2002.
[33] 赵勇强，李永增，李卫华，刘志军. STT 自保药芯焊丝半自动焊在"西二线"工程中的应用. 企业技术进步，2012，7：30-34.
[34] 田川，吕高尚，闻义. 激光电弧复合焊接——一种新型焊接方法. 机车车辆工艺，2005，2：5-9.
[35] 樊丁，董酮箍，余淑荣，等. 激光-电弧复合焊接的技术特点与研究进展. 金属铸锻焊技术，2011，6：163-169.
[36] 肖荣诗，吴世凯. 激光-电弧复合焊接的研究进展. 中国激光，2008，35（11）：1680-1684.

[37] 姜焕中,等. 电弧焊及电渣焊. 北京: 机械工业出版社, 1988.
[38] 中国机械工程学会焊接学会. 焊接手册. 第一卷. 北京: 机械工业出版社, 1992.
[39] 湖北省职工焊接技术协会. 焊接技术能手绝技绝活. 北京: 化学工业出版社, 2009.
[40] 陈祝年. 焊接工程师手册. 北京: 机械工业出版社, 2009.
[41] 朱学忠. 焊接操作技术速查手册. 北京: 人民邮电出版社, 2008.
[42] 张文明, 焦万才. 焊工实用技术. 沈阳: 辽宁科学技术出版社, 2004.
[43] 陈茂爱, 赵淑珍. 焊接工艺全图解. 北京: 化学工业出版社, 2023.
[44] 陈茂爱, 贾传宝, 陈姬, 等. 材料成型工艺-焊接. 北京: 化学工业出版社, 2024.
[45] 林三宝, 范成磊, 杨春利. 高效焊接方法. 北京, 机械工业出版社, 2022.